HTML CSS JavaScript
从入门到精通

创客诚品
孙彤　曹阳　编著

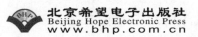
北京希望电子出版社
Beijing Hope Electronic Press
www.bhp.com.cn

创客诚品

内 容 简 介

　　本书讲解 HTML、CSS、JavaScript 最基本的语法，并重点介绍如何使用 HTML 进行网页制作，同时讲解目前应用最为广泛的 Web 标准与 CSS 网页布局实例，以及基于 JavaScript 语言的网页特效制作，还介绍 HTML 和 CSS 的新知识。为了便于提升学习效率，在综合实例部分讲解了商业类网页和网店类网页制作的详细过程，便于网页制作的初学者和爱好者学习参考。

　　本书结构合理、案例详实，详细介绍网页制作与布局的基础知识与实际运用，是一本实用性很强的工具书，既可作为各培训机构、网络公司员工的参考用书，也可作为各大中专院校相关专业的教材。

图书在版编目（CIP）数据

　　HTML CSS JavaScript 从入门到精通 / 创客诚品，孙彤，曹阳编著 . -- 北京 : 北京希望电子出版社，2017.11

　　ISBN 978-7-83002-540-3

　　Ⅰ . ① H… Ⅱ . ①创… ②孙… ③曹… Ⅲ . ①超文本标记语言－程序设计②网页制作工具③ JAVA 语言－程序设计 Ⅳ . ① TP312.8 ② TP393.092

中国版本图书馆 CIP 数据核字 (2017) 第 218365 号

出版： 北京希望电子出版社

地址： 北京市海淀区中关村大街 22 号 中科大厦 A 座 9 层

邮编： 100190

网址： www.bhp.com.cn

电话： 010-82620818（总机）转发行部

　　　　010-82702675（邮购）

传真： 010-62543892

经销： 各地新华书店

封面： 多　多

编辑： 全　卫

校对： 王丽锋

开本： 787mm×1092mm　1/16

印张： 25

字数： 593 千字

印刷： 三河市祥达印刷包装有限公司

版次： 2017 年 11 月 1 版 1 次印刷

定价： 59.90 元（配 1DVD）

前言

　　本书依次讲解了HTML、CSS、JavaScript和XML的知识，这也是学习网页设计的必备知识。对于网页设计人员来讲，这份工作（与诸多其他工作岗位相比）有着优厚的回报，但是其设计过程也是异常艰辛的，需要设计人员对作品不断地修改和完善。我们认为无论从时间成本上还是脑力耗费上，网页设计工作都要付出比一般职业多出几倍的汗水，但是只要在设计过程中稳扎稳打，并勤于总结和善于思考，最终都会得到可喜的收获。

选择一本合适的书

　　对于一名想从事网页设计开发的初学者来说，如何能快速高效地提升自己的网页设计开发技术呢？买一本适合自己的网页开发教程进行学习是最简单直接的办法。但是市面上的同类书大多以基础理论讲解为主，内容枯燥无趣，读者阅读后仍旧对实操无从下手。如何能将理论知识应用到实战项目中，独立掌控完整的项目，是初学者迫切需要解决的问题。为此，我们组织一线设计人员及高校教师共同编写了网页设计"从入门到精通"系列图书。

本书内容设置

章节	主要知识	内容概述
Chapter 01~08	HTML	该部分涵盖了HTML的基础知识，包括表格表单的使用、超链接的创建、插入图像和HTML基础代码的应用等，并在此基础上讲解了HTML5的画布功能、拖放功能、地理位置、表单功能、本地存储、音频和视频的插入方法等知识
Chapter 09~10	CSS	CSS分为两个部分讲解，首先讲解了CSS的基础知识，涵盖了CSS的选择器、CSS定位、盒子模型、字体样式、段落样式、边框和列表样式等知识，接着在此基础上对CSS3进行了展开介绍，包括渐变、动画、多列布局、转换和过渡等知识
Chapter 11	XML	该部分为HTML的扩展知识，让读者了解更多的网页设计内容体系，掌握XML的应用

章节	主要知识	内容概述
Chapter 12～13	JavaScript	该部分首先讲解了JavaScript的基础知识，包括常量和变量、运算符和表达式、事件的分析、表单事件、鼠标和窗口事件等知识。在讲解基础知识的同时，也介绍了网页中动态效果的原理和操作方法
Chapter 14～15	实际应用	该部分讲解了网页设计的实战知识，操作步骤清晰明了，对每个知识点都进行了重点讲解

本书特色

☞ 零基础入门轻松掌握

为了适合初级网页设计入门用户的需求，本书采用"从入门到精通"基础大全图书的写作方法，科学安排知识结构，内容由浅入深，循序渐进逐步展开，让用户平稳地从基础知识过渡到实战项目。

☞ 理论+实践完美结合，学+练两不误

200多个基础知识+200多个实战案例，让读者轻松掌握"基础入门—核心技术—技能提升—完整项目实战"四大学习阶段的重点难点。循序渐进的知识讲解，在学习中真正做到举一反三，提升网页设计和开发能力。

☞ 讲解通俗易懂，知识技巧贯穿全书

知识内容不是简单的理论罗列，而是在讲解过程中随时插入一些实战技巧，让用户知其然并知其所以然，掌握解决问题的关键。

☞ 同步高清多媒体教学视频，提升学习效率

该系列随书附赠一张DVD光盘，里面包含书中所有案例的网页源文件和每章的重点案例教学视频，这些视频有助于解决用户在随书操作中遇到的问题，帮助用户快速理解所学知识，掌握应用技巧。

☞ 网页开发人员入门必备海量开发资源库

为了给用户提供一个全面的"基础+实例+项目实战"学习套餐，与本书配套的DVD光盘中除了提供本书的网页源文件外，还赠送了1500个前端开发JavaScript特效和实用网页配色方案等海量资源，方便读者参考和测试。

☞ QQ群在线答疑+微信平台互动交流

编写者为了方便为用户答疑解惑，对用户提供了QQ群、微信平台等技术支持，以便相互交流、学习。

网页开发交流QQ群：650083534

微信学习平台：微信扫一扫，关注"德胜书坊"，即可获得更多让您惊叫的代码和海量素材！

适用对象

- 初学网页设计的自学者
- 网页设计爱好者
- 刚毕业的莘莘学子
- 互联网公司网页设计开发相关职位的"菜鸟"
- 大中专院校计算机专业教师和学生
- 相关培训机构的教师和学员

作者团队

  创客诚品团队由多位网页开发工程师、高校计算机专业教师组成。团队核心成员都有多年的教学经验，后加入知名科技有限公司担任高级工程师。现为网页设计类畅销图书作者，曾在"全国计算机图书排行榜"同品类图书排行中位居前列，受到广大网页设计人员及读者的好评。

  本书由郑州轻工业学院的孙彤、曹阳老师编写，他们都是网页设计教学方面的优秀教师，将多年的教学经验和技术都融入了本书编写中，在此对他们的辛勤工作表示衷心的感谢，也特别感谢郑州轻工业学院教务处对本书的大力支持。

致谢

  转眼间，从开始策划到完成写作已经过去了6个月，这期间我们对HTML代码进行了多次调试，对稿件做了多次修改，终于完成了本次书稿的编写工作。在此首先感谢选择并阅读本书的读者朋友，你们的支持是我们最大的动力来源。其次感谢为顺利出版给予支持的出版社领导及编辑，感谢为本书付出过辛苦劳作的所有人。本人编写水平毕竟有限，书中难免有错误和疏漏之处，恳请广大读者给予批评指正。最后再次感谢您选择购买本书。从基本概念到实战练习，最终升级为完整项目开发，本书将帮助零基础的您快速掌握前端设计！

阅 读 说 明

在学习本书之前，请您先仔细阅读"阅读说明"，这里说明了书中各部分的重点内容和学习方法，有助于您正确地使用本书，让您的学习更高效。

目录层级分明。由浅入深，结构清晰，快速理顺全书要点

实战案例丰富全面。213个实战案例搭配理论讲解，高效实用，让您快速掌握问题重难点

真正掌握项目全过程。本书提供了完整的项目实操练习，模拟全真项目环境，让您深切体会实际操作的全过程

解析助您掌握代码更容易！丰富细致的代码段与文字解析，让您快速进入程序编写情景，直击代码常见问题

章前页重点知识总结。每章的章前页上均有重点知识罗列，清晰了解每章内容

"TIPS"贴心提示！技巧小版块，绕开学习陷阱

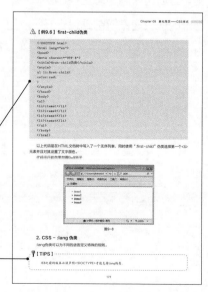

CONTENTS

目 录

丰富网页——图像的插入

网页交互——表单的使用

Chapter

08

HTML5进阶——无处不在的应用

<table>
<tr><td>Chapter
09</td><td>美化网页——CSS样式</td></tr>
</table>

Chapter 10 超级网页——CSS3样式表的应用

Chapter 11

知识拓展——XML的应用

Chapter 12

网页特效——JavaScript必会基础

Chapter 13 典型应用——使用JavaScript制作特效

Chapter 14 综合实例——商业类网页的制作

Chapter

15

综合实例——网店类网页的制作

HTML CSS JavaScript从入门到精通
全书案例汇总

Chapter

01

从零起步——
HTML轻松入门

本章概述

    HTML是目前在网络上应用最为广泛的语言，是构成网页文档的主要语言。HTML文档是由HTML标签组成的描述性文本，HTML标签可以设置文字、图形、动画、声音、表格和链接等。HTML是一种规范，一种标准，它通过标记符号来标记要显示的网页中的各个部分。网页文件本身是一种文本文件，通过在文本文件中添加标记符，可以告诉浏览器如何显示其中的内容。本章将从最基础的认识HTML开始，讲解入门HTML的基础知识。

重点知识

- 认识HTML
- HTML文件的基本标记
- 文字基本标记

1.1 认识HTML

> HTML的英文全称是Hyper Text Markup Language，翻译过来就是网页超文本标记语言，是全球广域网上描述网页内容和外观的标准。

1.1.1 什么是HTML

HTML是标记语言，它不能直接在浏览器中显示，要经过浏览器的解释和编译，才能正确地反映HTML标记语言的内容。经过多年的不断完善，HTML从单一的文本显示功能到多功能互动，逐步发展成为一款非常成熟的标记语言。

HTML不是编程语言，而是一款描述性的标记语言，用于描述超文本中内容的显示方式。文字以什么颜色显示在网页上、文字的大小定义为多大尺寸，这些都是利用HTML标记完成的。HTML最基本的语法是：<标记符>内容<标记符>。标记符通常都是成对使用的，有一个开头标记和一个结束标记。结束标记是在<标记符>的前面加"/"，即</标记符>。当浏览器收到HTML文件后，就会解释里面的标记符，最后把标记符所对应的内容显示在页面上。

例如，HTML中，用<B></B>定义符定义文字为粗体，当浏览器遇到<B></B>标签时就会把<B></B>标记中的所有文字以粗体样式显示出来。

1.1.2 使用浏览器浏览文件

在HTML文件上右击，在打开方式选项处选择浏览器，在浏览器中就可以看到已经编辑好的HTML页面，如图1-1所示。

图1-1

1.2 HTML文件的基本标记

> 一个完整的HTML文档必须包含3个部分：<html>元素定义文档版本信息、<head>定义各项声明的文档头部、<body>定义文档的主体部分。

1.2.1 开始标签<html>

<html>与</html>标签限定了文档的开始点和结束点，在它们之间是文档的头部和主体。

语法描述如下：

```
<html>…</html>
```

⚠ 【例1.1】 开始标签的应用

在代码中加粗的部分就是开始标签。

```
<html>
    <head>
    这里是文档的头部 …
    </head>
    <body>
    这里是文档的主体 …
    </body>
</html>
```

1.2.2 头部标签<head>

<head>标签用于定义文档的头部，它是所有头部元素的容器。<head>中的元素可以引用脚本、指示浏览器在哪里找到样式表、提供元信息等。文档的头部描述了文档的各种属性和信息，包括文档的标题、在Web中的位置以及和其他文档的关系等。绝大多数文档头部包含的数据都不会真正作为内容显示给用户 。

语法描述如下：

```
<head>…</head>
```

⚠ 【例1.2】 头部标签的应用

在代码中加粗部分是头部标签在实际运用中的使用位置。

```
<html>
    <head>
```

```
文档的头部...
</head>
<body>
文档的内容...
</body>
</html>
```

1.2.3 标题标签<titie>

<title>标签可定义文档的标题。浏览器会以特殊的方式来使用标题，并且通常把它放置在浏览器窗口的标题栏或状态栏上。当把文档加入用户的链接列表、收藏夹或书签列表时，标题将成为该文档链接的默认名称。

语法描述如下：

```
<title>...</title>
```

⚠ 【例1.3】 标题标签的应用

在代码中标题标签用在head中。

```
<html>
    <head>
    <title>XHTML Tag Reference</title>
    </head>
    <body>
    The content of the document...
    </body>
</html>
```

说明：<title>定义文档的标题，它是head部分中唯一必需的元素。

1.2.4 主体标签<body>

<body>标签定义文档的主体，包含文档的所有内容，比如文本、超链接、图像、表格和列表等。

语法描述如下：

```
<body>...</body>
```

⚠ 【例1.4】 主体标签的应用

在代码中的加粗部分就是主体标签在代码中的运用。

```
<html>
    <head>
        <title>文档的标题</title>
    </head>
```

```
<body>
    文档的内容...
</body>
</html>
```

1.2.5 元信息标签<meta>

<meta>标签可提供有关页面的元信息（meta-information），比如针对搜索引擎和更新频度的描述和关键词。<meta>标签位于文档的头部，不包含任何内容。<meta>标签的属性定义了与文档相关联的名称/值对。

<meta>标签永远位于head元素内部。name属性提供了名称/值对中的名称。

语法描述如下：

```
<meta name="description/keywords" content="页面的说明或关键字">
```

⚠ 【例1.5】 设置页面关键字或说明

在代码中的加粗部分设置了页面说明。

```
<html>
<head>
<meta name="description" content="页面说明">
<title>文档的标题</title>
</head>
<body>
..文档的内容...
</body>
</html>
```

1.2.6 <!DOCTYPE>标签

<!DOCTYPE>声明必须是HTML文档的第一行，位于<html>标签之前。<!DOCTYPE>声明不是HTML标签；它是指示Web浏览器关于页面使用哪个HTML版本进行编写的指令。

⚠ 【例1.6】 <!DOCTYPE>声明标签

在代码中的加粗部分描述了声明标签的用法和位置。

```
<!DOCTYPE html>
    <html>
    <head>
    <title>文档的标题</title>
    </head>
    <body>
    ..文档的内容...
    </body>
```

```
</html>
```

说明：<!DOCTYPE>声明没有结束标签，且不限制大小写。

1.3 文字基本标记

> 如果想在网页中把文字有序地显示出来，这时就需要用到文字的属性标签了，下面逐一介绍其用法。

1.3.1 段落标签的用法

在一个网页文档中段落标签是最常见的，<p>用来定义一段文字的起始。
语法描述如下：

```
<p>一段文字</p>
```

⚠ 【例1.7】 段落标签<p>

在代码中的加粗部分设置了三段文字。

```
<!doctype html>
<html>
<head>
<meta http-equiv="Content-Type" content="text/html; charset=utf-8" />
<title>段落标签</title>
</head>
<body>
<p>今天学习了HTML的基础知识</p>
<p>还学习了文字段落标签的应用</p>
<p>通过今天的学习掌握了这些基本知识</p>
</body>
</html>
```

说明：段落标签p的结束标签还可以是<p>，因为每段新文字的开始意味着上段文字的结束。
段落标签在浏览器中显示的效果如图1-2所示。

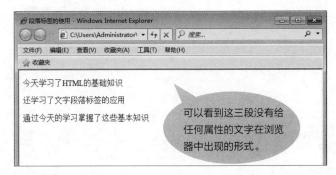

图1-2

1.3.2 换行标签的用法

在一段文字中，如果需要在不另起一段的情况下将这段文字换行，就需要用到换行标签
。
语法描述如下：

```
<br>此处换行。
```

⚠ 【例1.8】 换行标签

下列实例在代码中设置了一首没有换行的古诗和换行后的古诗。

```
<!doctype html>
<html>
<head>
<meta http-equiv="Content-Type" content="text/html; charset=utf-8" />
<title>换行标签的使用</title>
</head>
<body>
<p>床前明月光，疑是地上霜。举头望明月，低头思故乡。</p>
<p>床前明月光，<br>疑是地上霜。<br>举头望明月，<br>低头思故乡。</p>
</body>
</html>
```

说明：
的语法形式就是
，因为每个
代表换行一次，所以代码不要写成
</br>。
在浏览器中显示的效果如图1-3所示。

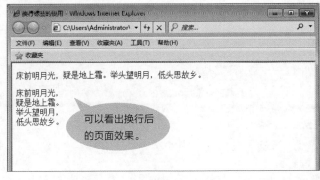

图1-3

1.3.3 不换行标签的用法

在网页中如果某段文字过长，那么就会受到浏览器的限制自动换行，如果用户不想换行，就需要用到不换行标签<nobr>。

语法描述如下：

```
<nobr>不需换行文字</nobr>
```

⚠ 【例1.9】 不换行标签<nobr>

在下列代码中文字设置为不换行，即在网页中只显示一行。

```
<!doctype html>
<html>
<head>
<meta http-equiv="Content-Type" content="text/html; charset=utf-8" />
<title>不换行标签的使用</title>
</head>
<body>
<p>床前明月光，<br>疑是地上霜。<br>举头望明月，<br>低头思故乡。</p>
<p><nobr>平淡的语言娓娓道来，如清水芙蓉，不带半点修饰。完全是信手拈来，没有任何矫揉造作之痕。本诗从"疑"到"举头"，从"举头"到"低头"，形象地表现了诗人的心理活动过程，一幅鲜明的月夜思乡图生动地呈现在我们面前。客居他乡的游子，面对如霜的秋月怎能不想念故乡，不想念亲人呢？如此一个千人吟、万人唱的主题却在这首小诗中表现得淋漓尽致，以致千年以来脍炙人口，流传不衰！
</nobr></p>
</body>
</html>
```

在浏览器中显示的效果如图1-4所示。

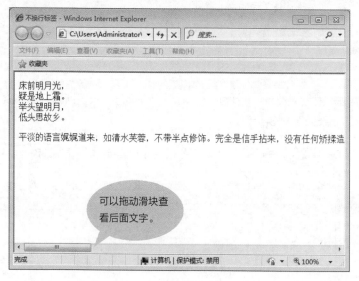

图1-4

1.3.4 加粗标签的用法

在一段文字段落中，如果某句话需要突出，可以为文字加粗。这时就会用到文字的加粗标签<b>。语法描述如下：

```
<b>需要加粗的文字</b>
```

【例1.10】 文字加粗标签<b>

在代码中加粗部分设置了文字的加粗效果。

```
<!doctype html1>
<html1>
<head>
<meta http-equiv="Content-Type" content="text/html; charset=utf-8" />
<title></title>
</head>
<body>
<p>床前明月光，</p>
<p>疑是地上霜。</p>
<p><b>举头望明月，</b></p>
<p>低头思故乡。</p>
</body>
</html1>
```

在浏览器中显示的效果如图1-5所示。

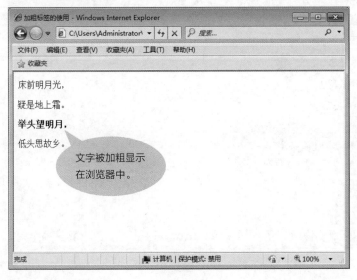

图1-5

1.3.5 倾斜标签的用法

在一段文字中，如果需要对文字进行倾斜设置，就需要用到<i>标签的属性。告诉浏览器将包含其中的文本以斜体字（italic）或者倾斜（oblique）字体显示。

语法描述如下:

```
<i>需要倾斜的文字</i>
```

⚠ 【例1.11】 文字倾斜标签<i>

在代码中将文字设置了倾斜属性。

```
<!doctype html>
<html>
<head>
<meta http-equiv="Content-Type" content="text/html; charset=utf-8" />
<title></title>
</head>
<body>
<p>床前明月光，</p>
<p>疑是地上霜。</p>
<p><b>举头望明月，</b></p>
<p><i>低头思故乡。</i></p>
</body>
</html>
```

倾斜字体在浏览器中显示的效果如图1-6所示。

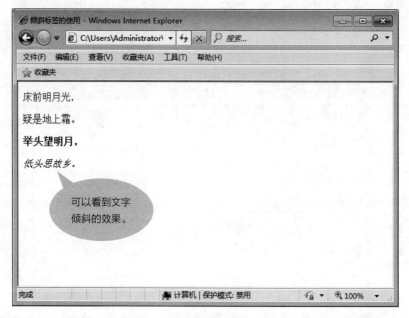

图1-6

1.3.6 标题标签的用法

<h1>～<h6>标签可定义标题。<h1>定义最大的标题，<h6>定义最小的标题。添加的标题会以加粗的形式显示。

语法描述如下:

```
<h1>标题1</h1>
<h2>标题2</h2>
<h3>标题3</h3>
<h4>标题4</h4>
<h5>标题5</h5>
<h6>标题6</h6>
```

⚠️ **【例1.12】标题标签<h1>~<h6>**

本例介绍标题标签的使用规则。

```
<!doctype html>
<html>
<head>
<meta http-equiv="Content-Type" content="text/html; charset=utf-8" />
<title></title>
</head>
<body>
<h1>标题1</h1>
<h2>标题2</h2>
<h3>标题3</h3>
<h4>标题4</h4>
<h5>标题5</h5>
<h6>标题6</h6>
</body>
</html>
```

说明：这里需要注意的是，如果只是文字需要加粗请使用<b>标签。

标题标签在浏览器中显示的效果如图1-7所示。

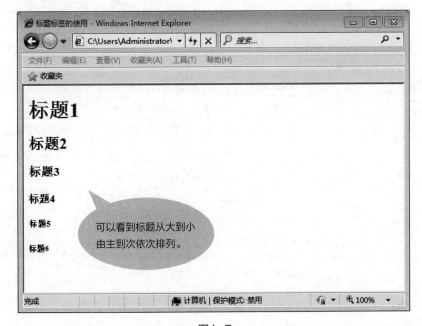

图1-7

本章小结

　　本章主要介绍了什么是HTML和HTML基本常用的标签。通过本章的学习需要了解什么是HTML文件，能够掌握HTML文件的基本结构和这些结构中的标签出现的形式，能够熟练运用HTML文件中的文字的基本标记。只有掌握这些看似基本的知识，才能在以后的学习中更加得心应手，才能快速编写HTML文件。当然，这些知识不需要死记硬背，配合书中的案例就能够轻松学会。

读书笔记

Chapter

02

网页设计基本功
——表格的使用

本章概述

    利用表格可以实现不同的布局方式，本章讲述了设置表格属性、选择表格以及编辑表格和单元格。灵活、熟练地使用表格，会在制作网页时如虎添翼。首先需要了解表格在网页中的作用，以及表格在网页中的基本组成单位，只有了解了这些后才能逐步掌握对单元格的设置、对表格边框的设置和对表格中文字的设置。本章将学习表格中最基本最常用的知识，相信通过对本章的学习用户会对表格有一个重新的认识。

重点知识

- 表格的基本元素
- 设置表格边框样式
- 表格的相关代码
- 设置表格的背景
- 设置表格大小和行内属性
- 设置单元格的样式

2.1 表格的基本元素

表格是网页排版中不可缺少的布局工具，表格运用的熟练程度将直接体现在网页设计的美观程度上。网页中表格的结构如图2-1所示。

图2-1

表格中各元素的含义介绍如下：
- 行和列：一张表格横向叫行，纵向叫列。
- 单元格：行列交叉的部分叫单元格。
- 边距：单元格中的内容和边框之间的距离叫边距。
- 间距：单元格和单元格之间的距离叫间距。
- 边框：整张表格的边缘叫边框。
- 表格的三要素：行、列、单元格。
- 表格的嵌套：是指在一个表格的单元格中插入另一个表格。大小受单元格大小的限制。

2.2 表格的相关代码

> 表格是由行、列和单元格组成的，通常通过表格标签<table>、行标签<tr>、单元格标签<td>创建表格，通过<th>标签设置表头。下面将对这些标签的用法进行详细介绍。

2.2.1 表格标签<table>

<table>用来定义表格。一个表格只能出现一次。

语法描述如下：

```
<table>    </table>
```

⚠ 【例2.1】 表格标签

此标签用来定义整个表格的属性，代码中的加粗部分设置了表格的边框粗细为1像素。

```
<table border="1">
    <tr>
        <th>一月</th>
        <th>营业额</th>
    </tr>
    <tr>
        <td>第一周</td>
        <td>1500</td>
    </tr>
    <tr>
        <td>第二周</td>
        <td>1800</td>
    </tr>
    <tr>
        <td>第三周</td>
        <td>2300</td>
    </tr>
    <tr>
        <td>第四周</td>
        <td>1700</td>
    </tr>
</table>
```

在浏览器中显示的效果如图2-2所示。

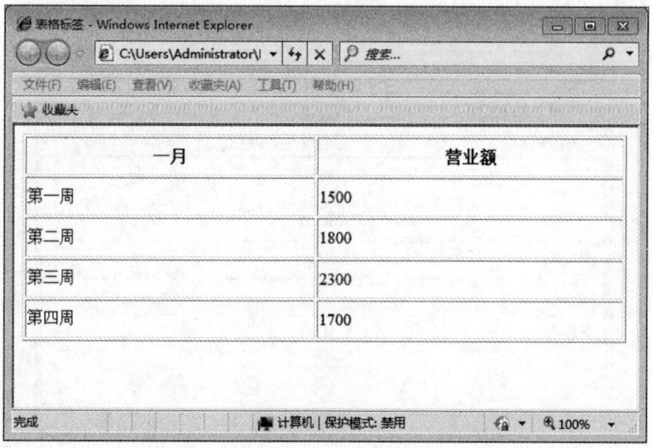

图2-2

2.2.2 行标签<tr>

<tr>标签定义表格中的行。一个表格可以出现多次。

语法描述如下：

```
<tr>    </tr>
```

⚠【例2.2】行标签

此标签用来设置表格中的行属性，代码加粗的部分是没有设置任何属性的行标签，在后面的学习中会进行详细介绍。

```
<table border="1">
    <tr>
        <th>一月</th>
        <th>营业额</th>
    </tr>
    <tr>
        <td>第一周</td>
        <td>1500</td>
    </tr>
    <tr>
        <td>第二周</td>
        <td>1800</td>
    </tr>
    <tr>
        <td>第三周</td>
        <td>2300</td>
    </tr>
    <tr>
        <td>第四周</td>
        <td>1700</td>
    </tr>
</table>
```

在浏览器中显示的效果如图2-3所示。

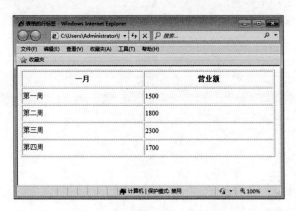

图2-3

2.2.3 单元格标签\<td\>

\<td\>标签用来定义表格中的标准单元格。\<td\>中的文本一般显示为正常字体且左对齐。
语法描述如下：

```
<td>    </td>
```

【例2.3】 单元格标签

代码中加粗的部分就是单元格的标签，这里没有给单元格设置属性，在后面的学习中会进行详细介绍。

```
<table border="1">
    <tr>
        <th>一月</th>
        <th>营业额</th>
    </tr>
    <tr>
        <td>第一周</td>
        <td>1500</td>
    </tr>
    <tr>
        <td>第二周</td>
        <td>1700</td>
    </tr>
    <tr>
        <td>第三周</td>
        <td>2300</td>
    </tr>
    <tr>
        <td>第四周</td>
        <td>1800</td>
    </tr>
</table>
```

在浏览器中看到的单元格标签如图2-4所示。

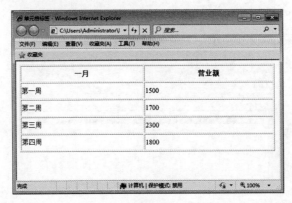

图2-4

17

2.2.4 表格的结构标签

表示表格结构的标签有表首标签<thead>、表主体标签<tbody>、表尾标签<tfoot>，且这些标签都是成对出现的。

表首标签<thead>，用于定义表格最上端表首的样式，可以设置文本对齐方式、背景颜色。语法描述如下：

```
<thead bgcolor="颜色" align="对齐方式">...</thead>
```

⚠ 【例2.4】 表头的设置

代码加粗的部分设置了表首的颜色为"#CCCCCC"，对齐方式为左对齐。

```
<table border="1">
    <thead bgcolor="#cccccc" align="left">
        <tr>
            <th>三月</th>
            <th>营业额</th>
        </tr>
    </thead>
    <tfoot>
        <tr>
            <td>总和</td>
            <td>$180</td>
        </tr>
    </tfoot>
    <tbody>
        <tr>
            <td>第二周</td>
            <td>$100</td>
        </tr>
        <tr>
            <td>第三周</td>
            <td>$80</td>
        </tr>
    </tbody>
</table>
```

在浏览器中显示的效果如图2-5所示。

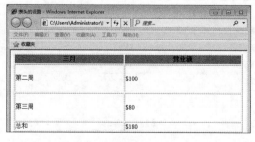

图2-5

表主体标签<tbody>，用于定义表格中的主体内容。

语法描述如下：

```
<tbody bgcolor="背景颜色" align="对其方式">…<tbody>
```

⚠ 【例2.5】 表主体的设置

代码加粗部分是表的主体，设置颜色为"#999999"，对齐方式为左对齐。

```
<table border="1">
    <thead>
        <tr>
            <th>三月</th>
            <th>营业额</th>
        </tr>
    </thead>
    <tfoot>
        <tr>
            <td>总和</td>
            <td>$180</td>
        </tr>
    </tfoot>
    <tbody bgcolor="#999999" align="left">
        <tr>
            <td>第二周</td>
            <td>$100</td>
        </tr>
        <tr>
            <td>第三周</td>
            <td>$80</td>
        </tr>
    </tbody>
</table>
```

表主体的设置在浏览器中显示的效果如图2-6所示。

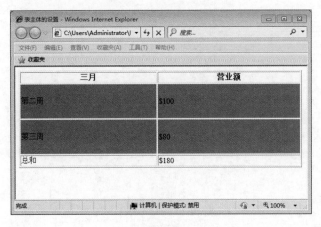

图2-6

表尾标签<tfoot>，用于定义表尾的样式。

语法描述如下：

```
<tfoot bgcolor="背景颜色" align="对其方式">…<tfoot>
```

⚠ 【例2.6】表尾的设置

代码中加粗的部分将表尾设置颜色为"#999999"，对齐方式为左对齐。

```
<table border="1">
    <thead>
        <tr>
            <th>三月</th>
            <th>营业额</th>
        </tr>
    </thead>
    <tfoot bgcolor="#999999" align="left">
        <tr>
            <td>总和</td>
            <td>$180</td>
        </tr>
    </tfoot>
    <tbody>
        <tr>
            <td>第二周</td>
            <td>$100</td>
        </tr>
        <tr>
            <td>第三周</td>
            <td>$80</td>
        </tr>
    </tbody>
</table>
```

表尾的设置在浏览器中显示的效果如图2-7所示。

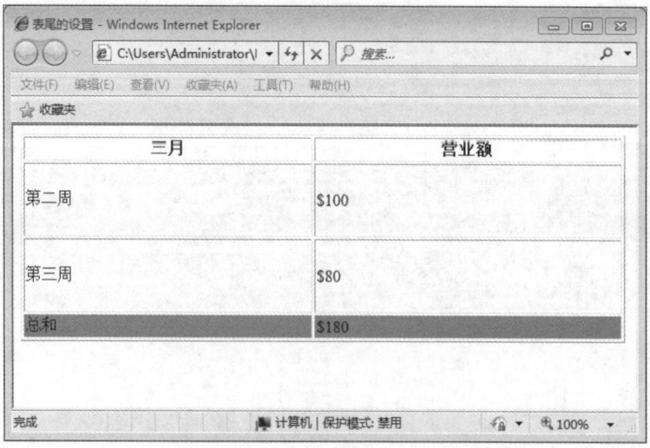

图2-7

2.2.5 设置表格标题

在实际应用中，每个表格都会用一个标题来说明表格的大体内容，用户可以用caption属性来设置表格的标题。

语法描述如下：

```
<caption>标题</caption>
```

⚠ 【例2.7】 设置表格的标题

代码中加粗的部分就是表格的标题。

```
<table border="1">
<caption>一月份的营业额</caption>
    <tr>
        <th>一月</th>
        <th>营业额</th>
    </tr>
    <tr>
        <td>第一周</td>
        <td>1500</td>
    </tr>
    <tr>
        <td>第二周</td>
        <td>1800</td>
    </tr>
    <tr>
        <td>第三周</td>
        <td>2300</td>
    </tr>
    <tr>
        <td>第四周</td>
        <td>1700</td>
    </tr>
</table>
```

在浏览器中显示的表格标题效果如图2-8所示。

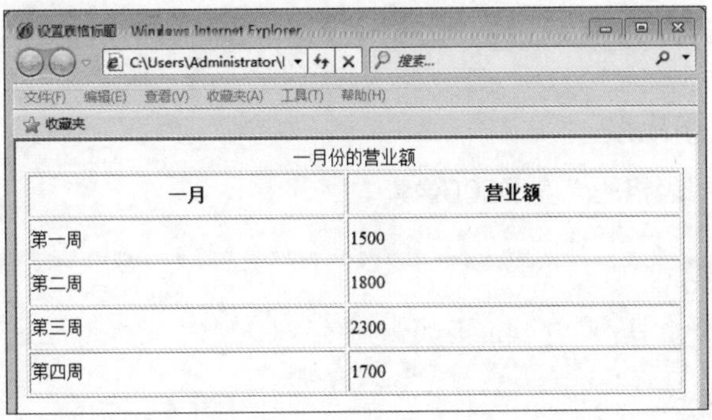

图2-8

2.3 设置表格大小和行内属性

> 本节主要讲述整张表格大小的设置，在设置了表格大小之后还可以设置每行的大小和属性。

2.3.1 设置整个表格的大小

表格的宽和高可以利用width和height属性来设置其大小。其中width属性用来规定表格的宽度，height属性用以指定表格的高度。这两个属性的参数值可以是数字或者百分数，其中数字表示表格的宽（高）所占的像素数，百分数表示表格的宽（高）占据浏览器窗口的宽（高）度的百分比。

表格宽度width的语法描述如下：

```
<table width="宽度数值/百分比">
```

⚠ 【例2.8】 设置表格宽度

代码加粗的部分设置了表格的宽为400像素。

```
<table width="400">
    <caption>设置表格的宽度</caption>
    <tr>
        <td></td>
        <td></td>
        <td></td>
        <td></td>
    </tr>
<table>
```

说明：<table width="400">是绝对宽度，用户还可以用<table width="100%">来设置表格的宽度，其中"100%"是由上一层元素的宽度决定的。

表格高度height的语法描述如下：

```
<table height="宽度数值/百分比">
```

⚠ 【例2.9】 设置表格高度

代码加粗的部分设置了表格的高度是500像素。

```
<table height="500">
    <caption>设置表格的高度</caption>
    <tr>
        <td></td>
```

```
        <td></td>
        <td></td>
        <td></td>
    </tr>
<table>
```

说明：<table height="500">是绝对高度，还可以用<table height="100%">来设置表格的高度。

下面是一个设置了宽为600像素，高为120像素的5行2列的表格，代码在浏览器中的效果如图2-9所示。 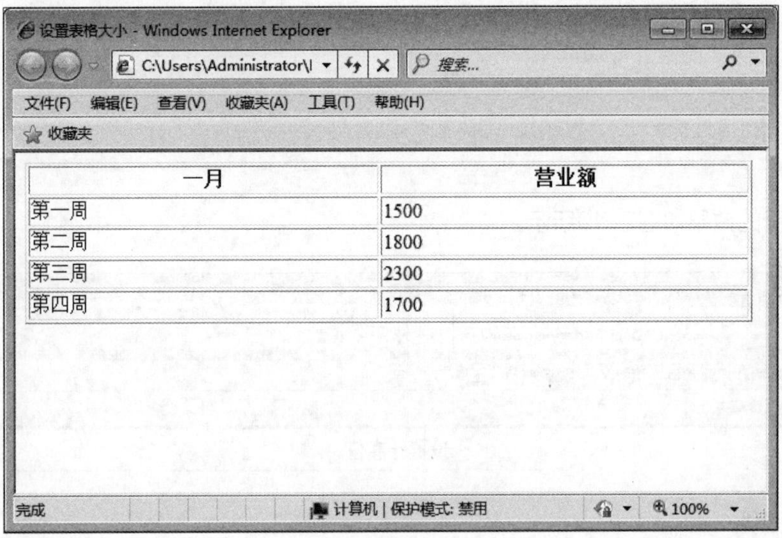

图2-9

2.3.2　设置表格中行的属性

height属性也可以用来设置表格中行的高度。

语法描述如下：

```
<tr height="行高值">
```

【例2.10】 设置行高值

代码中加粗的部分设置了表格第一行的高度是80像素。

```
<!doctype html>
    <html>
        <head>
        <meta http-equiv="Content-Type" content="text/html; charset=utf-8" />
        <title>行高</title>
        </head>
        <body>
            <table width="600" border="1" height="120">
            <caption>设置行高值</caption>
```

```
        <tr height="80">
        <td>班级</td>
        <td>姓名</td>
        </tr>
        <tr>
        <td>五年级1班</td>
        <td>李春华</td>
        </tr>
        <tr>
        <td>五年级2班</td>
        <td>张淼</td>
        </tr>
        </table>
    </body>
</html>
```

浏览器中显示的效果如图2-10所示。

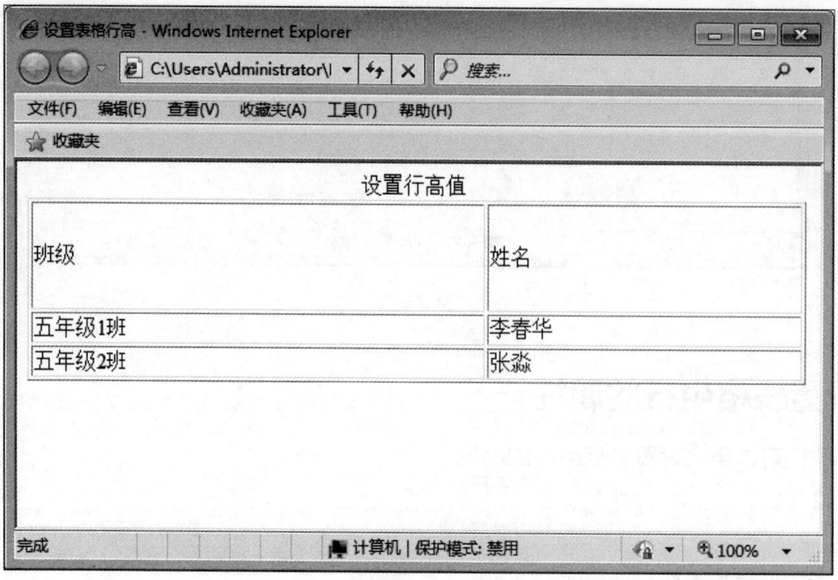

图2-10

2.3.3 设置行的背景颜色

bgcolor是"background color"的缩写，适用于HTML4与XHTML标准（HTML5标准不支持此标记）。该属性可以用于table、tr、td、th、body元素定义背景颜色，此处介绍设置行的背景颜色。

语法描述如下：

```
<tr bgcolor="行的背景颜色">
```

⚠ 【例2.11】设置行的背景颜色

代码中加粗的部分设置了第一行的背景颜色是"#999999"。

```
<!doctype html>
    <html>
        <head>
        <meta http-equiv="Content-Type" content="text/html; charset=utf-8" />
        <title>设置行的背景颜色</title>
        </head>
        <body>
            <table width="600" border="1" height="120">
            <caption>设置行的背景颜色</caption>
            <tr height="60" bgcolor="#999999">
            <td>班级</td>
            <td>姓名</td>
            </tr>
            <tr>
            <td>五年级</td>
            <td>李春华</td>
            </tr>
            <tr>
            <td>四年级</td>
            <td>张淼</td>
            </tr>
            </table>
        </body>
</html>
```

设置了行背景颜色在浏览器中显示的效果如图2-11所示。

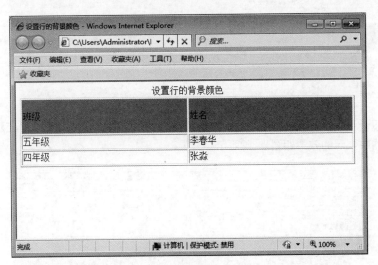

图2-11

2.3.4 设置行内文字的对齐方式

　　如果想要单独给表格内的某一行设置不同的样式，就需要用到align属性和valign属性。

　　行内的align属性规定了选中行的水平对齐方式，且该属性不受整个表格对齐方式的影响，当单元格设置对齐方式的时候，会被其所覆盖。

align语法描述如下:

```
<tr align="水平对齐方式">
```

⚠ 【例2.12】设置水平对齐方式

下列代码将表格的第一行设置为水平右对齐，第二行设置为居中对齐。

```
<!doctype html>
    <html>
        <head>
        <meta http-equiv="Content-Type" content="text/html; charset=utf-8" />
        <title>设置水平对齐方式</title>
        </head>
        <body>
            <table width="600" border="1" height="120">
            <caption>设置水平对齐方式</caption>
            <tr height="60" bgcolor="#999999" align="right">
            <td>姓名</td>
            <td>班级</td>
            </tr>
            <tr align="center">
            <td>五年级</td>
            <td>李春华</td>
            </tr>
            <tr>
            <td>四年级</td>
            <td>张淼</td>
            </tr>
            </table>
        </body>
</html>
```

说明：水平对齐方式有三种，分别是left、right和center。默认的对齐方式是左对齐。
代码在浏览器中显示的效果如图2-12所示。

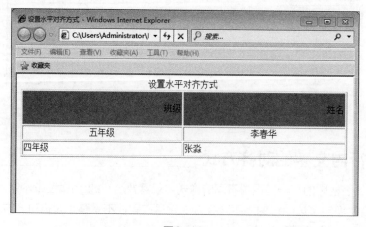

图2-12

行内的valign属性用来控制选中行内的垂直对齐方式。

valign的语法描述如下：

```
<tr valign="垂直对齐方式">
```

⚠ 【例2.13】设置垂直对齐方式

下列代码将表格的第一行设置为垂直上对齐，第二行设置为垂直下对齐。

```
<!doctype html>
    <html>
        <head>
        <meta http-equiv="Content-Type" content="text/html; charset=utf-8" />
        <title>设置垂直对齐方式</title>
        </head>
        <body>
            <table width="600" border="1" height="120">
            <caption>设置垂直对齐方式</caption>
            <tr height="50" bgcolor="#999999" valign="top">
            <td>班级</td>
            <td>姓名</td>
            </tr>
            <tr valign="bottom" height="40">
            <td>五年级</td>
            <td>李春华</td>
            </tr>
            <tr>
            <td>四年级</td>
            <td>张淼</td>
            </tr>
            </table>
        </body>
</html>
```

说明：垂直对齐方式同样有三种，分别是top、bottom和middle。

代码在浏览器中显示的效果如图2-13所示。

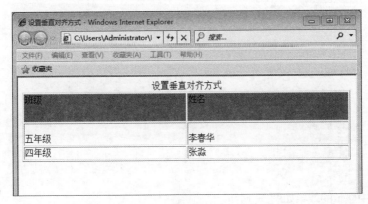

图2-13

2.4 设置表格边框样式

> 用户可以通过不同属性对表格的边框宽度、颜色以及表格中单元格的间距等样式进行设置或调整，使页面的呈现效果更加清晰美观。

2.4.1 表格的边框宽度

border属性即表格边框，可以控制表格的边线宽度、颜色等。如果用户不指定border属性，那么浏览器将不会显示表格的边框。

语法描述如下：

```
<table border="边框宽度">
```

⚠ 【例2.14】设置表格边框宽度

下列代码设置了表格边框宽度为8像素。

```
<!doctype html>
    <html>
        <head>
        <meta http-equiv="Content-Type" content="text/html; charset=utf-8" />
        <title>表格边框宽度</title>
        </head>
        <body>
            <table width="600" border="8" height="120">
            <caption>设置表格边框宽度</caption>
            <tr>
            <td>班级</td>
            <td>姓名</td>
            </tr>
            <tr>
            <td>五年级</td>
            <td>李春华</td>
            </tr>
            <tr>
            <td>四年级</td>
            <td>张淼</td>
            </tr>
            </table>
        </body>
</html>
```

代码在浏览器中显示的效果如图2-14所示。

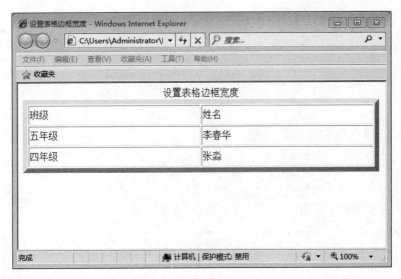

图2-14

2.4.2 表格的边框颜色

在不设置边框颜色的情况下，边框在浏览器中会显示为灰色。用户可以通过使用bordercolor来设置边框的颜色。

语法描述如下：

```
<table border="边框宽度" bordercolor="边框颜色">
```

⚠ 【例2.15】 设置表格的边框颜色

代码中加粗的部分设置了表格边框的颜色是红色。

```
<!doctype html>
    <html>
        <head>
        <meta http-equiv="Content-Type" content="text/html; charset=utf-8" />
        <title>设置表格边框颜色</title>
        </head>
        <body>
            <table width="600" border="8" bordercolor="red" height="120">
            <caption>设置表格的边框颜色</caption>
            <tr>
            <td>班级</td>
            <td>姓名</td>
            </tr>
            <tr>
            <td>五年级</td>
            <td>李春华</td>
            </tr>
            <tr>
            <td>四年级</td>
```

```
            <td>张淼</td>
            </tr>
            </table>
        </body>
</html>
```

代码在浏览器中显示的效果如图2-15所示。

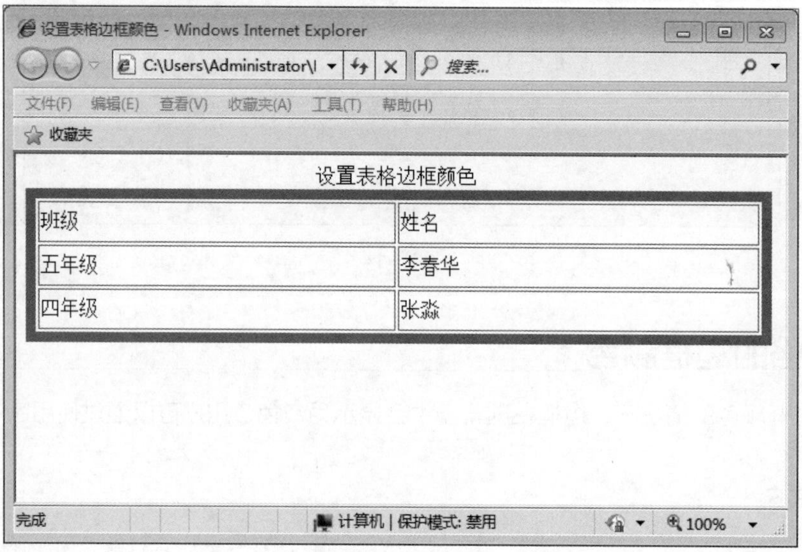

图2-15

2.4.3 表格中的单元格间距

cellspacing属性可以对单元格之间的间距进行设置，宽度值是像素。
语法描述如下：

```
<table cellspacing="单元格间距值">
```

⚠ 【例2.16】 单元格间距设置

代码加粗部分表示单元格的间距为6像素。

```
<!doctype html>
    <html>
        <head>
        <meta http-equiv="Content-Type" content="text/html; charset=utf-8" />
        <title>单元格间距</title>
        </head>
        <body>
            <table width="600" border="2" bordercolor="red" cellspacing="6"
height="120">
            <caption>设置单元格间距</caption>
            <tr>
```

```
        <td>班级</td>
        <td>姓名</td>
        </tr>
        <tr>
        <td>五年级</td>
        <td>李春华</td>
        </tr>
        <tr>
        <td>四年级</td>
        <td>张淼</td>
        </tr>
        </table>
    </body>
</html>
```

代码在浏览器中显示的效果如图2-16所示。

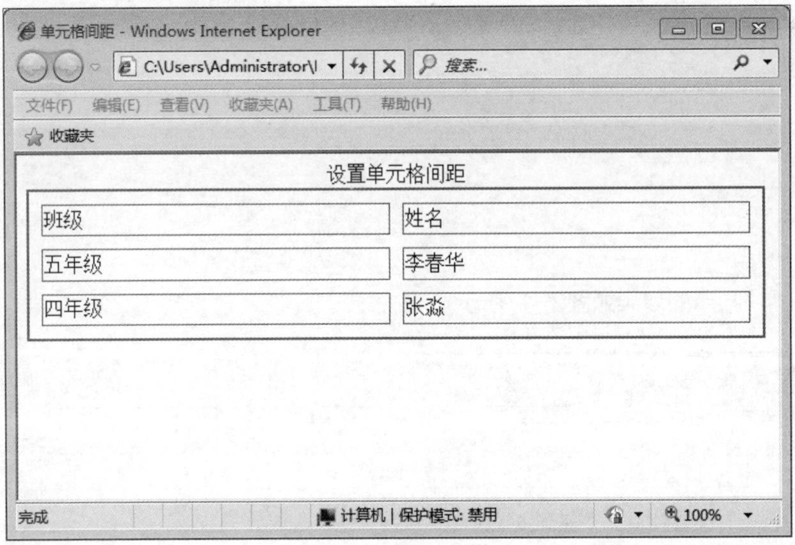

图2-16

2.4.4 表格中文字与边框间距

　　单元格中的文字在没有设置的情况下都会紧贴单元格的边框，想要设置文字与边框的间距值，可以使用cellpadding属性。

　　语法描述如下：

```
<table cellpadding="文字与边框间距值">
```

⚠ 【例2.17】设置文字与边框间距

　　下列代码设置文字与边框的间距为8像素。

```
<!doctype html>
```

```
<html>
    <head>
    <meta http-equiv="Content-Type" content="text/html; charset=utf-8" />
    <title>文字与边框间距</title>
    </head>
    <body>
        <table width="600" border="2" bordercolor="red" cellspacing="5"
cellpadding="8" height="120">
        <caption>设置文字与边框间距</caption>
        <tr>
        <td>班级</td>
        <td>姓名</td>
        </tr>
        <tr>
        <td>五年级</td>
        <td>李春华</td>
        </tr>
        <tr>
        <td>四年级</td>
        <td>张淼</td>
        </tr>
        </table>
    </body>
</html>
```

代码在浏览器中显示的效果如图2-17所示。

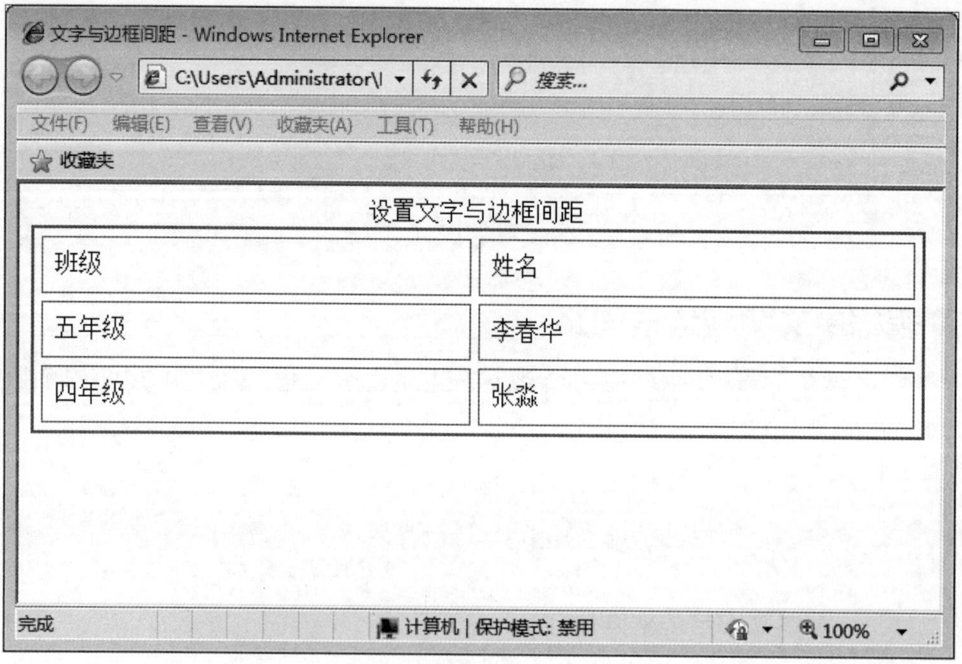

图2-17

2.5 设置表格的背景

> 为了美化表格，用户可以设置表格的背景颜色，还可以为表格的背景添加图片，使表格看起来不单调。

2.5.1 设置表格背景颜色

用户可以使用bgcolor属性定义表格的背景颜色，但需要注意的是，此时bgcolor定义的颜色是整个表格的背景颜色，如果行、列或者单元格被定义了其它的颜色就会覆盖背景颜色。

语法描述如下：

```
<table bgcolor="背景颜色">
```

【例2.18】 设置表格背景颜色

下列代码将表格背景颜色设置为"#999999"。

```
<!doctype html>
    <html>
        <head>
        <meta http-equiv="Content-Type" content="text/html; charset=utf-8" />
        <title>表格背景颜色</title>
        </head>
        <body>
            <table width="600" border="2" bordercolor="red" cellspacing="6"
cellpadding="6" bgcolor="#999999" height="120">
            <caption>设置表格背景颜色</caption>
            <tr>
            <td>班级</td>
            <td>姓名</td>
            </tr>
            <tr>
            <td>五年级</td>
            <td>李春华</td>
            </tr>
            <tr>
            <td>四年级</td>
            <td>张淼</td>
            </tr>
            </table>
        </body>
    </html>
```

代码在浏览器中显示的效果如图2-18所示。

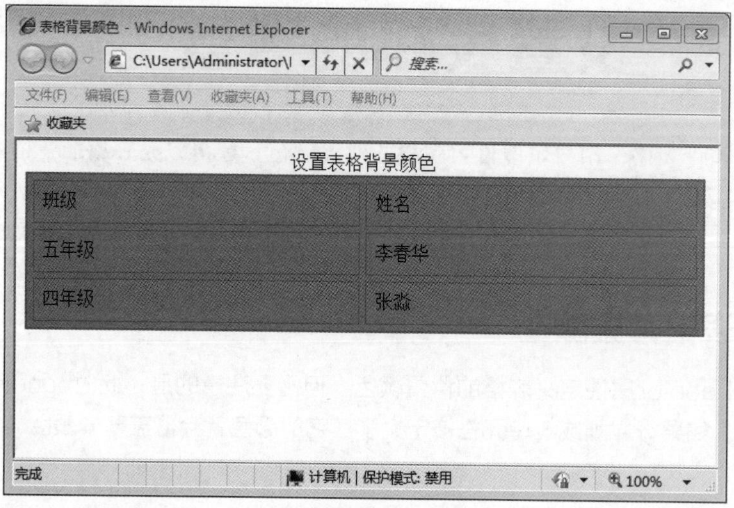

图2-18

2.5.2 为表格背景插入图像

美化表格除了设置表格背景颜色之外，还可以为其插入背景图片。
语法描述如下：

```
<table background="图片地址">
```

⚠ 【例2.19】插入表格背景图像

在代码加粗的部分设置表格插入了一张背景图像。

```
<!doctype html>
    <html>
        <head>
        <meta http-equiv="Content-Type" content="text/html; charset=utf-8" />
        <title>表格背景图片</title>
        </head>
        <body>
            <table width="300" border="2" bordercolor="red" cellspacing="6"
cellpadding="6" background="img11.png">
            <caption>插入表格背景图像</caption>
            <tr>
            <td>班级</td>
            <td>姓名</td>
            </tr>
            <tr>
            <td>五年级</td>
            <td>李春华</td>
            </tr>
            <tr>
```

```
        <td>四年级</td>
        <td>张淼</td>
        </tr>
        </table>
    </body>
</html>
```

代码在浏览器中显示的效果如图2-19所示。

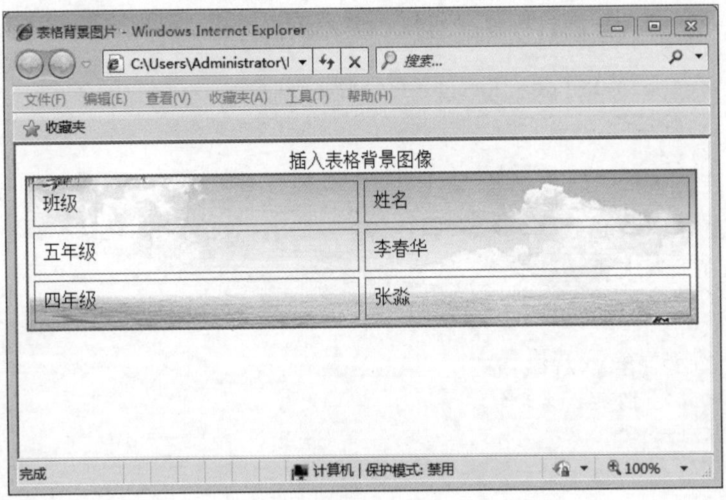

图2-19

2.6 设置单元格的样式

> 单元格是表格中的基本单位，每行内可以有多个单元格，每个单元格都可以设置不同的样式，比如颜色、宽度、对齐方式等，这些样式可以覆盖整个表格或者某个行已经定义的样式。

2.6.1 设置单元格的大小

如果不单独设置单元格的属性，其宽度和高度都会根据内容自动调整。想要单独设置单元格大小可以通过width和height进行。

语法描述如下：

```
<td width="单元格宽度" height="单元格高度">
```

⚠ 【例2.20】 设置单元格的大小

下列代码设置表格第一行第一列的宽为60像素，高为50像素，第二行设置高为40像素。

```
<!doctype html>
    <html>
        <head>
        <meta http-equiv="Content-Type" content="text/html; charset=utf-8" />
        <title>设置单元格大小</title>
        </head>
        <body>
            <table width="600" border="2" bordercolor="red" cellspacing="6"
cellpadding="6" bgcolor="#999999" height="120">
            <caption>设置单元格大小</caption>
            <tr>
            <td width="60" height="50">班级</td>
            <td>姓名</td>
            </tr>
            <tr>
            <td height="40">五年级</td>
            <td>李春华</td>
            </tr>
            <tr>
            <td>四年级</td>
            <td>张淼</td>
            </tr>
            </table>
        </body>
    </html>
```

设置了单元格大小的表格在浏览器中显示的效果如图2-20所示。

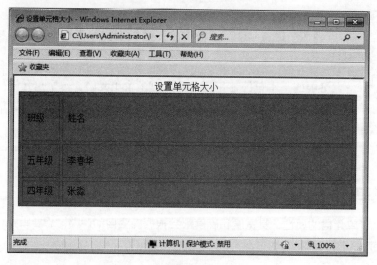

图2-20

2.6.2 设置单元格的背景颜色

单元格的背景颜色定义和表格的背景颜色定义大致相同，都是用bgcolor进行设置。不同的是当表格与单元格都设置了背景颜色时，单元格的背景色会覆盖表格定义的背景颜色。

语法描述如下：

```
<td bgcolor="背景颜色">
```

⚠ 【例2.21】设置单元格的背景颜色

代码中加粗的部分是给表格的第一列第三行设置了颜色为"#009999"的属性。

```
<!doctype html>
    <html>
        <head>
        <meta http-equiv="Content-Type" content="text/html; charset=utf-8" />
        <title>设置单元格背景颜色</title>
        </head>
        <body>
            <table width="600" border="2" bordercolor="red" cellspacing="6"
cellpadding="6" bgcolor="#999999" height="120">
            <caption>设置单元格背景颜色</caption>
            <tr>
            <td width="60" height="50">班级</td>
            <td>姓名</td>
            </tr>
            <tr>
            <td height="40">五年级</td>
            <td>李春华</td>
            </tr>
            <tr>
            <td bgcolor="#009999">四年级</td>
            <td>张淼</td>
            </tr>
            </table>
        </body>
</html>
```

代码在浏览器中显示的效果如图2-21所示。

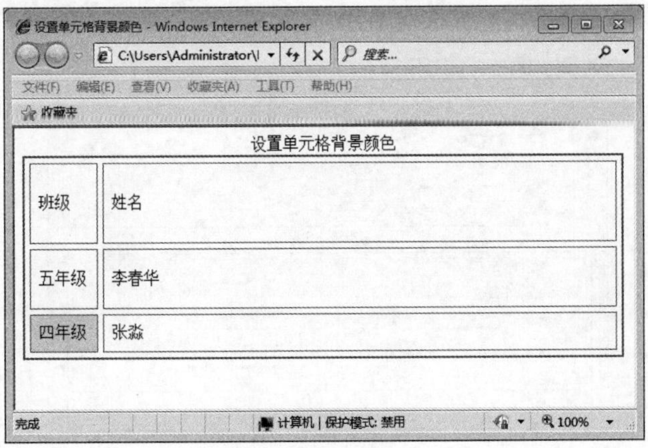

图2-21

2.6.3 设置单元格的边框颜色

通过bordercolor属性可以对单元格的边框颜色进行设置。
语法描述如下:

```
<td bordercolor="边框颜色">
```

⚠ 【例2.22】 设置单元格的边框颜色

下列代码给表格的第二行第二列单元格边框设置了背景颜色为"#99FF00"的属性。

```
<!doctype html>
    <html>
        <head>
        <meta http-equiv="Content-Type" content="text/html; charset=utf-8" />
        <title>设置单元格的边框颜色</title>
        </head>
        <body>
            <table width="600" border="2" bordercolor="red" cellspacing="5"
height="120" cellpadding="8" bgcolor="#ffffcc">
            <caption>设置单元格的边框颜色</caption>
            <tr>
            <td width="50" height="60">班级</td>
            <td>姓名</td>
            </tr>
            <tr>
            <td height="40">五年级</td>
            <td style="border-color:#99ff00;">李春华</td>
            </tr>
            <tr>
            <td bgcolor="#99ff33">四年级</td>
            <td>张淼</td>
            </tr>
            </table>
        </body>
</html>
```

代码在浏览器中显示的效果如图2-22所示。

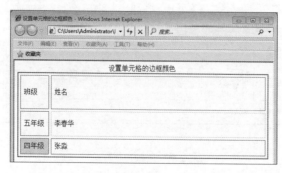

图2-22

2.6.4 合并单元格

在设计表格的时候，有时需要将两个或者几个相邻的单元格合并成一个单元格，这时就需要用到colspan属性和rowspan属性进行设置。

设置表格的水平跨度语法描述如下：

```
<td colspan="跨的列数">
```

⚠ 【例2.23】 设置单元格的水平跨度

代码中加粗的部分是把第一行的两个单元格合并成一个单元格。

```
<!doctype html1>
    <html1>
        <head>
        <meta http-equiv="Content-Type" content="text/html; charset=utf-8" />
        <title>水平合并单元格</title>
        </head>
        <body>
            <table width="600" border="2" bordercolor="red" cellspacing="5"
height="120" cellpadding="8" bgcolor="#ffffcc">
            <caption>水平合并单元格</caption>
            <tr>
            <td colspan="2" align="center">本店一年利润</td>
            </tr>
            <tr>
            <td>第一季度</td>
            <td>28万元</td>
            </tr>
            <tr>
            <td>第二季度</td>
            <td>36万元</td>
            </tr>
            <tr>
            <td>第三季度</td>
            <td>32万元</td>
            </tr>
            <tr>
            <td>第四季度</td>
            <td>41万元</td>
            </tr>
            </table>
        </body>
    </html1>
```

代码在浏览器中显示的效果如图2-23所示。

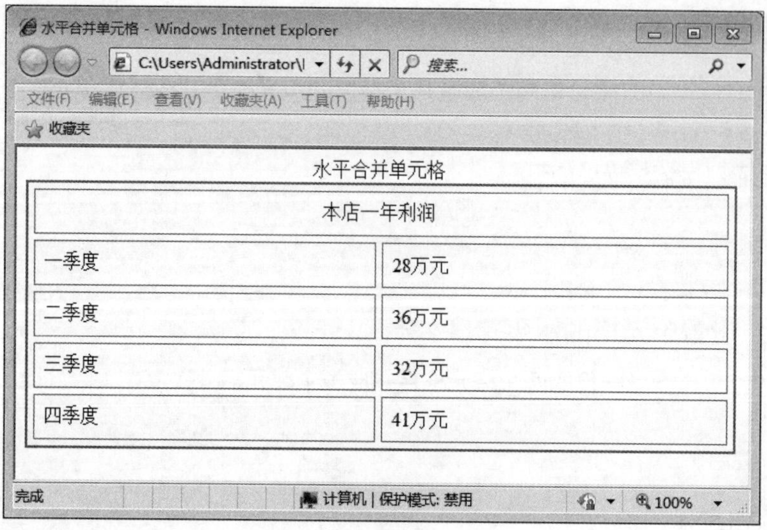

图2-23

设置表格的垂直跨度语法描述如下：

```
<td rowspan="跨的行数">
```

⚠ 【例2.24】 设置单元格的垂直跨度

代码中加粗的部分表示把第一列的第三、第四个单元格合并。

```html
<!doctype html>
    <html>
        <head>
        <meta http-equiv="Content-Type" content="text/html; charset=utf-8" />
        <title>设置单元格垂直跨度</title>
        </head>
        <body>
            <table width="600" border="2" bordercolor="red" cellspacing="5"
height="120" cellpadding="8" bgcolor="#ffffcc">
            <caption>垂直合并单元格</caption>
            <tr>
            <td colspan="2" align="center">本店一年利润</td>
            </tr>
            <tr>
            <td>一季度</td>
            <td>28万元</td>
            </tr>
            <tr>
            <td rowspan="2">二、三季度</td>
            <td>36万元</td>
            </tr>
            <tr>
            <td>32万元</td>
            </tr>
```

```
        <tr>
        <td>四季度</td>
        <td>41万元</td>
        </tr>
        </table>
    </body>
</html>
```

代码在浏览器中显示的效果如图2-24所示。

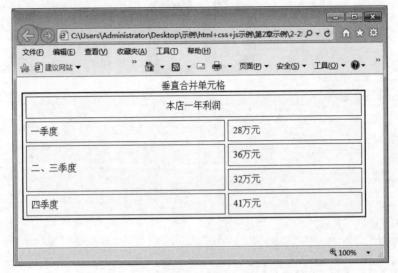

图2-24

 # 本章小结

　　本章从一个表格开始，循序渐进地讲解了整个表格最基本的属性：表格的大小怎么设置，表格中包含哪些要素，其基本的标签有哪些，表格的背景颜色或插入背景图片，表格的边框可以做哪些美化，单元格有哪些属性，设置单元格属性需要注意哪些问题，怎样合并单元格等。这些都是表格最基本的知识，如果想熟练运用表格，这些知识必须牢记。

Chapter

03

丰富网页
——图像的插入

本章概述

　　图像是网页中必不可少的元素，在设计网页时使用图片更容易吸引浏览者的眼球。美化网页最简单有效的方法就是添加图片，合理运用图片能够成就优秀的设计。人是视觉动物，在浏览网页时，对于图像有一种渴望，因此添加合适而且相关的图片非常重要。本章循序渐进地讲解图像在网页中的使用。

重点知识

- 图片的格式
- 插入图片
- 为图片添加超链接

3.1　图片的格式

> 网页中的图像格式通常有三种，即GIF、JPEG和PNG。目前GIF和JPEG文件格式的支持情况最佳，多数浏览器都可以兼容。PNG格式的图片具有较大的灵活性，且文件较小，几乎任何类型的网页都适合。

下面对三种图片格式分别进行介绍。

- JPG：JPG全称为JPEG。JPEG图片以24位颜色存储单个位图。JPEG是与平台无关的格式，支持最高级别的压缩，但这种压缩是有损耗的。
- GIF：GIF格式分为静态GIF和动画GIF两种，扩展名为.gif，是一种压缩位图格式。该格式支持透明背景图像，适用于多种操作系统，且体积小、成像相对清晰，所以较受互联网欢迎。网络上的很多小动画都是GIF格式，但该格式的实质是将多幅图像保存为一个图像文件，从而变为动画，所以仍然属于图形文件格式。
- PNG：PNG格式最初产生的原因是为了避免GIF格式专利对成本的影响，在逐步的完善过程中，因其相较于其它两类格式的技术优势而被市场广泛认可。PNG格式支持透明效果，即图像的边缘可以与背景完整融合、避免锯齿，这是GIF和JPEG不具备的。使用该格式存储彩色图像时，彩色图像的深度可达48位；存储灰度图像时，深度可达16位；还可存储16位的 α 通道数据。因为该格式压缩比高且生成的文件体积小，所以通常应用于Java、S60或网页中。

3.2　插入图片

> 在制作网页的时候，为了网页更加美观也更容易吸引用户浏览，通常会插入一些图片进行美化。

3.2.1　使用img标签

图片是网页构成中最重要的元素之一，它可以为网页增强视觉效果，加深用户对网页的印象，插入图片的标记为img标签。

img元素的相关属性定义如下。

- scr：图片源文件。
- alt：提示文字。
- width：图片的宽度。
- height：图片的高度。
- border：图片的边框。

- vspace：垂直间距。
- hspace：水平间距。
- align：排列。
- dynsrc：设定avi文件的播放。
- loop：设定avi文件的循环播放次数。
- loopdelay：设定avi文件的循环播放延迟。
- start：设定avi文件的播放方式。
- lowsrc：设定低分辨率图片。
- usemap：映像地图。

3.2.2 图片的源文件

src属性是图片必不可少的属性，用于指定图像源文件所在的位置。
语法描述如下：

```
<img src="图片的位置">
```

⚠️ 【例3.1】图片位置

```
<!doctype html>
<html>
<head>
<meta http-equiv="Content-Type" content="text/html; charset=utf-8" />
<title>图片位置</title>
</head>
<body>
<img src="png_1.png">
</body>
</html>
```

代码在浏览器中显示的效果如图3-1所示。

图3-1

3.2.3 设置图片大小

如果不设置图片的大小，图片在网页中显示为原始尺寸。有时原始尺寸可能会过大或者过小，这时就需要用到width和height属性来设置图片的大小。

语法描述如下：

```
<img src="图像的位置" width="图像的宽度" height="图像的高度">
```

⚠ 【例3.2】设置图像的大小

代码中加粗的部分设置了图像的宽是270像素，高是120像素。

```
<!doctype html>
<html>
<head>
<meta http-equiv="Content-Type" content="text/html; charset=utf-8" />
<title>设置图像的大小</title>
</head>
<body>
<img src="png_1.png">
<img src="png_1.png" width="270" height="120" >
</body>
</html>
```

代码在浏览器中显示的效果如图3-2所示。

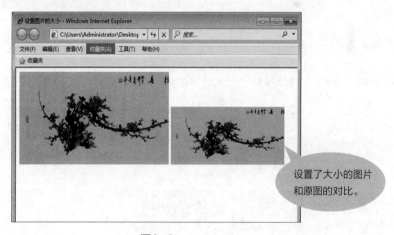

图3-2

3.2.4 设置图片提示文字

设置文件的提示文字有两个作用：一是浏览网页时，如果图像没有被下载，在图像的位置会看到提示的文字；二是浏览网页时，图片下载完成，当鼠标指针放到图片上时会出现提示文字。

语法描述如下：

```
<img src="图片位置" alt="提示文字">
```

⚠ 【例3.3】图片的提示文字

代码中加粗的部分设置了图片的提示文字为"中国水墨画"。

```
<html>
<head>
<meta http-equiv="Content-Type" content="text/html; charset=utf-8" />
<title>图片的提示文字</title>
</head>
<body>
<img src="png_1.png" alt="中国水墨画">
</body>
</html>
```

在浏览器中显示的效果如图3-3所示。

图3-3

如果遇到网络较卡、浏览器禁用图像或src出现属性错误时，在浏览器中显示的效果如图3-4所示。

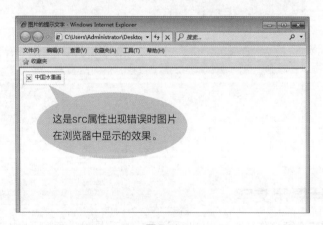

图3-4

【TIPS】

在有些浏览器中alt定义的属性不会被显示出来，这时可以用title属性来定义图片的提示文字。

3.2.5 图片的对齐方式

img标签的align属性定义了图像相对于周围元素的水平和垂直对齐方式。垂直对齐方式有top、bottom和middle三种方式，水平对齐方式有right和left两种方式。

1. 垂直对齐方式

语法描述如下：

```
<img scr="图片位置" align="对齐方式">
```

⚠ 【例3.4】 图片相对于文字的垂直对齐方式

代码中加粗的部分分别设置了图片相对于文字垂直对齐的方式。

```
<!doctype html>
<html>
<head>
<meta http-equiv="Content-Type" content="text/html; charset=utf-8" />
<title>设置图片水平对齐方式</title>
</head>
<body class="txt">
<h3>未设置对齐方式的图片：</h3>
<p>图像 <img src="png_1.png" width="80" height="62"> 在文本中</p>
<h3>已设置对齐方式的图像：</h3>
<p>图像 <img src="png_1.png" width="80" height="62" align="bottom"> 在文本中</p>
<p>图像 <img src="png_1.png" width="80" height="62" align="middle"> 在文本中</p>
<p>图像 <img src="png_1.png" width="80" height="62" align="top"> 在文本中</p>
</body>
</html>
```

代码在浏览器中显示的效果如图3-5所示。

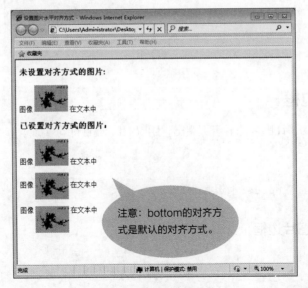

图3-5

2. 水平对齐方式

语法描述如下:

```
<img scr="图片位置" align="对齐方式">
```

⚠【例3.5】图片相对于文字的水平对齐方式

代码中加粗的部分设置了图片相对于文字水平右对齐。

```
<!doctype html>
<html>
<head>
<meta http-equiv="Content-Type" content="text/html; charset=utf-8" />
<title>设置图片水平对齐方式</title>
</head>
<body class="txt">
<p>图像 <img src="png_1.png" width="80" height="62" align="right"> 在文本中</p>
</body>
</html>
```

代码在浏览器中显示的效果如图3-6所示。

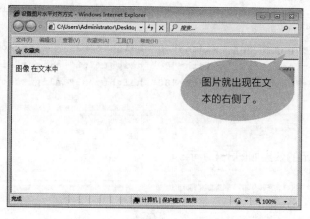

图3-6

3.2.6 图片的边框

给图片添加边框是为了让图片的显示更突出,用border属性即可实现。
语法描述如下:

```
<img src="图片位置" border="边框粗细">
```

⚠【例3.6】设置图片边框

```
<!doctype html>
<html>
```

```
<head>
<meta http-equiv="Content-Type" content="text/html; charset=utf-8" />
<title>设置图片边框</title>
</head>
<body>
<img src="png_1.png" border="4">
</body>
</html>
```

添加边框后在浏览器中显示的效果如图3-7所示。

图3-7

3.3 为图片添加超链接

图片的超链接添加方法很简单，可以用<a>标签来完成。
语法描述如下：

```
<a href="链接地址"><img src="图片的地址"></a>
```

⚠ 【例3.7】 为图片添加超链接

在代码中，href用来设置链接地址，这里设置的是一个空地址。

```
<!doctype html>
<html>
<head>
<meta http-equiv="Content-Type" content="text/html; charset=utf-8" />
<title>图片链接</title>
</head>
```

```
<body>
<a href="#"> <img src="png_1.png"></a>
</body>
</html>
```

添加了超链接的图片在网页中显示的效果如图3-8所示。

图3-8

 # 本章小结

　　本章主要讲解了图片在网页中的几种格式，怎样插入并设置图片，以及如何为图片添加超链接。在上述知识中，用户需要重点掌握图片的格式和图片属性的设置。想要熟练地在网页中插入精美的图片，就需要掌握设置图片属性的方法，只有通过不断地练习巩固，才能运用自如。

　　当然，在网页中图片的超链接运用也十分广泛，特别是如今随着购物网站不断创办发展，灵活运用这些知识才能让设计更加出色。

Chapter

04

网页交互
——表单的使用

本章概述

　　表单主要是用来收集用户端提供的相关信息，使网页具有交互的功能。表单的用途很多，在制作动态网页时经常会用到。比如填写个人信息、会员注册和网上调查，访问者可以使用文本域、列表框、复选框、单选按钮等表单对象输入信息，单击按钮即可提交用户所填写的一些信息。本章就对表单的使用进行了详细介绍。

重点知识

- 表单的基本标签
- 表单的基本属性
- 插入表单对象
- 创建一个注册类表单页面

4.1 表单的基本标签

> 在网页制作过程中，特别是动态网页，时常会用到表单。可以用\<form>\</form>标签创建表单，且在\<form>标签中可以设置表单的基本属性。

4.1.1 \<form>标签

表单中的所有字段都要写在\<form>\</form>标签中，定义整个表单。

语法描述如下：

```
<form action="执行程序地址" method="传递方式">…</form>
```

⚠ 【例4.1】 \<form>标签

代码加粗的部分就是\<form>标签在表单中的应用方式。

```
<!doctype html>
<html>
<head>
<meta http-equiv="Content-Type" content="text/html; charset=utf-8" />
<title>form标签</title>
</head>
<body>
<form action="form_action.asp" method="get">
<p>姓名 : <input type="text" name="fname"></p>
<p>密码 : <input type="text" name="lname"></p>
<input type="submit" value="确定" />
</form>
</body>
</html>
```

代码在浏览器中显示的效果如图4-1所示。

![form标签浏览器效果图，显示姓名和密码输入框及确定按钮，旁注"一个简单的提交表单就做好了。"]

图4-1

说明：action指定提交这个表单是执行处理程序。当用户提交表单时，服务器会根据action指定的程序处理表单内容。

传递方式可选择get或post。

4.1.2 <input>标签

表单中的各个表单项，除了组合框、文本区域外，几乎所有的字段都要用<input>标签来定义，这些字段通过type属性定义类型。<input>标签一般需要制定name和value属性。在HTML中，<input>标签没有结束标签。

语法描述如下：

```
<input type="类型" name="名称" value="取值">
```

⚠ 【例4.2】 <input>标签

代码中加粗的部分表示的是一个名称为"性别"的单选按钮，选择值是"女"。

```
<!doctype html1>
<html1>
<head>
<meta http-equiv="Content-Type" content="text/html; charset=utf-8" />
<title>input标签</title>
</head>
<body>
<form action="form_action.asp" method="get">
<p>女 <input type="radio" value="女" name="性别"></p>
</form>
</body>
</html1>
```

代码在浏览器中显示的效果如图4-2所示。

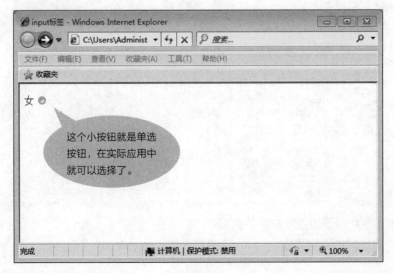

图4-2

说明：type可以选择的类型种类如下。

- text：表示类型为文本框。
- button：表示类型为按钮。
- checkbox：表示类型为复选框。
- radio：表示类型为单选框。
- hidden：表示类型为隐藏域。
- image：表示类型为图片。
- password：表示类型为密码输入框。
- submit：表示类型为提交按钮。
- reset：表示类型为重置按钮。
- file：表示类型为文件域。

另外，name表示表单元素的名称，由于处理表单的程序要确定数据来源，一般需要指定name属性。value为表单元素的默认值。

4.1.3 <textarea>标签

<textarea>标签定义多行的文本输入控件。文本区中可容纳无限数量的文本，其中文本的默认字体是等宽字体。可以通过cols和rows属性来规定<textarea>的尺寸。

语法描述如下：

```
<textarea name="名称" cols="列数" row="行数" wrap="换行方式">文本内容</textarea>
```

⚠ 【例4.3】<textarea>标签

代码加粗的部分定义了名称为content的3行40列的文本框，换行方式为自动换行。

```
<!doctype html>
<html>
<head>
<meta http-equiv="Content-Type" content="text/html; charset=utf-8" />
<title> textarea标签</title>
</head>
<body>
<form action="form_action.asp" method="get">
<textarea name="content" cols="40" rows="3" wrap="virtual">
十年生死两茫茫，不思量，自难忘。千里孤坟，无处话凄凉。纵使相逢应不识，尘满面，鬓如霜。
夜来幽梦忽还乡，小轩窗，正梳妆。相顾无言，惟有泪千行。料得年年肠断处，明月夜，短松冈。
</textarea>
</form>
</body>
</html>
```

上述代码在浏览器中显示的效果如图4-3所示。

说明：代码中换行方式还可以选择"off"不换行，或"physical"手动换行。

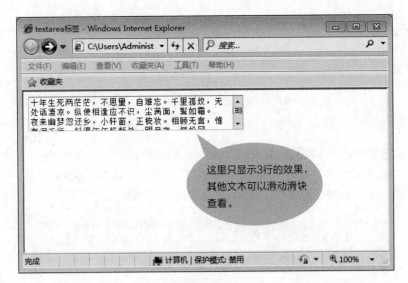

图4-3

4.1.4 <select>标签

<select>标签可以生成一个列表。
语法描述如下：

```
<select multiple size="可见选项数">
<option value="值">
</select>
```

⚠ 【例4.4】 <select>标签

在代码中，第一个加粗部分是一个下拉列表，选择时只能选择单选项。代码中第二个加粗部分是一个展开的列表，可以多选。

```
<!doctype html>
<html>
<head>
<meta http-equiv="Content-Type" content="text/html; charset=utf-8" />
<title>select标签</title>
</head>
<body>
<form action="form_action.asp" method="get">
<select name="1">
<option value="美食小吃">美食小吃</option>
<option value="火锅">火锅</option>
<option value="麻辣烫">麻辣烫</option>
<option value="砂锅">砂锅</option>
</select>
<select name="1" size="4" multiple>
<option value="美食小吃">美食小吃</option>
<option value="火锅">火锅</option>
```

```
<option value="麻辣烫">麻辣烫</option>
<option value="砂锅">砂锅</option>
</select>
</form>
</body>
</html>
```

两个表单在浏览器中显示的效果如图4-4所示。

说明：如果size的值大于1，则会生成一个普通的可以按住Ctrl键进行多选的列表；如果不设置size值，或值为1，multiple的属性就没有意义。

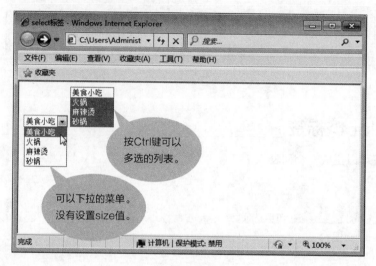

图4-4

4.2 表单的基本属性

> 制作表单的时候通常会对其属性进行不同设置，下面将具体讲解如何设置表单属性。

4.2.1 action属性

action指定表单提交到哪个地址进行处理。

语法描述如下：

```
<form action="处理程序">…</form>
```

⚠ 【例4.5】提交标记

代码加粗的部分就是程序的提交标记。

```
<!doctype html>
<html>
<head>
<meta http-equiv="Content-Type" content="text/html; charset=utf-8" />
<title>提交程序</title>
</head>
<body>
<form action="form_action.asp">
</form>
</body>
</html>
```

说明：表单处理程序就是表单中收集到的材料要传到的程序地址。

4.2.2　name属性

为表单命名需要用到name属性。name属性不是表单中必须的属性，它只是为了区别提交到后台的表单，以免出现混乱。

语法描述如下：

```
<form name="表单名称">…</form>
```

⚠ 【例4.6】设置表单名称

代码加粗的部分表示设置了表单的名称为"form1"。

```
<!doctype html>
<html>
<head>
<meta http-equiv="Content-Type" content="text/html; charset=utf-8" />
<title>表单名称</title>
</head>
<body>
<form name="form1" action="form_action.asp">
</form>
</body>
</html>
```

说明：name中设置属性时不能有空格或者特殊字符。

4.2.3　method属性

表单中的method属性主要用来指定表单的数据提交到服务器时使用的HTTP，其取值可以是get或者post。

语法描述如下：

```
<form method="传送方式">…</form>
```

⚠ 【例4.7】 使用post传送

代码加粗的部分是post传送方法。

```
<!doctype html>
<html>
<head>
<meta http-equiv="Content-Type" content="text/html; charset=utf-8" />
<title>表单名称</title>
</head>
<body>
<form name="form1" action="form_action.asp" method="post">
</form>
</body>
</html>
```

说明：post的传送方法是表单数据包含在表单主题中，然后被送到处理程序上。get的传送方法是表单的数据被传送到action属性指定的URL，然后这个新的URL被送到处理程序上。

4.2.4 enctype属性

enctype属性是用来设置表单信息提交的编码方式，默认为url-encoded。
语法描述如下：

```
<form enctype="编码方式">…</form>
```

⚠ 【例4.8】 设置编码方式

代码中加粗的部分就是编码方式。

```
<!doctype html>
<html>
<head>
<meta http-equiv="Content-Type" content="text/html; charset=utf-8" />
<title>表单名称</title>
</head>
<body>
<form name="form1" action="form_action.asp" method="post" enctype="application/
x-www-form-urlencoded">
</form>
</body>
</html>
```

说明：代码中的编码方式是默认的编码方式，当enctype取值为multipart/form-data时，代表的含义是MIME编码，上传文件的表单必须选择该项。

4.2.5 target属性

指定目标窗口的打开方式要用到target属性。

语法描述如下：

```
<form target="窗口打开方式">…<form>
```

⚠️【例4.9】设置窗口打开方式

代码中加粗的部分选择的目标窗口打开方式为在整个浏览器窗口中载入所链接的文件。

```
<!doctype html>
<html>
<head>
<meta http-equiv="Content-Type" content="text/html; charset=utf-8" />
<title>表单名称</title>
</head>
<body>
<form name="form1" action="form_action.asp" method="post" enctype="application/
x-www-form-urlencoded" target="_top">
</form>
</body>
</html>
```

说明：除了_top选项，目标窗口打开方式还有3个选项，即_blank、_parent、_self。_blank
为将链接的文件载入一个未命名的浏览器窗口中；_parent为将链接的文件载入含有该链接的父框架集
中；_self为将链接的文件载入链接所在的同一框架或窗口中。

4.3 插入表单对象

> 表单域包含了文本框、多行文本框、密码框、隐藏域、复选框、单选框和下拉
> 选择框等，用于采集用户输入或选择的数据。

4.3.1 文本域

文本框是一种让访问者自己输入内容的表单对象，通常被用来填写单个字或者简短的回答，如姓
名、地址等。

语法描述如下：

```
<input name="控件名称" type="text" value="字段默认值" size="控件的长度" maxlength="
最长字符数">
```

⚠ 【例4.10】文字字段

代码中加粗部分的字段默认值是10，控件长度为10，"分数"中设置了最长字符数为3。

```
<!doctype html1>
<html1>
<head>
<meta http-equiv="Content-Type" content="text/html1; charset=utf-8" />
<title>文本域</title>
</head>
<body>
<form action="form_action.asp" method="get" name="form2">
姓名:
<input name="name" type="text" size="10">
<br/>
分数:
<input name="fenshu" type="text" size="10" value="10" maxlength="3">
</form>
</body>
</html1>
```

代码在浏览器中显示的效果如图4-5所示。

说明：text字段的参数说明如下。

- type：用来指定插入哪种表单元素。
- name：文字字段的名称。
- value：用来定义文本框的默认值。
- size：以字符为单位用来确认文本框在页面中显示的长度。
- maxlength：用来设定文本框中最多可以输入的字符数。

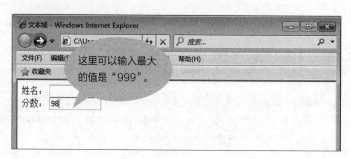

图4-5

4.3.2 密码域

密码是一种特殊的文字字段，其属性和文字字段相同，不同的是密码在输入时字符通常是不可见的，以确保账户安全。

语法描述如下：

```
<input name="控件名称" type="text" value="字段默认值" size="控件的长度" maxlength="最长字符数">
```

⚠ 【例4.11】密码域

下列代码在"密码"文本框中设置了输入密码时字符不可见，且最多可以输入8个字符。

```
<!doctype html>
<html>
<head>
<meta http-equiv="Content-Type" content="text/html; charset=utf-8" />
<title>密码域</title>
</head>
<body>
<form action="form_action.asp" method="get" name="form2">
账户：
<input name="name" type="text" size="10">
<br/>
密码：
<input name="password" type="password" size="10" value="abc123" maxlength="8">
</form>
</body>
</html>
```

说明：这里的value用来定义密码域的默认值。

代码在浏览器中显示的效果如图4-6所示。

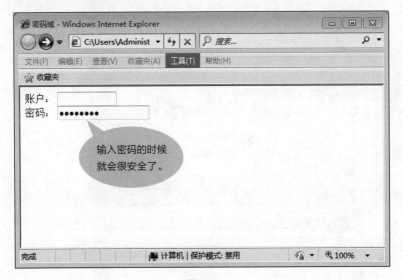

图4-6

4.3.3 普通按钮

<input type="button"/>用来定义可以单击的按钮，button一般情况下需要配合脚本进行表单处理。

语法描述如下：

```
<input name="按钮名称" type="button" value="按钮的值" onclick="处理程序">
```

⚠ 【例4.12】普通按钮

代码加粗的部分设置了关闭浏览器窗口的按钮。

```
<!doctype html>
<html>
<head>
<meta http-equiv="Content-Type" content="text/html; charset=utf-8" />
<title>普通按钮</title>
</head>
<body>
<form action="form_action.asp" method="get" name="form2">
试试单击按钮会出现什么效果：
<br/>
<input name="button" type="button" value="点击试试" onclick="window.close()"/>
</form>
</body>
</html>
```

说明：value的值就是显示在按钮上的文字，用户可以根据需要输入相关的文字。在button中添加onlick是为了实现一些特殊的功能，比如上述代码中的关闭浏览器功能，此功能也可根据需求添加不同的效果。

代码在浏览器中显示的效果如图4-7所示。

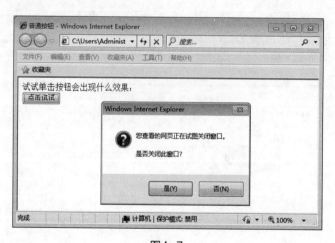

图4-7

4.3.4 单选按钮

单选按钮是一个圆形的小按钮，可以为用户提供一个可供选择的选项。
语法描述如下：

```
<input name="按钮名称" type="radio" value="按钮的值" checked/>
```

⚠ 【例4.13】单选按钮

代码加粗的部分设置了单选按钮，单击按钮即用户在选择时只能选择一个选项。

```
<!doctype html>
<html>
<head>
<meta http-equiv="Content-Type" content="text/html; charset=utf-8" />
<title>单选按钮</title>
</head>
<body>
<form action="form_action.asp" method="get" name="form2">
请选择一种语言：
<input name="radio" type="radio" value="radiobutton" checked="checked"/>
英语
<input name="radio" type="radio" value="radiobutton" />
日语
<input name="radio" type="radio" value="radiobutton" />
法语
</form>
</body>
</html>
```

代码在浏览器中显示的效果如图4-8所示。

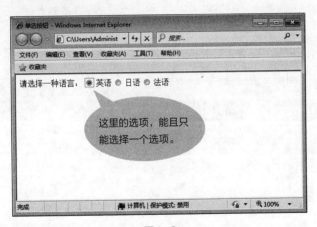

图4-8

4.3.5 复选框

复选框checkbox可以让用户在一个选项列表中选择多个选项。

语法描述如下：

```
<input name="复选框名称" type=" checkbox" value="复选框的值" checked/>
```

⚠ 【例4.14】复选框

代码加粗的部分设置了一个选项列表可以有多个复选框被选中的属性。

```
<!doctype html>
<html>
```

```
<head>
<meta http-equiv="Content-Type" content="text/html; charset=utf-8" />
<title>复选框</title>
</head>
<body>
<form action="form_action.asp" method="post " name="form2">
爱好:
<input name="checkbox" type="checkbox" value="checkbox" checked="checked"/>
旅游
<input name="checkbox" type="checkbox" value="checkbox" />
音乐
<input name="checkbox" type="checkbox" value="checkbox" />
运动
<input name="checkbox" type="checkbox" value="checkbox" />
游泳
</form>
</body>
</html>
```

代码在浏览器中显示的效果如图4-9所示。

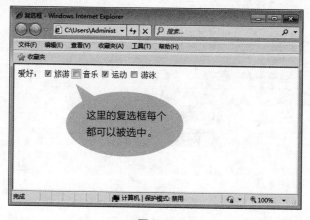

图4-9

4.3.6 提交按钮

提交按钮在一个表单中起到至关重要的作用,通过它可以把用户在表单中填写的内容进行提交。语法描述如下:

```
<input name="按钮名称" type="submit" value="按钮名称"/>
```

⚠ 【例4.15】 提交按钮

代码加粗的部分就是添加了一个提交按钮。

```
<!doctype html>
<html>
```

```
<head>
<meta http-equiv="Content-Type" content="text/html; charset=utf-8" />
<title>提交按钮</title>
</head>
<body>
<form action="form_action.asp" method="post " name="form2">
爱好：
<input name="checkbox" type="checkbox" value="checkbox" checked="checked"/>
旅游
<input name="checkbox" type="checkbox" value="checkbox" />
音乐
<input name="checkbox" type="checkbox" value="checkbox" />
运动
<input name="checkbox" type="checkbox" value="checkbox" />
游泳
<br/>
<input type="submit" name="submit" value="提交">
</form>
</body>
</html>
```

代码在浏览器中显示的效果如图4-10所示。

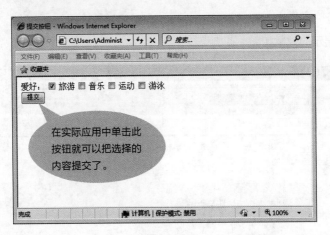

图4-10

4.3.7 重置按钮

重置按钮的作用是用来清除用户在页面上输入的信息，如果用户在页面上输入的信息错误过多就可以使用重置按钮重新填写信息。

语法描述如下：

```
<input name="按钮名称" type="reset" value="按钮名称"/>
```

⚠ 【例4.16】重置按钮

代码加粗的部分就是设置了重置按钮。

```
<!doctype html>
<html>
<head>
<meta http-equiv="Content-Type" content="text/html; charset=utf-8" />
<title>重置按钮</title>
</head>
<body>
<form action="form_action.asp" method="post " name="form2">
爱好:
<input name="checkbox" type="checkbox" value="checkbox" checked="checked"/>
旅游
<input name="checkbox" type="checkbox" value="checkbox" />
音乐
<input name="checkbox" type="checkbox" value="checkbox" />
运动
<input name="checkbox" type="checkbox" value="checkbox" />
游泳
<br/>
<input type="submit" name="submit" value="提交">
<input type="reset" name="submit1" value="重置">
</form>
</body>
</html>
```

代码在浏览器中显示的效果如图4-11所示。

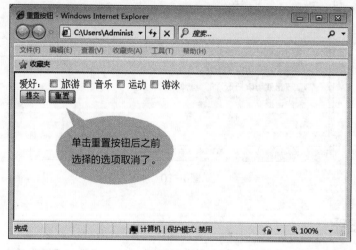

图4-11

4.3.8 图像按钮

用户可以为按钮添加图像效果,让按钮的外观更漂亮。

语法描述如下:

```
<input name="按钮名称" type="image" src="图像路径"/>
```

⚠ 【例4.17】 图像按钮

代码加粗的部分就是设置了一个图像按钮,即图像域。

```
<!doctype html>
<html>
<head>
<meta http-equiv="Content-Type" content="text/html; charset=utf-8" />
<title>图像按钮</title>
</head>
<body>
<form action="form_action.asp" method="post " name="form2">
爱好:
<input name="checkbox" type="checkbox" value="checkbox" checked="checked"/>
旅游
<input name="checkbox" type="checkbox" value="checkbox" />
音乐
<input name="checkbox" type="checkbox" value="checkbox" />
运动
<input name="checkbox" type="checkbox" value="checkbox" />
游泳
<br/>
<input name="submit" type="image" src="icon.png" >
</form>
</body>
</html>
```

代码在浏览器中显示的效果如图4-12所示。

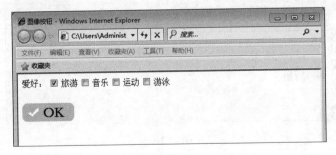

图4-12

4.3.9 隐藏域

通常在传送数据的时候需要对用户不可见,此时就需要用到hidden属性进行隐藏。

语法描述如下:

```
<input name="名称" type="hidden" value="取值"/>
```

⚠ 【例4.18】 隐藏域

代码中加粗的部分即设置了隐藏域。

```
<!doctype html>
<html>
<head>
<meta http-equiv="Content-Type" content="text/html; charset=utf-8" />
<title>隐藏域</title>
</head>
<body>
<form action="form_action.asp" method="post " name="form2">
爱好:
<input name="checkbox" type="checkbox" value="checkbox" checked="checked"/>
旅游
<input name="checkbox" type="checkbox" value="checkbox" />
音乐
<input name="checkbox" type="checkbox" value="checkbox" />
运动
<input name="checkbox" type="checkbox" value="checkbox" />
游泳
<input name="hidden" type="hidden" value="a" />
<br/>
<input type="image" src="icon.png" name="submit" >
</form>
</body>
</html>
```

代码在浏览器中显示的效果如图4-13所示。

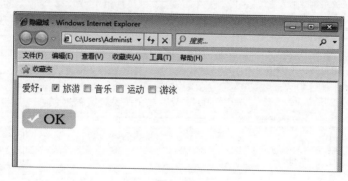

图4-13

4.3.10 文件域

义件域仕表单中起到全关重要的作用，因为在给表单中添加图片或者上传文件时都需要应用到文件域。

语法描述如下:

```
<input name="名称" type="file" size="控件长度" maxlength="最长字符数"/>
```

⚠ 【例4.19】 文件域

代码中加粗的部分就是设置了文件域，可以上传文件或者图片。

```
<!doctype html>
<html>
<head>
<meta http-equiv="Content-Type" content="text/html; charset=utf-8" />
<title>文件域</title>
</head>
<body>
<form action="form_action.asp" method="post " name="form2">
身份证照片：
<input name="file" type="file"  size="25" maxlength="30"/>
</form>
</body>
</html>
```

代码在浏览器中显示的效果如图4-14所示。

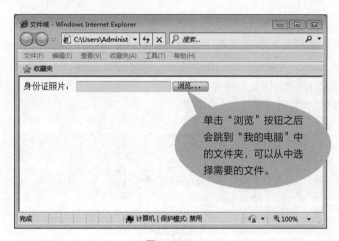

图4-14

4.3.11 菜单和列表

下拉菜单在正常状态下只显示一个选项，所以在页面中非常节省空间，也是在进行页面设置时常用的属性。

语法描述如下：

```
<select name="下拉菜单名称">
<option value="选项值" selected>下拉菜单内容
...
</select>
```

⚠ 【例4.20】下拉菜单

代码中加粗的部分设置了一个下拉菜单，可以看出有4个选项，在网页中则只显示1个选项。

```
<!doctype html>
<html>
```

```
<head>
<meta http-equiv="Content-Type" content="text/html; charset=utf-8" />
<title>select标签</title>
</head>
<body>
<form action="form_action.asp" method="get">
<select name="1">
<option value="美食小吃">美食小吃</option>
<option value="火锅">火锅</option>
<option value="麻辣烫">麻辣烫</option>
<option value="砂锅">砂锅</option>
</select>
</form>
</body>
</html>
```

说明：在网页中只显示一个选项，单击后面的下拉按钮才会看到全部的选项。下拉菜单的宽度是由<option>标签中包含的最长文本的宽度来决定的。如果设置为打开页面就默认选中下拉菜单中的某一选项（option），则该选项需要用到selected参数，如前面的语法描述；如果要禁用某个项目，但又不想隐藏，则可以使用disabled属性。

代码在浏览器中显示的效果如图4-15所示。

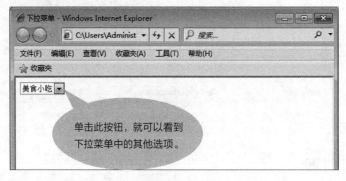

图4-15

用户还可以对下拉列表中显示几条选项信息进行设置。

语法描述如下：

```
<select name="列表名称" size="列表的显示项数" multiple>
<option value="选项值" selected>下拉菜单内容
...
</select>
```

⚠️ 【例4.21】列表项

代码加粗的部分设置了4项的列表项，页面中显示最多的列表项也是4项（因为size的值是4）。

```
<!doctype html>
<html>
```

```
<head>
<meta http-equiv="Content-Type" content="text/html1; charset=utf-8" />
<title>select标签</title>
</head>
<body>
<form action="form_action.asp" method="get">
<select name="1" size="4" muitipie="mulitiple">
<option value="美食小吃">美食小吃</option>
<option value="火锅">火锅</option>
<option value="麻辣烫">麻辣烫</option>
<option value="砂锅">砂锅</option>
</select>
</form>
</body>
</html>
```

说明：如果size设置的值小于列表项，那么列表后方会出现滚动条，拖动滚动条就可以看到其余选项。

代码在浏览器中显示的效果如图4-16所示。

图4-16

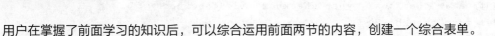

用户在掌握了前面学习的知识后，可以综合运用前面两节的内容，创建一个综合表单。

⚠️ 【例4.22】创建综合表单

具体代码如下：

```
<!doctype html>
<html1>
```

```
<head>
<meta http-equiv="Content-Type" content="text/html; charset=utf-8" />
<title>创建综合表单</title>
</head>
<body>
<table width="952" border="0" align="center" cellpadding="0" cellspacing="0">
<tr>
<td><img src="jpeg.jpg" width="1000" height="234" /></td>
</tr>
<tr>
<td valign="top" bgcolor="#f2f6f7"><form action="" method="post" enctype=
"multipart/form-data" name="form1" id="form1">
<table width="100%" border="0" cellspacing="2" cellpadding="0">
<tr>
<td width="21%" height="30" align="center" valign="middle">用户名: </td>
<td width="79%"><label for="name"></label>
<input name="name" type="text" id="name" size="20" maxlength="20" /></td>
</tr>
<tr>
<td height="30" align="center" valign="middle">密 码: </td>
<td><label for="password"></label>
<input name="password" type="password" id="password" size="20" maxlength="20"
/></td>
</tr>
<tr>
<td height="30" align="center" valign="middle">确认密码: </td>
<td><input name="password2" type="password" id="password2" size="20" maxlength
="20"/></td>
</tr>
<tr>
<td height="30" align="center" valign="middle">性 别: </td>
<td>
<input name="radio" type="radio" id="radio" value="radio" checked="checked" />
<label for="radio">男
<input type="radio" name="radio" id="radio2" value="radio" />
女</label></td>
</tr>
<tr>
<td height="30" align="center" valign="middle">爱 好: </td>
<td>
<input name="checkbox" type="checkbox" id="checkbox" />
<label for="checkbox">写作
<input type="checkbox" name="checkbox2" id="checkbox2" />
唱歌
</label>
<input type="checkbox" name="checkbox3" id="checkbox3" />
舞蹈
<input type="checkbox" name="checkbox4" id="checkbox4" />
游泳
```

```
<input type="checkbox" name="checkbox5" id="checkbox5" />
其他</td>
</tr>
<tr>
<td height="30" align="center" valign="middle">电 话: </td>
<td>
<label for="select"></label>
<select name="select" id="select">
<option>固定电话</option>
<option>移动电话</option>
</select>
<label for="textfield"></label>
<input type="text" name="textfield" id="textfield" /></td>
</tr>
<tr>
<td height="30" align="center" valign="middle">地 址: </td>
<td><label for="select2"></label>
<select name="select2" size="4" id="select2">
<option>徐州市</option>
<option>南京市</option>
<option>无锡市</option>
<option>苏州市</option>
<option>常州市</option>
<option>镇江市</option>
<option>盐城市</option>
<option>淮安市</option>
</select></td>
</tr>
<tr>
<td height="30" align="center" valign="middle">头 像: </td>
<td><label for="image"></label>
<input name="image" type="file" id="image" size="30" maxlength="30" /></td>
</tr>
<tr>
<td height="30" align="center" valign="middle">自 评: </td>
<td><label for="content"></label>
<textarea name="content" id="content" cols="50" rows="10"></textarea></td>
</tr>
<tr>
<td height="30" align="center" valign="middle"><select name="jumpMenu" id=
"jumpMenu" onchange="MM_jumpMenu('parent',this,0)">
<option>友情链接</option>
<option value="http://weibo.com/">新浪微博</option>
</select></td>
<td><input type="submit" name="button" id="button" value="确定" />
<input type="reset" name="button2" id="button2" value="重置" /></td>
</tr>
</table>
</form></td>
```

```
</tr>
</table>
</body>
</html>
```

创建好的综合表单在浏览器中显示的效果如图4-17所示。

图4-17

 # 本章小结

　　相信通过本章的学习大家对表单会有更深的了解，本章首先讲解了表单基本代码的属性和用法，然后渐渐深入，讲到插入表单对象，并重点讲解了插入按钮和表单域。通过知识点的相关实例，帮助读者加深理解。在本章的最后又以一个应用非常广泛的表单类型为例，对本章内容进行综合练习，相信从代码的运用中大家会有所启发，赶快自己设置一个提交表单来练习一下吧。

Chapter

05

网页链接
——创建超链接

本章概述

超级链接仍然属于网页的一部分，允许用户同其他网页或站点之间进行连接。不同的网页链接在一起，才算是构成一个完整网站。所谓的超链接本质上是指从一个网页指向一个目标的连接关系，这个目标可以是另一个网页，也可以是相同网页上的不同位置，或者是图片、电子邮件地址，甚至是应用程序。而在一个网页中用来超链接的对象，可以是一段文本或者是一张图片。

重点知识

- 超链接的路径
- 创建超链接

5.1 超链接的路径

> 正确创建链接首先要了解链接与被链接之间的路径，路径有两种，一种是相对路径，一种是绝对路径。

5.1.1 绝对路径

绝对路径是指从根目录开始查找，一直到文件所在的位置所要经过的所有目录，目录名之间用反斜杠（\）隔开。譬如A要看B下载的电影，B告诉他，那部电影是保存在"E:\视频\我的电影\"目录下，像这种直接指明了文件所在的盘符和所在具体位置的完整路径，即为绝对路径。

例如，如果需要显示在WIN95目录下COMMAND目录中的DELTREE命令，其绝对路径为C:\WIN95\COMMAND\DELTREE.EXE。

5.1.2 相对路径

所谓相对路径，就是相对于自己的目标文件位置。如果B看到A已经打开了E分区窗口，这时B只需告诉A，他的电影是保存在"视频\我的电影"目录下。像这种舍去磁盘盘符、计算机名等信息，以当前文件夹为根目录的路径，即为相对路径。一般我们在制作网页文件链接、设计程序使用的图片时，使用的都是文件的相对路径信息。这样做的目的在于防止因为网页和程序文件存储路径变化，而造成的网页不正常显示、程序不正常运行等现象。

例如，制作网页的存储根文件夹是"D:\html"、图片路径是"D:\html\pic"，想要在"D:\html"中存储的网页文件里插入"D:\html\pic\xxx.jpg"的图片，使用的路径只需是"pic\xxx.jpg"即可。这样，当把"D:\html"文件夹移动到"E:\"甚至是"C:\WINDOWS\Help"比较深的目录时，打开html文件夹的网页文件仍然会正常显示。

5.2 创建超链接

> 在学习了超链接的理论知识后，用户还需要通过实际操作深入了解掌握创建超链接的方法，为今后的工作学习打下坚实基础。

5.2.1 超链接标签的属性

超链接在网页中的标签很简单，只有一个，即<a>。其相关属性及含义如下。

- herf：指定链接地址。
- name：给链接命名。

- title：给链接设置提示文字。
- target：指定链接的目标窗口。
- accesskey：指定链接热键。

5.2.2 内部链接

在创建网页的时候，可以使用target属性来控制打开的目标窗口，因为超链接在默认的情况下是在原来的浏览器窗口中打开的。

语法描述如下：

```
<a herf="链接目标" target="目标窗口的打开方式">
```

⚠ 【例5.1】 内部链接

代码加粗的部分设置了内部链接的属性均为在当前页面中打开链接。

```
<!doctype html>
<html>
<head>
<meta http-equiv="Content-Type" content="text/html; charset=utf-8" />
<title>内部链接</title>
</head>
<body>
苏轼
<p>
1.<a href="songci.html" target="_blank">江城子·乙卯正月二十日夜记梦</a>
<p>
2.<a href="1" target="_parent">念奴娇·赤壁怀古</a>
<p>
3.<a href="2" target="_self">江城子·密州出猎</a>
</body>
</html>
```

做了内部链接的效果如图5-1所示。

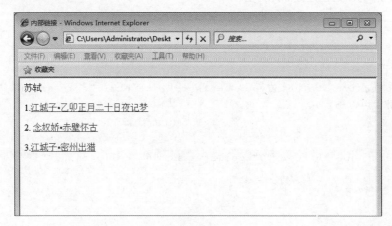

图5-1

单击"江城子·乙卯正月二十日夜记梦"出现的效果如图5-2所示。

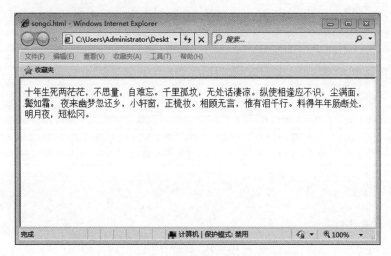

图5-2

说明:
- 当设置target属性值是_self时表示的是在当前页面中打开链接。
- 当设置target属性值是_blank时表示的是在一个全新的空白窗口中打开链接。
- 当设置target属性值是_top时表示的是在顶层框架中打开链接。
- 当设置target属性值是_parent时表示的是在父窗口或当前页面中打开链接,通常与_self等效。

5.2.3 锚点链接

锚点链接是为了方便用户查看文档的内容,因为在网页中经常会出现内容过多,页面过长的现象,这时就可以在文档中进行锚点链接。

在创建锚点链接之前需要先创建锚点。创建锚点的语法描述如下:

```
<a name="锚点的名称"></a>
```

【例5.2】 创建锚点

代码中加粗的部分就是创建锚点的方法。

```
<!doctype html>
<html>
<head>
<meta http-equiv="Content-Type" content="text/html; charset=utf-8" />
<title>创建锚点</title>
</head>
<body>
<table width="600" border="0" cellspacing="6" cellpadding="1" >
<tr>
<td>念奴娇 赤壁怀古</td>
<td>苏轼</td>
<td>诗文</td>
```

```
</tr>
<tr>
<td colspan="2"> </td>
</tr>
<tr>
<td colspan="2"> </td>
</tr>
<tr>
<td colspan="2">
<p>
<a name="a"></a>念奴娇 赤壁怀古
</p>
<p>
<a name="b"></a>
苏轼　宋
</p>
<p>
<a name="c"></a>诗文
大江东去，浪淘尽，千古风流人物。<br>
故垒西边，人道是，三国周郎赤壁。<br>
乱石穿空，惊涛拍岸，卷起千堆雪。<br>
江山如画，一时多少豪杰。<br>
遥想公瑾当年，小乔初嫁了，雄姿英发。<br>
羽扇纶巾，谈笑间，樯橹灰飞烟灭。（樯橹 一作：强虏）<br>
故国神游，多情应笑我，早生华发。<br>
人生如梦，一尊还酹江月。（人生 一作：人间；尊 通：樽）<br>
</p>
</td>
</tr>
</table>
</body>
</html>
```

建立锚点在浏览器中显示的效果如图5-3所示。

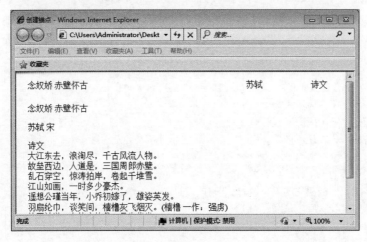

图5-3

说明：利用锚点名称可以链接到相应的位置。设置名称的时候可以是数字也可以是字母。同一个网页中的锚点不可重复命名。

创建完锚点之后就该为锚点创建链接了。语法描述如下：

```
<a href="#锚点名称">…</a>
```

⚠ 【例5.3】 创建锚点链接

代码加粗的部分就是给锚点创建链接的应用方法。

```
<!doctype html1>
<html1>
<head>
<meta http-equiv="Content-Type" content="text/html1; charset=utf-8" />
<title>创建锚点</title>
</head>
<body>
<table width="600" border="0" cellspacing="6" cellpadding="1" >
<tr>
<td><a href="#a">念奴娇 赤壁怀古</a></td>
<td><a href="#b">苏轼</a></td>
<td><a href="#c">诗文</a></td>
</tr>
<tr>
<td colspan="2"> </td>
</tr>
<tr>
<td colspan="2"> </td>
</tr>
<tr>
<td colspan="2">
<p>
<a name="a"></a>念奴娇 赤壁怀古
</p>
<p>
<a name="b"></a>
苏轼　宋
</p>
<p>
<a name="c"></a>诗文
大江东去，浪淘尽，千古风流人物。<br>
故垒西边，人道是，三国周郎赤壁。<br>
乱石穿空，惊涛拍岸，卷起千堆雪。<br>
江山如画，一时多少豪杰。<br>
遥想公瑾当年，小乔初嫁了，雄姿英发。<br>
羽扇纶巾，谈笑间，樯橹灰飞烟灭。(樯橹 一作：强虏) <br>
故国神游，多情应笑我，早生华发。<br>
人生如梦，一尊还酹江月。(人生 一作：人间；尊 通：樽) <br>
</p>
```

```
</td>
</tr>
</table>
</body>
</html>
```

说明：如果链接的锚点在屏幕上已经可以看到，浏览器有可能不会再跳到那个锚点。

创建好链接之后在浏览器中显示的效果如图5-4所示。

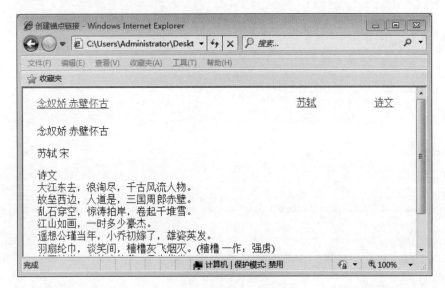

图5-4

5.2.4 外部链接

外部链接又分为链接到外部网站、链接到E-mail、链接到下载地址等。下面将详细讲解这些链接该如何设置。

在制作网页时需要链接到外部网站。语法描述如下：

```
<a href="http://......">…</a>
```

⚠ 【例5.4】 链接到外部网站

代码中加粗的部分就是链接到外部网站。

```
<!doctype html>
<html>
<head>
<meta http-equiv="Content-Type" content="text/html; charset=utf-8" />
<title>链接到外网</title>
</head>
<body>
<p>友情链接</p>
<p><a href="https://item.jd.com/12719908620.html">京东商城</a></p>
```

```
<p><a href="http://product.dangdang.com/24568732.html">当当图书</a></p>
</body>
</html>
```

代码在浏览器中显示的效果如图5-5所示。

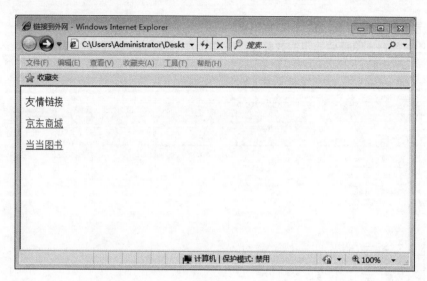

图5-5

单击"京东商城"的效果如图5-6所示。

图5-6

创建网页上的E-mail链接，可以让浏览者反馈建议和意见，收件人的邮件地址由E-mail超链接中指定的地址自动更新，不需要浏览者输入。

语法描述如下：

```
<a href="mailto:邮件地址">…</a>
```

⚠ 【例5.5】 创建邮件链接

代码加粗的部分就是创建了邮件链接的方式。

```
<!doctype html>
<html>
<head>
<meta http-equiv="Content-Type" content="text/html; charset=utf-8" />
<title>创建邮件链接</title>
</head>
<body>
<p>如果还需要购买书请到我们授权的平台购买正版书籍</p>
<p><a href="mailto: dssf007@qq.com">您可以在此输入您对本书的建议，或者还需要购买什么
书</a></p>
</body>
</html>
```

说明：在语法描述中的mailto：后面输入电子邮件的地址，单击中间的文字就可以链接到输入的邮箱了。

代码在浏览器中显示的效果如图5-7所示。

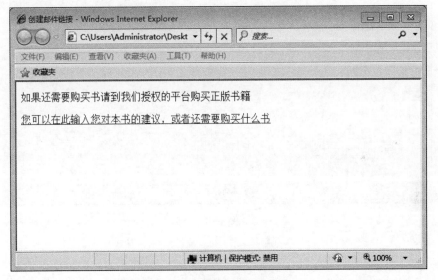

图5-7

添加下载链接可以让用户在提供下载资料的网站更方便地进行下载文件的操作。

语法描述如下：

```
<a href="文件地址">…</a>
```

⚠ 【例5.6】创建下载链接

```
<!doctype html>
<html>
<head>
<meta http-equiv="Content-Type" content="text/html; charset=utf-8" />
<title>创建下载链接</title>
</head>
```

```
<body>
<p>下面这些是需要下载的图片 </p>
<p><a href="1.jpg">花瓶</a></p>
<p><a href="2.jpg">陶瓷</a></p>
<p><a href="3.jpg">幕墙</a></p>
<p><a href="4.jpg">天鹅</a></p>
</body>
</html>
```

　　说明：在文件所在地址部分设置文件的路径，可以是相对地址，也可以是绝对地址。如果超链接指向的不是一个网页文件，而是其他文件，如MP3、EXE文件等，单击链接的时候就会下载文件。

　　代码在浏览器中显示的效果如图5-8所示。

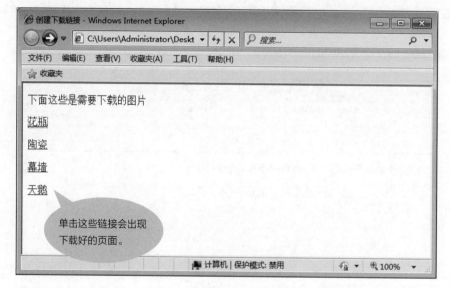

图5-8

本章小结

　　本章主要讲述了超链接的基础知识，相对路径和绝对路径的概念，这两种路径是创建超链接的基础，所以一定要掌握并分清这两种路径的区别。了解了路径后本章又介绍了如何创建超链接。从超链接的标签属性开始，到内部链接的创建，以及如何创建锚点和锚点链接，其中用户需要注意的是target的4个属性的用法。外部链接中本章主要介绍从外部网页中链接、下载地址链接、邮箱链接等。

Chapter

06

视听效果
——添加多媒体

本章概述

多媒体含有多种不同的格式，它可以是用户听到或看到的任何内容，包括文字、图片、音乐、音效、录音、电影、动画等。在互联网上，用户浏览网页时几乎无时无刻都可以看到嵌入到网页中的多媒体元素。

重点知识

- 插入多媒体元素
- 滚动效果

6.1 插入多媒体

> 给网页插入多媒体可以使单调的网页变得更有吸引力，让浏览者能直观地了解网页的内容。下面将介绍如何插入动画、音频和视频内容。

6.1.1 插入Flash动画

Flash是一种动画技术，在网页中经常使用Flash动画来让网页更生动。
语法描述如下：

```
<embed src="多媒体文件地址" width="多媒体的宽度" height="多媒体的高度"></embed>
```

⚠ 【例6.1】 插入动画

代码加粗的部分就是插入动画的代码。

```
<!doctype html>
<html>
<head>
<meta http-equiv="Content-Type" content="text/html; charset=utf-8" />
<title>插入动画</title>
</head>
<body>
在网页中插入动画效果
<embed src="donghua.swf" width="700" height="550"></embed>
</body>
</html>
```

插入动画的效果如图6-1所示。

图6-1

6.1.2 插入音频

在HTML中播放音频并不容易，用户需要熟悉并掌握大量技巧，以确保音频文件在所有浏览器和所有硬件上都能够播放。可使用<embed> 标签来将插件添加到HTML页面。

语法描述如下：

```
<embed height="插件高" width="插件宽" src="路径.mp3"></embed>
```

⚠ 【例6.2】 插入音频

```
<!doctype html1>
<html1>
<head>
<meta http-equiv="Content-Type" content="text/html1; charset=utf-8" />
<title>插入音频</title>
</head>
<body>
<embed height="100" width="100" src="matisyahu - One Day.mp3"></embed>
</body>
</html1>
```

代码运行在浏览器中显示的效果如图6-2所示。

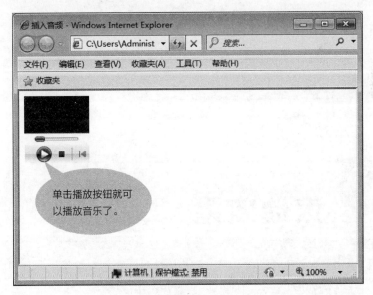

图6-2

6.1.3 插入视频

插入视频的代码和插入音频相似，都是使用<embed> 标签来将插件添加到HTML页面的。

语法描述如下：

```
<embed height="插件高" width="插件宽" src="路径"></embed>
```

⚠ 【例6.3】插入视频

```
<!doctype html>
<html>
<head>
<meta http-equiv="Content-Type" content="text/html; charset=utf-8" />
<title>插入视频</title>
</head>
<body>
<embed height="200" width="300" src="donghua.swf "></embed>
</body>
</html>
```

代码在浏览器中显示的效果如图6-3所示。

图6-3

6.2 滚动效果

> 在网页中如果想做出动态的文字、图片等，最简单的方法就是为其添加滚动效果。这一节就来讲解滚动效果的一些设置，如滚动的速度、方式等。

想做出滚动效果当然离不开滚动标签<marquee>，用户在滚动标签之间添加需要滚动的内容，并可以在标签之间设置滚动内容的属性。

6.2.1 设置滚动速度

设置滚动速度时需要用到scrollamount属性，它可以设置滚动的快慢。

语法描述如下：

```
<marquee scrollamount="速度值">…</marquee>
```

⚠ 【例6.4】设置滚动速度

代码加粗的地方设置了滚动速度为2像素。

```
<!doctype html>
<html>
<head>
<meta http-equiv="Content-Type" content="text/html; charset=utf-8" />
<title>滚动速度</title>
</head>
<body>
<marquee scrollamount="2">
十年生死两茫茫，不思量，自难忘。<br>
千里孤坟，无处话凄凉。<br>
纵使相逢应不识，尘满面，鬓如霜。<br>
夜来幽梦忽还乡，小轩窗，正梳妆。<br>
相顾无言，惟有泪千行。料得年年肠断处，明月夜，短松冈。
</marquee>
</body>
</html>
```

说明：scrollamount后面的值是像素，滚动的长度是以像素为单位的。

设置的滚动效果在浏览器中显示的效果如图6-4所示。

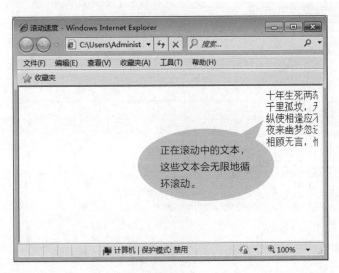

图6-4

6.2.2 设置滚动方向

在文本或图片设置滚动效果的时候会涉及到滚动的方向，如果不想按默认的方式从左到右地滚动，就需要用direction属性来进行设置。

语法描述如下：

```
<marquee direction="滚动方向">…</marquee>
```

⚠ 【例6.5】设置滚动方向

代码加粗的部分设置了滚动速度为2像素，方向是从下往上进行滚动。

```
<!doctype html>
<html>
<head>
<meta http-equiv="Content-Type" content="text/html; charset=utf-8" />
<title>滚动方向</title>
</head>
<body>
<marquee scrollamount="2" direction="up">
十年生死两茫茫，不思量，自难忘。<br>
千里孤坟，无处话凄凉。<br>
纵使相逢应不识，尘满面，鬓如霜。<br>
夜来幽梦忽还乡，小轩窗，正梳妆。<br>
相顾无言，惟有泪千行。料得年年肠断处，明月夜，短松冈。
</marquee>
</body>
</html>
```

说明：滚动方向有4种，默认的方向是left（向左滚动），向下、向上、向右滚动的取值分别为down、up、right。

代码在浏览器中显示的效果如图6-5所示。

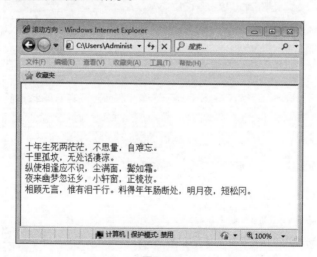

图6-5

6.2.3 设置滚动延迟

在设置滚动效果的时候有时会设置滚动的延迟，从而让页面更加丰富，设置延迟的效果就需要用到scrolldelay属性。

语法描述如下：

```
<marquee scrolldelay="时间间隔">…</marquee>
```

⚠️ **【例6.6】设置滚动延迟**

代码加粗的部分分别设置了向上滚动的间隔是100毫秒，向左滚动的间隔是300毫秒。

```
<!doctype html>
<html>
<head>
<meta http-equiv="Content-Type" content="text/html; charset=utf-8" />
<title>滚动延迟</title>
</head>
<body>
<marquee scrollamount="2" direction="up" scrolldelay="100">
十年生死两茫茫，不思量，自难忘。<br>
千里孤坟，无处话凄凉。<br>
纵使相逢应不识，尘满面，鬓如霜。<br>
夜来幽梦忽还乡，小轩窗，正梳妆。<br>
<marquee scrollamount="2" direction="left" scrolldelay="300">
相顾无言，惟有泪千行。<br>
料得年年肠断处，明月夜，短松冈。
</marquee>
</body>
</html>
```

说明：scrolldelay的取值是以毫秒为单位，如果是以秒为单位，会出现一顿一顿的效果。

代码在浏览器中显示的效果如图6-6所示。

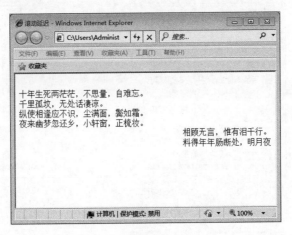

图6-6

6.2.4 设置滚动方式

设置滚动的方式要用到behavior属性，behavior可以取3个值，分别为scroll、slide和alternate，这3个值分别代表的效果是循环滚动、只滚动一次就停止、来回交替进行滚动。

语法描述如下：

```
<marquee behavior="滚动方式">…</marquee>
```

⚠ 【例6.7】设置滚动方式

代码加粗的部分设置了滚动效果是向上滚动的，滚动的方式是只滚动一次就停止。

```
<!doctype html>
<html>
<head>
<meta http-equiv="Content-Type" content="text/html; charset=utf-8" />
<title>滚动方式</title>
</head>
<body>
<marquee direction="up" behavior="slide">
十年生死两茫茫，不思量，自难忘。<br>
千里孤坟，无处话凄凉。<br>
纵使相逢应不识，尘满面，鬓如霜。<br>
夜来幽梦忽还乡，小轩窗，正梳妆。<br>
相顾无言，惟有泪千行。料得年年肠断处，明月夜，短松冈。
</marquee>
</body>
</html>
```

代码在浏览器中运行的效果如图6-7所示。

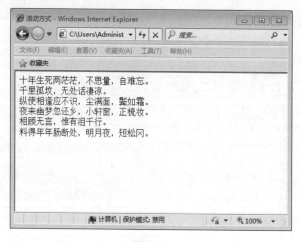

图6-7

6.2.5 设置滚动循环

默认的情况下设置滚动效果的文本会一直循环，如果想设置滚动的次数则需要用到loop属性。
语法描述如下：

```
<marquee loop="循环次数">…</marquee>
```

⚠ 【例6.8】设置滚动循环

代码加粗的部分是设置了循环两次就停止的效果。

```
<!doctype html>
<html>
<head>
<meta http-equiv="Content-Type" content="text/html; charset=utf-8" />
<title>滚动循环</title>
</head>
<body>
<marquee direction="right" scrollamount="3" loop="2">
十年生死两茫茫，不思量，自难忘。<br>
千里孤坟，无处话凄凉。<br>
纵使相逢应不识，尘满面，鬓如霜。<br>
夜来幽梦忽还乡，小轩窗，正梳妆。<br>
相顾无言，惟有泪千行。料得年年肠断处，明月夜，短松冈。
</marquee>
</body>
</html>
```

代码在浏览器中显示的效果如图6-8所示。

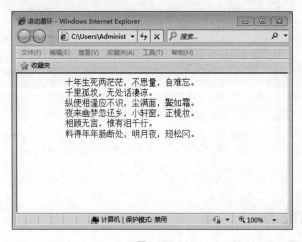

图6-8

6.2.6 设置滚动背景颜色

在设置滚动效果的时候，为了使效果更突出，可以为其设置背景颜色，这时就需要用到bgcolor属性了。

语法描述如下：

```
<marquee bgcolor="背景颜色">…</marquee>
```

⚠ 【例6.9】设置滚动背景色

代码加粗的部分设置了背景颜色为#99FFCC的颜色。

```
<!doctype html>
<html>
<head>
<meta http-equiv="Content-Type" content="text/html; charset=utf-8" />
<title>滚动背景色</title>
</head>
<body>
<marquee direction="right" scrollamount="3" bgcolor="#99ffcc">
十年生死两茫茫，不思量，自难忘。<br>
千里孤坟，无处话凄凉。<br>
纵使相逢应不识，尘满面，鬓如霜。<br>
夜来幽梦忽还乡，小轩窗，正梳妆。<br>
相顾无言，惟有泪千行。料得年年肠断处，明月夜，短松冈。
</marquee>
</body>
</html>
```

代码在浏览器中显示的效果如图6-9所示。

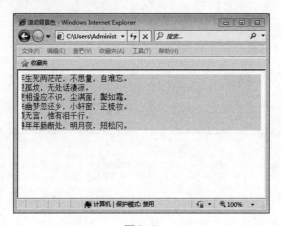

图6-9

6.2.7 设置滚动范围

使用width和height属性可以调整滚动的水平和垂直范围。

语法描述如下：

```
<marquee width="背景宽度" height="背景高度">…</marquee>
```

⚠ 【例6.10】 设置滚动范围

代码加粗的部分设置了滚动的范围。

```
<!doctype html>
<html>
<head>
<meta http-equiv="Content-Type" content="text/html; charset=utf-8" />
```

```
<title>滚动范围</title>
</head>
<body>
<marquee direction="right" scrollamount="3" bgcolor="#99ffcc" width="400"
height="400">
十年生死两茫茫，不思量，自难忘。<br>
千里孤坟，无处话凄凉。<br>
纵使相逢应不识，尘满面，鬓如霜。<br>
夜来幽梦忽还乡，小轩窗，正梳妆。<br>
相顾无言，惟有泪千行。料得年年肠断处，明月夜，短松冈。
</marquee>
</body>
</html>
```

代码在浏览器中运行的效果如图6-10所示。

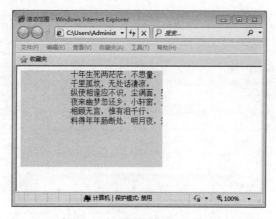

图6-10

6.2.8 设置空白空间

在默认的情况下，滚动对象周围的文字或图像是与滚动背景链接的，如果想使它们分开就需要使用hspace和vspace属性来设置它们之间的空白空间。

语法描述如下：

```
<marquee hspace="水平范围" vspace="锤子范围">…</marquee>
```

⚠ 【例6.11】 设置空白空间

代码加粗的部分设置了空白空间。

```
<!doctype html>
<html>
<head>
<meta http-equiv="Content-Type" content="text/html; charset=utf-8" />
<title>空白空间</title>
</head>
```

```
<body>
江城子·乙卯正月二十日夜记梦
<br/>
苏轼
<br/>
<marquee direction="right" scrollamount="3" bgcolor="#99ffcc" hspace="40"
vspace="30">
十年生死两茫茫，不思量，自难忘。<br>
千里孤坟，无处话凄凉。<br>
纵使相逢应不识，尘满面，鬓如霜。<br>
夜来幽梦忽还乡，小轩窗，正梳妆。<br>
相顾无言，惟有泪千行。料得年年肠断处，明月夜，短松冈。
</marquee>
</body>
</html>
```

说明：在代码中水平范围和垂直范围的单位都是像素，设置滚动的空白空间就是由这些像素组成的。代码在浏览器中显示的效果如图6-11所示。

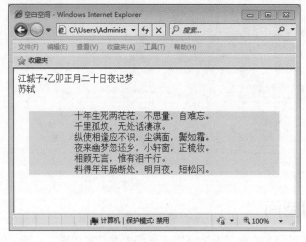

图6-11

本章小结

在本章中主要为大家讲解了如何插入Flash动画，插入音频要使用的属性，如何插入视频，以及如何设置滚动的效果。通过本章的学习相信大家会对多媒体有更深入的了解。

在学习完本章的知识后，大家一定要在课后加强练习，只有不断练习、不断实际操作才能将这些知识运用得更加熟练。

Chapter

07

HTML升级——
HTML5入门知识

本章概述

　　HTML5是一种网络标准，比起早期的HTML4.01可以具有更强的页面表现性能，同时能更充分地调用本地资源，实现更多的功能。HTML5以HTML为基础，对HTML进行了大量的修改。本章将从总体上介绍HTML5与HTML的差异，以及HTML5中新增的功能与元素。

重点知识

- 什么是HTML5
- HTML5新增功能
- HTML5的优势

7.1 什么是HTML5

> HTML5处于不断发展与完善的阶段，即便现阶段的HTML5也并不是一套完整的HTML规范，但是这并不影响它在业界的统治地位与领军未来的发展趋势。本节就带领大家认识HTML5的发展过程。

7.1.1 认识HTML5

自1999年发布HTML4后，HTML5的发展经历了漫长且复杂的过程，终于在2014年10月底正式发布。这也标志着互联网行业新一轮的发展与挑战正在到来。

HTML5是标准通用标记语言下的一个应用超文本标记语言（HTML）的第五次重大修改，也是近10年来Web开发标准最大的新成果。从广义上来说，HTML5实际是指包括HTML、CSS和JavaScript在内的一套技术组合。它希望能够减少浏览器对于插件的丰富性网络应用服务（plug-in-based rich internet application，RIA），如Adobe Flash，Micsoft03.Silverlight与Oracle JavaFX的需求，并且提供更多能有效增强网络应用的标准集。较之以前的版本，HTML5不仅仅用来表示Web内容，它的新功能会将Web带进一个新的成熟平台。在HTML5上，视频、音频、图像、动画以及同计算机的交互都被标准化。

为了更好地处理今天的互联网应用，HTML5添加了很多新的语法特征，比如<audio>、<video>和<canvas>元素，这些元素可以更容易地在网页中添加并处理多媒体和图片的内容。而<section>、<article>、<header>、<nav>和<footer>等元素，可以丰富文档的数据内容。

在移动互联网高速发展的今天，HTML5的跨平台优势被进一步凸显。因为HTML5是唯一一个在PC、iPhone、Android、Windows Phone等主流平台通用的跨平台语言。除了跨平台这一巨大优势外，对开发者而言，HTML5还具有快速迭代、持续交付、成本下降、开源生态系统发达、易推广等优势。而对终端用户而言，使用门槛低、更新快、体验好等优势都在逐渐改变着用户的选择和生活方式。

HTML5的出现与流行，将开启新一轮的市场转变。了解并掌握HTML5的特性，有助于设计者在今后的工作学习中，抢占先机，获得优势。

7.1.2 HTML5的发展

W3C（World Wide Web Consortium，万维网联盟）在1999年发布了HTML4后，互联网行业欣欣向荣。当时的设计者们普遍认为HTML标准十分完美，已经不再需要升级了，所以致力于发展XML技术。而一些专注于发展Web App的公司成立了WHATWG组织（Web Hypertext Application Technology Working Group，超文本应用技术工作组），继续推动HTML5标准。

2005年宽带互联网出现，互联网发展进入新阶段。但是HTML标准却没有把握住产业的变化及时演进，浏览器产品也未升级。而依托Flash浏览器插件，网页游戏进入互联网用户的生活。网络游戏公司异军突起，Flash的持有者Adobe公司在此次产业升级中迅速扩张，赚取了大量利润。与此同时，微软公司凭借IE浏览器，扩展了大量的IE Only语法，成为行业话语权的持有者。互联网行业逐渐被这两家公司所掌控。

在PC操作系统的世界难有突破的状态下，Web浏览器重新被苹果公司寄予厚望、Google公司在大量赞助Mozilla却并未对IE的地位产生实质影响的情况下，也将目光转向了HTML5。在这两家IT巨头的带动下，W3C于2007年从WHATWG接手相关工作，开始重新发展HTML5。至此，IE和Flash由盛转衰。

自2007年W3C（World Wide Web Consortium，万维网联盟）立项HTML5开始，直至2014年10月底，这个长达八年的规范终于正式封稿。

过去这些年，HTML5改变了PC互联网的格局，优化了移动互联网的体验，接下来，HTML5将颠覆原生App世界。

7.2 HTML5新增功能

> HTML5与以往的HTML版本不同，它在字符集、元素和属性等方面做了大量的改进。在讨论HTML5编程之前，首先带领大家学习一下HTML5的一些新增功能，以便为后面的编程操作做好铺垫。

7.2.1 字符集和DOCTYPE的改进

HTML5在字符集上有了很大的改进，下面代码表述的是以往的字符集。

```
<meta http-equiv="content-type" content="text/html;charset-utf-8">
```

简化后的代码格式如下：

```
<meta charset="utf-8">
```

从上面表述的两组代码可以发现，改进后的代码要比之前的代码简单明了得多。

除了字符集的改进之外，HTML5还使用了新的DOCTYPE。在使用了新的DOCTYPE之后，浏览器默认以标准模式显示页面。在Firefox浏览器中打开一个HTML5页面，执行"工具→页面信息"命令，会看到如图7-1所示的页面。

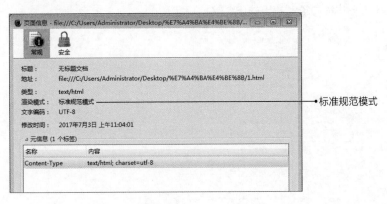

图7-1

7.2.2 引入的新元素

HTML5与HTML相比，引入了下列7种新类型的元素。

- 内嵌：内嵌是指向文档中添加其他类型的内容，如audio、video和ifarme等。
- 流：流是指在文档和应用的body中使用的元素，如form、h1和small等。
- 标题：段落标题，如h1、h2和hgroup等。
- 交互：与用户交互的内容，如音频和视频的文件。
- 元数据：元数据通常出现在页面的head中，是指页面其他部分的表现和行为。
- 短语：短语是指文本和文本标记元素，如mark、kbd、sub和sup等。
- 片段：片段是指用于定义页面片段的元素，如article、aside和title等。

上述绝大部分类型的标签都可以通过CSS来设定样式。HTML5在引入这些新标签之后，在一定程度上增强了HTML5的功能。

7.2.3 标准改进

HTML5提供了一些新的元素和属性，例如<nav>（网站导航栏）和<footer>。这种标签将有利于搜索引擎的索引整理，同时也能更好地在小屏幕装置上使用。除此之外，还为其他浏览要素提供了新的功能，如<audio>和<vedio>标签。在HTML5中，一些过时的HTML4标签将被取消，其中包括纯显示效果的标签，如<font>和<center>等，这些标签已经被CSS所取代。

HTML5吸取了XHTML2的一些建议，包括一些用来改善文档结构的功能，例如一些新的HTML标签<header>、<footer>、<section>、<dialog>和<aside>的使用，使得内容创作者能够更加轻松地创建文档，之前开发人员在这些场合一律使用<div>标签。HTML5还包含了一些将内容和样式分离的功能，<b>和<i>标签仍然存在，但是它们的意义已经和之前有了很大的不同，这些标签的意义只是为了将一段文字标识出来，而不是单纯为了设置粗体和斜体文字样式。<u>、<font>、<center>和<strike>这些标签则完全被废弃了。

新标准使用了一些全新的表单输入对象，包括日期、URL和Email地址，其他的对象则增加了对拉丁字符的支持。HTML5还引入了微数据，一种使用机器可以识别标签标注内容的方法，使语义Web的处理更为简单。总的来说，这些与结构有关的改进使开发人员可以创建更干净、更容易管理的网页。

HTML5具有全新的、更合理的tag，多媒体对象不再全部绑定到object中，而是视频有视频的tag，音频有音频的tag。canvas对象将给浏览器带来直接在上面绘制矢量图的能力，这意味着用户可以脱离flash和silverlight，直接在浏览器中显示图形和动画。很多新推出的浏览器，除了IE，都已经支持了canvas。浏览器中的真正程序将提供API浏览器内的编辑、拖放，以及各种图形用户界面的能力，内容修饰tag将被移除，改为使用CSS。

7.3 HTML5的优势

> HTML5使得创建网站更加简单。通过使用新的定义标签，可以更好地了解HTML文档，创建更好的使用体验。

7.3.1 HTML5化繁为简

化繁为简是HTML5的实现目标，为此HTML5在功能上做了以下几个方面的改进。

- 以浏览器的基本功能代替复杂的JavaScript代码。
- 重新简化了DOCTYPE。
- 重新简化了字符集声明。
- 简单而强大的HTML5API。

HTML5在实现上述改变的同时，其规范已经变得非常强大。HTML5的规范实际上要比以往任何版本的HTML规范都要明确。为了达到在未来几年能够实现浏览器互通的目标，HTML5规范制定了一系列定义明确的行为，任何歧义和含糊的规范都可能延缓这一目标的实现。

HTML5规范比以往任何版本都要详细，其目的是避免造成误解。HTML5规范的目标是完全、彻底地给出定义，特别是对Web的应用。所以整个规范非常多，超过900页。基于多重改进过的强大的错误处理方案，HTML5具备了良好的错误处理机制。

HTML5提倡重大错误的平缓修复，再次把最终用户的利益放在了第一位。比如，如果页面中有错误的话，在以前可能会影响整个页面的展示，而在HTML5当中则不会出现这种情况，取而代之的是以标准的方式显示breoken标记，这要归功于HTML5中精确定义的错误恢复机制。

7.3.2 用户优先和效率

HTML5规范是按照用户优先的准则来编写的，这意味着在遇到无法解决的冲突时，规范会把用户放到第一位，其次是程序开发者，最后才是浏览器。

HTML5衍生出XHTML5（可以通过XML工具生成有效的HTML代码）。HTML和XHTML两种版本的代码经过序列化可以生成几乎一样的DOM树。

1. 安全机制的设计

为了提高HTML5的安全性，HTML5在设计时就做了大量的工作。规范中的各个部分都有专门针对安全的章节，并且要优先考虑安全。HTML5引入了一种新的基于来源的安全模型，该模型不仅易用，而且对各种不同的API都通用，能跨域进行安全对话。

2. 表现与内容分离

HTML5在清晰分离表现和内容方面作出了大量的工作，包括CSS在内，HTML5在所有可能的地方都努力进行了分离。HTML5规范已经不支持老版本的HTML中大部分的表现功能，但得益于HTML5在兼容性方面的设计理念，这些功能依然能用。在HTML5中，表现和内容分离的概念也不是全新的，在HTML4Transitional和XHTML1.1中就已经开始使用了。

7.4 HTML5新增的主体元素

> HTML5引入了更多灵活的段落标签和功能标签，与HTML4相比，HTML5的结构元素更加成熟。本节将带领大家了解这些新增的结构元素，包括它们的定义、语法描述和使用示例。

7.4.1 article元素

article元素一般用于文章区块，定义外部内容。比如某篇新闻的文章，或者来自微博的文本和来自论坛的文本。通常用来表示来自其他外部源内容，它可以独立地被外部引用。

语法描述如下：

```
<article>…</article>
```

⚠ 【例7.1】 article元素

下面这段代码就是article元素在实际操作中的使用方法。

```html
<!DOCTYPE html>
<html lang="en">
<head>
<meta charset="UTF-8">
<title>article元素</title>
<style>
h1,h2,p{text-align: left;}
</style>
</head>
<body>
<article>
<header>
<hgroup>
<h1>江城子·乙卯正月二十日夜记梦</h1>
<h4>苏轼</h4>
</hgroup>
</header>
<p>十年生死两茫茫，不思量，自难忘。</p>
<p>千里孤坟，无处话凄凉。</p>
<p>纵使相逢应不识，尘满面，鬓如霜。</p>
</article>
</body>
</html>
```

代码在浏览器中显示的效果如图7-2所示。

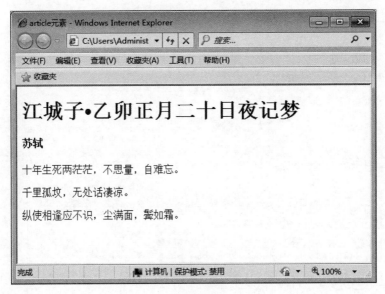

图7-2

说明：article元素可以嵌套article元素。在进行元素嵌套时，原则上内部的article内容与外层的article元素内容是相关的。

7.4.2 section元素

section元素主要用来定义文档中的节（Section）。比如章节、页面、页脚或文档中的其他部分，通常它用于成节的内容，或在文档流中开始一个新的节。

语法描述如下：

```
<section>…</section>
```

⚠ 【例7.2】 section元素

下面这段代码就是section元素的应用实例。

```
<!DOCTYPE html>
<html lang="en">
<head>
<meta charset="UTF-8">
<title>section元素</title>
<style>
h1,p{text-align: left;}
</style>
</head>
<body>
<section>
<h1>江城子·密州出猎</h1>
<h4>苏轼</h4>
<p>老夫聊发少年狂，左牵黄，右擎苍，</p>
<p>锦帽貂裘，千骑卷平冈。</p>
```

```
<p>为报倾城随太守，亲射虎，看孙郎。</p>
<p>酒酣胸胆尚开张，鬓微霜，又何妨！</p>
<p>持节云中，何日遣冯唐？</p>
<p>会挽雕弓如满月，西北望，射天狼。</p>
</section>
</body>
</html>
```

代码在浏览器中显示的效果如图7-3所示。

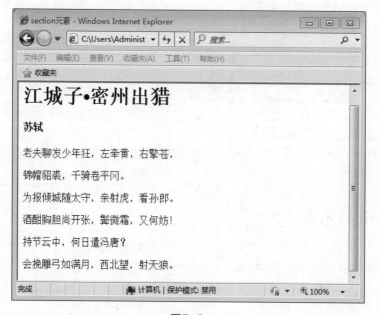

图7-3

说明：对于那些没有标题的内容不推荐使用section元素，section元素强调的是一个专题性的内容，一般会带有标题。当元素内容聚合起来表示一个整体时，应该使用article元素替代section元素。section元素应用的典型情况有文章的章节标签、对话框中的标签页，或者网页中有编号的部分。

section元素不仅仅是一个普通的容器元素。一般来说，当元素内容明确地出现在文档大纲中时，section就是适用的。

从前面两节内容可以看出article元素和section元素的区别，那么两个元素结合起来该怎么用呢？通过下面的示例大家就能明白了。

⚠ 【例7.3】 article和section元素结合使用

下面这段代码就是两个元素结合起来使用的实例。

```
<!DOCTYPE html>
<html lang="en">
<head>
<meta charset="UTF-8">
<title>article和section</title>
<style>
*{text-align: left;    }
```

```
</style>
</head>
<body>
<article>
<hgroup>
<h1>江苏</h1>
</hgroup>
<p>江苏省际陆地边界线3383公里，面积10.72万平方公里，占中国的1.12%，人均国土面积在中国各省
区中最少</p>
<section>
<h1>南京</h1>
<p>南京，简称宁，是江苏省会，地处中国东部地区，长江下游，濒江近海。全市下辖11个区，总面积
6597平方公里</p>
</section>
<section>
<h1>无锡</h1>
<p>无锡，简称"锡"，古称梁溪、金匮，被誉为"太湖明珠"。无锡市位于长江三角洲平原腹地，江苏
南部，太湖流域的交通中枢，京杭大运河从中穿过。</p>
</section>
<section>
<h1>苏州</h1>
<p>苏州，古称吴，简称为苏，又称姑苏、平江等，位于江苏省东南部，长江三角洲中部，东临上海，南
接嘉兴，西抱太湖，北依长江。</p>
</section>
</article>
</body>
</html>
```

上述代码在浏览器中显示的效果如图7-4所示。

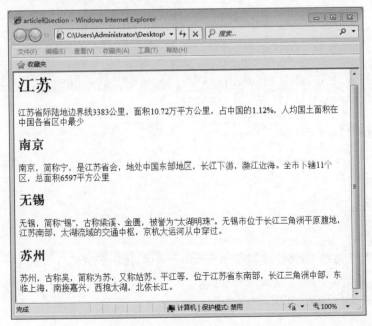

图7-4

说明：article元素是一个特殊的section元素，但它比section元素具有更明确的语义，它代表一个独立完整的相关内容块。一般来说，article会有标题部分，有时也会包含footer。虽然section也是带有主体性的一块内容，但是无论从结构上还是内容上来说，article本身就是独立的。

7.4.3 nav元素

nav元素用来定义导航栏链接的部分，用来链接到本页的某部分或其他页面。

语法描述如下：

```
<nav>…</nav>
```

⚠ 【例7.4】 nav元素

下面这段代码可以清晰地看出nav元素的应用场景。

```
<!DOCTYPE html>
<html lang="en">
<head>
<meta charset="UTF-8">
<title>nav元素</title>
</head>
<body>
<h1>HTML5结构元素</h1>
<nav>
<ul>
<li><a href="#">nav元素</a></li>
<li><a href="#">nav元素</a></li>
</ul>
</nav>
<header>
<h2>nav元素</h2>
<nav>
<ul>
<li><a href="">nav元素的应用场景01</a></li>
<li><a href="">nav元素的应用场景02</a></li>
<li><a href="">nav元素的应用场景03</a></li>
<li><a href="">nav元素的应用场景04</a></li>
</ul>
</nav>
</header>
</body>
</html>
```

说明：并不是所有成组的超链接都需要放在nav元素里。nav元素里应该放入一些当前页面的主要导航链接。

代码在浏览器中运行的效果如图7-5所示。

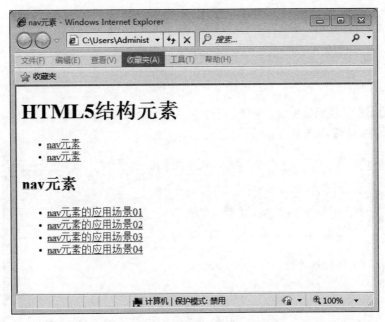

图7-5

7.4.4 aside元素

aside元素用来定义article以外的内容，可以用于成节的内容，也可以用于表达注记、侧栏、摘要及插入的引用等诸如作为补充主体的内容。它会在文档流中开始一个新的节，一般用于与文章内容相关的侧栏。

语法描述如下：

```
<aside>…</aside>
```

⚠ 【例7.5】 aside元素

下面这段代码即为aside元素在实际中的应用。

```
<!DOCTYPE html>
<html>
<head>
<meta charset="utf-8">
<meta http-equiv="X-UA-Compatible" content="IE=edge">
<title>aside元素</title>
<link rel="stylesheet" href="">
</head>
<body>
<article>
<h1>名词解释</h1>
<p>长城</p>
<aside>长城修筑的历史可上溯到西周时期，发生在首都镐京（今陕西西安）的著名的典故"烽火戏诸侯"就源于此。春秋战国时期列国争霸，互相防守，长城修筑进入第一个高潮，但此时修筑的长度都比较短。秦灭六国统一天下后，秦始皇连接和修缮战国长城，始有万里长城之称。
```

```
</aside>
</article>
</body>
</html>
```

说明：正文部分的附属信息部分，其中的内容可以是与当前文章有关的相关资料、名词解释等。
代码在浏览器中运行的效果如图7-6所示。

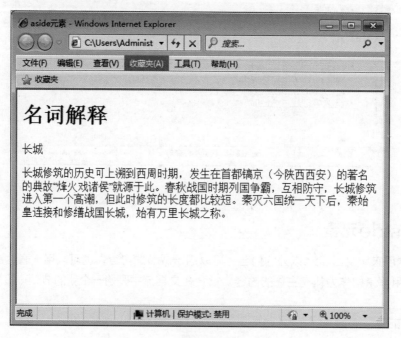

图7-6

7.4.5　time元素

time元素用来定义日期或时间，或者同时定义两者。通常它需要一个datatime属性来标明后台能
够识别的时间。

语法描述如下：

```
<time datetime="日期">时间</time>
```

⚠ 【例7.6】time元素

仕输入时间之后提交的时候会检查是否输入的是有效的时间。

```
<!DOCTYPE html>
<html lang="en">
<head>
<meta charset="UTF-8">
<title>time元素</title>
</head>
<body>
```

```
<p>现在时间是<time>7:00</time>。</p>
<p>我现在在<time datetime="2017-10-01">北京天安门广场</time>看升国旗。</p>
</body>
</html>
```

代码在浏览器中运行的效果如图7-7所示。

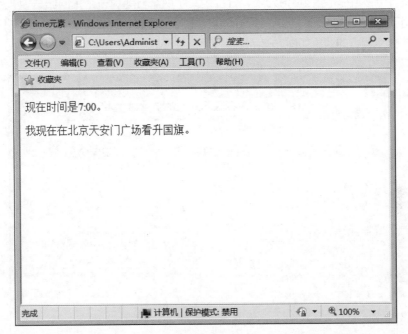

图7-7

7.4.6　pubdate属性

pubdate属性是一个可选的boolean值的属性，它可以用到article元素中的time元素上，意思是time代表了文章或整个网页的发布日期。

⚠ 【例7.7】 pubdate属性

下面这段代码即为pubdate属性的实际应用示例。

```
<!DOCTYPE html>
<html lang="en">
<head>
<meta charset="UTF-8">
<title>pubdate属性</title>
</head>
<body>
<article>
<header>
<h1>香港</h1>
<p>我国香港特别行政区是于<time datetime="1997-07-01">1997年7月1日</time>回归的</p>
<p>notice date <time datetime="2017-03-15" pubdate>2017年03月15日</time></p>
```

```
</header>
<p>正文部分...</p>
</article>
</body>
</html>
```

说明：在这个示例中有两个time元素，分别定义了两个日期，一个是回归日期，另一个是发布日期。由于都使用了time元素，所以需要使用pubdate属性表明哪个time元素代表了发布日期。

代码在浏览器中运行的效果如图7-8所示。

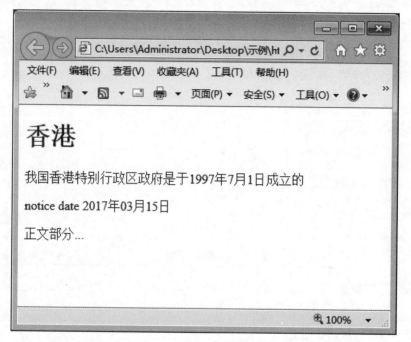

图7-8

7.5 HTML5新增的非主体元素

> HTML5中还增加了一些非主体结构元素，比如header元素、hgroup元素、footer元素和address元素等，本节将分别讲解非主体结构元素的使用。

7.5.1 header元素

header元素是一种具有引导和导航作用的辅助元素，它通常代表一组简介或者导航性质的内容。其位置表现在页面或节点的头部。

通常header元素用于包含页面标题，当然这不是绝对的，header元素也可以用于包含节点的内容列表导航，例如数据表格、搜索表单或相关的Logo图片等。

在整个页面中，标题一般放在页面的开头，一个网页中没有限制header元素的个数，可以拥有多个，也可以为每个内容区块加一个header元素。

语法描述如下：

```
<header>内容</header>
```

⚠ 【例7.8】header元素

下面这段代码即为header元素的应用实例。

```
<!DOCTYPE html>
<html lang="en">
<head>
<meta charset="UTF-8">
<title>header元素</title>
</head>
<body>
<header>
<h1>这是页面的标题</h1>
</header>
<article>
<h2>这是第一章</h2>
<p>第一章的正文部分...</p>
</article>
<header>
<h2>第二个header标签</h2>
<p>因为html文档不会对header标签进行限制，所以我们可以创建多个header标签</p>
</header>
</body>
</html>
```

说明：当header元素只包含一个标题元素时，就不要使用header元素了，article元素会让标题在文档大纲中显现出来。

代码在浏览器中运行的效果如图7-9所示。

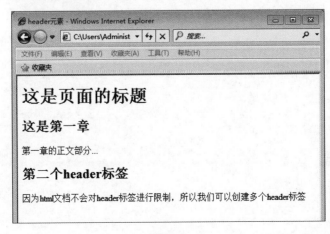

图7-9

7.5.2 hgroup元素

hgroup元素的目的是将不同层级的标题封装成一组，通常会将h1~h6标题进行组合，譬如一个内容区块的标题及其子标题为一组。如果要定义一个页面的大纲，使用hgroup非常合适。

语法描述如下：

```
<hgroup>h1…h6</hgroup>
```

【例7.9】 hgroup元素

下面这段代码即为hgroup元素在应用中的实例。

```
<!DOCTYPE html>
<html lang="en">
<head>
<meta charset="UTF-8">
<title>hgroup元素</title>
</head>
<body>
<header>
<hgroup>
<h1>第三节</h1>
<p>正文部分...</p>
</hgroup>
</header>
在这种情况下，只能将hgroup元素移除，仅仅保留其标题元素即可。
<header>
<h1>第三节</h1>
<p>正文部分...</p>
</header>
当header元素的子元素只有hgroup元素的时候
示例代码如下：
<header>
<hgroup>
<h1>HTML5 hgroup元素</h1>
<h2>hgroup元素使用方法</h2>
</hgroup>
</header>
在上面的代码中，header元素的子元素只有hgroup元素，这时并没有其他的元素放到header中，就可
以直接将header元素去掉，如下所示：
<hgroup>
<h1>HTML5 hgroup元素</h1>
<h2>hgroup元素使用方法</h2>
</hgroup>
</body>
</html>
```

说明：如果只有一个标题元素，这时并不需要hgroup元素。当出现两个或者两个以上的标题元素时，适合用hgroup元素来包围它们。当一个标题有副标题或者其他的与section或article相关的元数据时，适合将hgroup和元数据放到一个单独的header元素中。

代码在浏览器中显示的效果如图7-10所示。

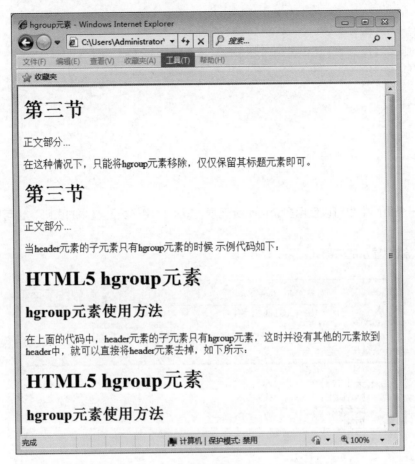

图7-10

7.5.3 footer元素

<footer>标签定义文档或节的页脚。<footer>元素应当含有其包含元素的信息。页脚通常包含文档的作者、版权信息、使用条款链接、联系方式等。可以在一个文档中使用多个<footer>元素。

语法描述如下：

```
<footer>内容</footer>
```

【例7.10】 footer元素

下面这段代码即为footer元素在应用中的实例。

```
<!DOCTYPE html>
<html lang="en">
<head>
```

```
<meta charset="UTF-8">
<title>footer元素</title>
</head>
<body>
<footer>
<ul>
<li>关于我们</li>
<li>网站地图</li>
<li>联系我们</li>
<li>回到顶部</li>
<li>版权信息</li>
</ul>
</footer>
</body>
</html>
```

说明：在一个页面中也可以使用多个footer元素，既可以用作页面整体的页脚，也可以作为一个内容区块的结尾。

代码在浏览器中显示的效果如图7-11所示。

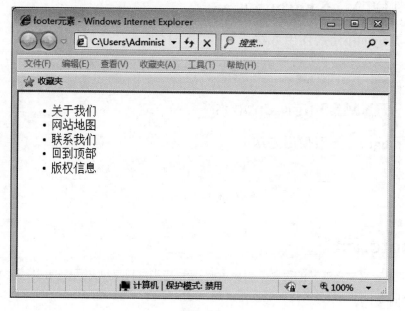

图7-11

7.5.4　address元素

<address>标签定义文档或文章的作者/拥有者的联系信息。如果<address>元素位于<body>元素内，则它表示文档联系信息。如果<address>元素位于<article>元素内，则表示文章的联系信息。

<address>元素中的文本通常以斜体呈现。大多数浏览器会在<address>元素前后添加折行。

语法描述如下：

```
<address>地址</address>
```

⚠ 【例7.11】 address元素

下面这段代码即为address元素在应用中的实例。

```
<!DOCTYPE html>
<html lang="en">
<head>
<meta charset="UTF-8">
<title>address元素</title>
</head>
<body>
<address>
写信给我们<br/>
<a href="deshengshufang.com">进入官网</a><br/>
地址：江苏省徐州市泉山区矿大软件园<br/>
tel: 13888838888
</address>
</body>
</html>
```

代码在浏览器中运行的效果如图7-12所示。

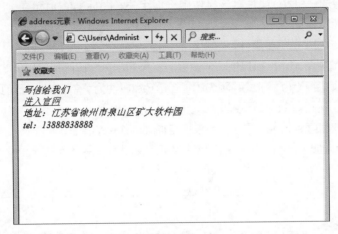

图7-12

7.6 HTML5新增的元素属性

> 在HTML5中，新增了很多属性，本节将对这些新增的属性进行一一介绍。

7.6.1 表单相关属性

在HTML5中，表单新增的属性如下。

- autofocus属性：该属性可以用在input（type=text、select、textarea、button）元素中。autofocus属性可以让元素在打开页面时自动获得焦点。
- placeholder属性：该属性可以用在input（type=text、password、textarea）元素当中，使用该属性会对用户的输入进行提示，通常用于提示用户可以输入的内容。
- form属性：该属性用在input、output、select、textarea、button和fieldset元素中。
- Required属性：该属性用在input（type=text）元素和textarea元素中，表示用户提交时进行检查，检查该元素内一定要有输入内容。
- 在input元素与button元素中增加了新属性formaction、formenctype、formmethod、formnovavalidate与formtarget，这些属性可以重载form元素的action、enctype、method、novalidate与target属性。
- 在input元素、button元素和form元素中增加了novalidate属性，该属性可以取消提交时进行的有关检查，表单可以被无条件地提交。

7.6.2　其他相关属性

在HTML5中，新增的与链接相关的属性如下。
- 在a与area元素中增加了media属性，该属性规定目标URL是用什么类型的媒介进行优化的。
- 在area元素中增加了hreflang属性与rel属性，以保持与a元素和link元素的一致。
- 在link元素中增加了sizes属性。该属性用于指定关联图标（icon元素）的大小，通常可以与icon元素结合使用。
- 在base元素中增加了target属性，主要目的是保持与a元素的一致性。
- 在meta元素中增加了charset属性，该属性为文档的字符编码的指定提供了一种良好的方式。
- 在meta元素中增加了type和label两个属性。Label属性为菜单定义一个可见的标注，type属性让菜单可以以上下文菜单、工具条与列表菜单3种形式出现。
- 在style元素中增加了scoped属性，用来规定样式的作用范围。
- 在script元素中增加了async属性，该属性用于定义脚本是否异步执行。

7.7　HTML5新增与废除的元素

> 在HTML5中新增了许多元素，同时也废除了一些元素，接下来将重点讲解新增与废除的元素。

7.7.1　HTML5中新增的元素

在HTML5中，增加了以下元素。

1. section元素

<section>标签定义文档中的节，比如章节、页眉、页脚或文档中的其他部分。

在HTML4中，div元素具有与section元素相同的功能，其语法格式如下：

```
<div>...</div>
```

实例代码如下：

```
<div>HTML5学习指南</div>
```

在HTML5中section语法格式如下：

```
<section>...</section>
```

实例代码如下：

```
<section>HTML5学习指南</section>
```

2. article元素

<article>标签定义外部的内容。外部内容可以是来自一个外部新闻记者的一篇文章，也可以是来自博客的文本，或者是来自论坛的文本，以及来自其他外部源的内容。

在HTML4中，div元素具有与article元素相同的功能，其语法格式如下：

```
<div>...</div>
```

实例代码如下：

```
<div>HTML5学习指南</div>
```

在HTML5中article语法格式如下：

```
< article >...</ article >
```

实例代码如下：

```
< article >HTML5学习指南</ article >
```

3. aside元素

<aside>元素用于表示article元素内容之外的，并且与aside元素内容相关的一些辅助信息。

在HTML4中，div元素具有与aside元素相同的功能，其语法格式如下：

```
<div>...</div>
```

实例代码如下：

```
<div>HTML5学习指南</div>
```

在HTML5中aside语法格式如下：

```
< aside >...</ aside >
```

实例代码如下：

```
< aside >HTML5学习指南</ aside >
```

4. header元素

<header>元素表示页面中一个内容区域或整个页面的标题。

在HTML4中，div元素具有与header元素相同的功能，其语法格式如下：

```
<div>...</div>
```

实例代码如下：

```
<div>HTML5学习指南</div>
```

在HTML5中header元素语法格式如下：

```
<header>...</header>
```

实例代码如下：

```
<header>HTML5学习指南</header>
```

5. fhgroup元素

<fhgroup>元素用于组合整个页面或页面中一个内容区块的标题。

在HTML4中，div元素具有与fhgroup元素相同的功能，其语法格式如下：

```
<div>...</div>
```

实例代码如下：

```
<div>HTML5学习指南</div>
```

在HTML5中fhgroup语法格式如下：

```
<fhgroup>...</fhgroup>
```

实例代码如下：

```
<fhgroup>HTML5学习指南</fhgroup>
```

6. footer元素

<footer>元素用于组合整个页面或页面中一个内容区块的脚注。

在HTML4中，div元素具有与footer元素相同的功能，其语法格式如下：

```
<div>...</div>
```

实例代码如下：

```
<div>
XXX大学计算机系2016届学员<br/>
李磊<br/>
139xxxx2505<br/>
2017-03-12
</div>
```

在HTML5中footer语法格式如下：

```
<footer>...</footer>
```

实例代码如下：

```
<footer>
XXX大学计算机系2016届学员<br/>
李磊<br/>
139xxxx2505<br/>
2017-03-12
</footer>
```

7. nav元素

<nav>标签定义导航链接的部分。

在HTML4中，ul元素具有与nav元素相同的功能，其语法格式如下：

```
<ul>...</ul>
```

实例代码如下：

```
<ul>
<li>items01</li>
<li>items02</li>
<li>items03</li>
<li>items04</li>
</ul>
```

在HTML5中nav语法格式如下：

```
<nav>...</nav>
```

实例代码如下：

```
<nav>
<a href="">items01</a>
<a href="">items02</a>
<a href="">items03</a>
<a href="">items04</a>
</nav>
```

8. figure元素

<figure>标签用于对元素进行组合。

在HTML4中，figure元素具有与dl元素相同的功能，其实例代码如下：

```
<dl>
<h1>HTML5</h1>
<p>HTML5是当今最流行的网络应用技术之一</p>
</dl>
```

在HTML5中figure实例代码如下：

```
<figure>
<figcaption>HTML5</figcaption>
<p>HTML5是当今最流行的网络应用技术之一</p>
</figure>
```

9. video元素

<video>标签用于定义视频，例如电影片段等。

在HTML4中，video元素具有与object元素相同的功能，想要在网页中添加视频，实例代码如下：

```
<object data="movie.ogg" type="video/ogg">
<param name="" value="movie.ogg">
</object>
```

在HTML5中video实例代码如下：

```
<video width="320" height="240" controls>
<source src="movie.mp4" type="video/mp4">
<source src="movie.ogg" type="video/ogg">
您的浏览器不支持Video标签。
</video>
```

10. audio元素

<audio>标签用于定义音频，例如歌曲片段等。

在HTML4中，想要在网页中添加音频，操作方法和添加视频一样，实例代码如下：

```
<object data="music.mp3" type="application/mp3">
<param name="" value="music.mp3">
</object>
```

在HTML5中audio元素的实例代码如下：

```
<audio controls>
<source src="music.mp3" type="audio/mp4">
<source src="music.ogg" type="audio/ogg">
您的浏览器不支持Video标签。
</audio>
```

11. embed元素

<embed>标签定义嵌入的内容，比如插件。

在HTML4中，如果想要定义嵌入的内容，实例代码如下：

```
<object data="flash.swf" type="application/x-shockwave-flash"></object>
```

在HTML5中embed实例代码如下：

```
<embed src="helloworld.swf" />
```

12. mark元素

<mark>元素主要是突出显示部分文本。

在HTML4中，span元素具有与mark元素相同的功能，其语法格式如下：

```
<span>...</span>
```

实例代码如下：

```
<span>HTML5技术的运用</span>
```

在HTML5中mark元素的语法格式如下：

```
<mark>...</mark>
```

实例代码如下：

```
<mark>HTML5技术的运用</mark>
```

13. progress元素

progress元素表示运行中的进程，可以使用progress元素来显示JavaScript中耗费时间函数的进程。

在HTML5中progress元素的语法格式如下：

```
<progress></progress>
```

progress元素是HTML5中新增的元素，HTML4中没有相应的元素来表示。

14. meter元素

meter元素表示度量衡，仅用于已知最大值和最小值的度量。

在HTML5中meter元素的语法格式如下：

```
<meter></meter>
```

meter元素是HTML5中新增的元素，HTML4中没有相应的元素来表示。

15. time元素

time元素表示日期和时间。

在HTML5中time元素的语法格式如下：

```
<time></time>
```

time元素是HTML5中新增的元素，HTML4中没有相应的元素来表示。

16. wbr元素

<wbr> (Word Break Opportunity) 标签规定在文本中的何处适合添加换行符。

在HTML5中time元素的语法格式如下：

```
<p>尝试缩小浏览器窗口，以下段落的 "XMLHttpRequest" 单词会被分行：</p>
<p>学习 AJAX ,您必须熟悉 <wbr>Http<wbr>Request 对象。</p>
<p><b>注意：</b> IE 浏览器不支持 wbr 标签。</p>
```

wbr元素是HTML5中新增的元素，HTML4中没有相应的元素来表示。

17. canvas元素

<canvas>标签定义图形，如图表和其他图像，必须使用脚本来绘制图形。

在HTML5中canvas元素的语法格式如下：

```
<canvas id="myCanvas" width="500" height="500"></canvas>
```

canvas元素是HTML5中新增的元素，HTML4中没有相应的元素来表示。

18. command元素

<command>标签可以定义用户可能调用的命令，如单选按钮、复选框或按钮。

在HTML5中command元素的语法格式如下：

```
<command onclick="cut()" label="cut"/>
```

command元素是HTML5中新增的元素，HTML4中没有相应的元素来表示。

19. datalist元素

<datalist>标签规定了<input>元素可能的选项列表。datalist元素通常与input元素配合使用。

在HTML5中datalist元素的语法格式如下：

```
<input list="browsers">
<datalist id="browsers">
<option value="Internet Explorer">
<option value="Firefox">
<option value="Chrome">
<option value="Opera">
<option value="Safari">
</datalist>
```

datalist元素是HTML5中新增的元素，HTML4中没有相应的元素来表示。

20. details元素

<details>标签用于描述文档或文档某个部分的细节。任何形式的内容都能被放在<details>标签里。<details>元素的内容通常情况下对用户是不可见的，除非设置了open属性。

在HTML5中details元素的语法格式如下：

```
<details>
<summary>Copyright 1999-2011.</summary>
<p> - by Refsnes Data. All Rights Reserved.</p>
<p>All content and graphics on this web site are the property of the company
Refsnes </p>
</details>
```

details元素是HTML5中新增的元素，HTML4中没有相应的元素来表示。

21. datagrid元素

<datagrid>标签表示可选数据的列表，它以树形列表的形式来显示。

在HTML5中datagrid元素的语法格式如下：

```
<datagrid>...</datagrid>
```

datagrid元素是HTML5中新增的元素，HTML4中没有相应的元素来表示。

22. keygen元素

<keygen>标签用于生成密钥。

在HTML5中keygen元素的语法格式如下：

```
<keygen>
```

keygen元素是HTML5中新增的元素，HTML4中没有相应的元素来表示。

23. output元素

<output>元素表示不同类型的输出，例如脚本的输出。

在HTML5中output元素的语法格式如下：

```
<output></output>
```

在HTML4中，output元素与span元素具有相同的功能，其语法格式如下：

```
<span></span>
```

24. source元素

source元素用于为媒介元素定义媒介资源。

在HTML5中source元素的实例代码如下：

```
<source type="" src=""/>
```

在HTML4中，是用param元素代替source元素的，语法格式如下：

```
<param>
```

25. menu元素

menu元素表示菜单列表。当希望列出表单控件时可以使用该标签。

在HTML5中source元素的实例代码如下：

```
<menu>
<li>items01</li>
<li>items02</li>
</menu>
```

7.7.2 HTML5中废除的元素

在HTML5中除了新增了一些元素之外，也废弃了一些元素。

1. 能使用CSS代替的元素

basefont、big、center、font、s、strike、tt和u。

2. 不再使用frame框架

对于frameset元素、frame元素与noframes元素，由于frame框架对页面可用性存在负面影响，在HTML5里面已经不支持frame框架，只支持iframe框架，同时废除以上三个元素。

3. 只有部分浏览器支持的元素

对于applet元素、bgsound元素、blink元素、marquee元素，由于只有部分浏览器支持这些元素，特别是bgsound元素以及marquee元素，因为只被IE浏览器支持，在HTML5里面被废除。而applet元素可以由embed元素或者object元素代替，bgsound元素由audio元素代替，marquee元素可以使用JavaScript元素来代替。

4. 其他被废除的元素

- 废除rb元素，使用ruby元素代替。
- 废除acronym元素，使用abbr元素代替。
- 废除dir元素，使用ul元素代替。
- 废除inindex元素，使用form元素与input元素相结合的方式代替。
- 废除listing元素，使用pre元素代替。
- 废除xmp元素，使用code元素代替。
- 废除nextid元素，使用guids代替。
- 废除plaintext元素，使用"text/plian"MIME类型代替。

本章小结

本章详细讲述了HTML5的概述，HTML5和HTML4在语法、元素和属性上的差异，以及HTML5中新增和废除的元素。

通过本章的学习，相信大家会对HTML5主体结构元素和非主体结构元素有一定的了解，这些元素相较于以前的div标签更具语义化。但是如何使用和熟悉这些标签还需要大家自己不断地进行练习和实践。

HTML5进阶
——无处不在的应用

本章概述

　　在HTML5之前，设计网页的时候可能会使用Flash、JavaScript或者其他比较复杂的软件和技术来创建网站的样式。随着HTML5的开发和使用则不再需要这些复杂的软件也能轻松实现网页的多种样式了，用户可以使用HTML5来实现交互服务、UI、交互游戏和复杂的业务应用。本章就来介绍HTML5的应用。

重点知识

- 画布功能
- 拖放功能
- 音频和视频
- 地理位置
- 表单功能
- 本地存储

8.1 画布功能

> canvas元素是一个白板，用户可以直接在它上面"绘制"一些可视内容。例如采用不同的方法在canvas上作画，或是在canvas上创建并操作动画，不过这与艺术家使用画笔和油彩创作具有本质的区别。

8.1.1 canvas元素

canvas是一个矩形区域，可以控制其中的每一个像素。默认的矩形宽度是300*150px。用户也可以自定义画布的大小。canvas要求至少设置width和height的属性来指定区域大小。

⚠ 【例8.1】 canvas元素

下列代码绘制了一个宽为300像素的正方形，并用CSS设置了背景色。

```
<!DOCTYPE html>
<html lang="en">
<head>
<meta charset="UTF-8">
<title> canvas元素</title>
<style>
canvas{
border:2px solid red;
background:#ccc;
}
</style>
</head>
<body>
<canvas id="diagonal" width="300" height="300"></canvas>
</body>
</html>
```

代码在浏览器中运行的效果如图8-1所示。

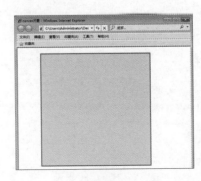

图8-1

8.1.2 canvas坐标

canvas中的坐标就是我们平时所熟知的坐标体系，但与普通坐标有所不同，从左上角0开始，X向右是增大，Y向下是增大。

canvas坐标示意图如图8-2所示。

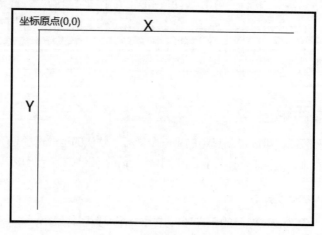

图8-2

8.1.3 canvas绘制路径

HTML5 Canvas API中的路径代表了用户希望呈现的任何形状。路径可以是多条线、曲线段，甚至可以是子路径。

⚠️ 【例8.2】 绘制路径

在下列案例中绘制了一颗松树的形状。

```
<!DOCTYPE html>
<html lang="en">
<head>
<meta charset="UTF-8">
<title>canvas路径</title>
</head>
<body>
<canvas id="demo" width="300" height="300"></canvas>
</body>
<script>
function createCanopyPath(context) {
// 绘制树冠
context.beginPath();
context.moveTo(-25, -50);
context.lineTo(-10, -80);
context.lineTo(-20, -80);
context.lineTo(-5, -110);
context.lineTo(-15, -110);
// 树的顶点
```

```
context.lineTo(0, -140);
context.lineTo(15, -110);
context.lineTo(5, -110);
context.lineTo(20, -80);
context.lineTo(10, -80);
context.lineTo(25, -50);
// 连接起点，闭合路径
context.closePath();
}
drawTrails();
function drawTrails() {
var canvas = document.getElementById('demo');
var context = canvas.getContext('2d');
context.save();
context.translate(130, 250);
// 创建表现树冠的路径
createCanopyPath(context);
// 绘制当前路径
context.stroke();
context.restore();
}
</script>
</html>
```

代码运行的效果如图8-3所示。

图8-3

8.1.4 canvas渐变

对于canvas来说，渐变也是可以实现的。在canvas中可以实现两种渐变效果，即线性渐变和径向渐变。下面先来讲一下线性渐变。

⚠ 【例8.3】 线性渐变

下面的代码设置了线性渐变。

```
<!DOCTYPE html>
<html lang="en">
<head>
<meta charset="UTF-8">
<title>xianxingjianbian</title>
</head>
<body>
<canvas id="canvas" width="400" height="400"></canvas>
</body>
<script>
// 获取canvas 的ID
var canvas = document.getElementById('canvas');
// 获取上下文
var context = canvas.getContext('2d');
// 获取渐变对象
var g1 = context.createLinearGradient(0,0,0,300);
// 添加渐变颜色
g1.addColorStop(0,'rgb(255,255,0)');
g1.addColorStop(1,'rgb(0,255,255)');
context.fillStyle = g1;
context.fillRect(0,0,400,300);
var g2 = context.createLinearGradient(0,0,300,0);
g2.addColorStop(0,'rgba(0,0,255,0.5)');
g2.addColorStop(1,'rgba(255,0,0,0.5)');
for(var i = 0; i<10;i++)
{
context.beginPath();
context.fillStyle=g2;
context.arc(i*25, i*25, i*10, 0, Math.PI * 2, true);
context.closePath();
context.fill();
}
</script>
</html>
```

说明：createLinearGradient(x1,y1,x2,y2)的参数分别表示渐变起始位置和结束位置的横纵坐标。addColorStop(offset,color)中的offset表示设定的颜色离渐变起始位置的偏移量，取值范围是0~1的浮点值；渐变起始偏移量是0，渐变结束偏移量是1，color是渐变的颜色。

代码运行的效果如图8-4所示。

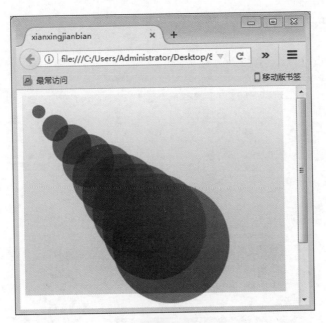

图8-4

⚠ 【例8.4】径向渐变

下面这段代码设置了径向渐变。

```
<!DOCTYPE html>
<html lang="en">
<head>
<meta charset="UTF-8">
<title>jingxingjianbian</title>
</head>
<body>
<canvas id="canvas" width="400" height="400"></canvas>
</body>
<script>
// 获取canvas 的ID
var canvas = document.getElementById('canvas');
// 获取上下文
var context = canvas.getContext('2d');
// 获取渐变对象
var g1 = context.createRadialGradient(400,0,0,400,0,400);
// 添加渐变颜色
g1.addColorStop(0.1,'rgb(255,255,0)');
g1.addColorStop(0.3,'rgb(255,0,255)');
g1.addColorStop(1,'rgb(0,255,255)');
context.fillStyle = g1;
context.fillRect(0,0,400,300);
var g2 = context.createRadialGradient(250,250,0,250,250,300);
g2.addColorStop(1,'rgba(0,0,255,0.5)');
g2.addColorStop(0.7,'rgba(255,255,0,0.5)')
g2.addColorStop(0.1,'rgba(255,0,0,0.5)');
```

```
for(var i = 0; i<10;i++)
{
context.beginPath();
context.fillStyle=g2;
context.arc(i*25, i*25, i*10, 0, Math.PI * 2, true);
context.closePath();
context.fll();
}
</script>
</html>
```

代码运行的效果如图8-5所示。

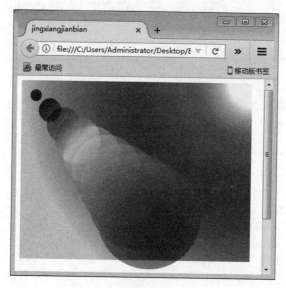

图8-5

说明：createRadialGradient(x1,y1,radius1,x2,y2,radius2)中x1、y1、radius1分别是渐变开始时圆的圆心横坐标、纵坐标和半径。x2、y2、radius2分别是渐变结束时圆的圆心横坐标、纵坐标和半径。

通过上面两个案例可以看出，在设计中都是新建好canvas对象后，再调用addColorStop方法给它上色。addColorStop方法有两个参数，即颜色和偏移量，颜色参数是指开发人员希望在偏移位置描边或填充时所使用的颜色，偏移量是一个介于0.0~1.0之间的数值，代表沿着渐变线渐变的距离多远时可以达到渐变的效果。

8.1.5 canvas文本

操作canvas文本的方式与操作其他路径对象的方法相同，可以描绘文本轮廓和填充文本内部，同时，所有能够应用于其他图形的变换和样式都能用于文本。

文本绘制由以下两个方法组成，语法描述如下：

```
fillText(text,x,y,maxwidth)
trokeText(text,x,y,maxwidth)
```

　　两个函数的参数完全相同，必选参数包括文本参数以及用于指定文本位置的坐标参数。maxwidth是可选参数，用于限制字体大小，它会将文本字体强制收缩到指定尺寸。此外，还有一个measureText函数可供使用，该函数会返回一个度量对象，其中包含了在当前context环境下指定文本的实际显示宽度。

　　为了保证文本在各浏览器下都能正常显示，Canvas API为context提供了类似于CSS的属性，以此来保证实际显示效果的高度可配置。

　　文本呈现相关的context属性如下。

- Font：值为CSS字体字符串，例如italic Arial和scan-serif。
- textAlign：值为start、end、left、right、center，默认是slarl。
- textBaseline：值为top、hanging、middle、alphabetic、ideographic、bottom，默认是alphabetic。

　　对上面这些context属性赋值能够改变context，而访问context属性可以查询到其当前值。

⚠ 【例8.5】 绘制文本

　　下面这段代码设置了绘制文本，并加了红色边框以便于查看。

```
<!DOCTYPE html>
<html>
<head>
<meta charset="UTF-8">
<title>HTML5 Canvas绘制文本文字入门</title>
</head>
<body>
<!-- 添加canvas标签，并加上红色边框以便于在页面上查看 -->
<canvas id="myCanvas" width="400px" height="300px" style="border: 1px solid red;">
您的浏览器不支持canvas标签。
</canvas>
<script type="text/JavaScript">
//获取Canvas对象(画布)
var canvas = document.getElementById("myCanvas");
//简单地检测当前浏览器是否支持Canvas对象，以免在一些不支持html5的浏览器中提示语法错误
if(canvas.getContext){
//获取对应的CanvasRenderingContext2D对象(画笔)
var ctx = canvas.getContext("2d");
//设置字体样式
ctx.font = "30px Courier New";
//设置字体填充颜色
ctx.fillStyle = "blue";
//从坐标点(50,50)开始绘制文字
ctx.fillText("CodePlayer+中文测试", 50, 50);
}
</script>
</body>
</html>
```

代码运行的效果如图8-6所示。

图8-6

8.2 音频和视频

> 以前在网页中如果想要播放音频或者视频多数情况下都是需要通过第三方插件来完成的，但在HTML5中则可以大胆地扔掉之前繁琐的操作和令人感到厌烦的冗余代码。在HTML5中可以直接使用audio和video标记在网页中载入外部的音频和视频资源，通过对标签内属性的设置可以让网页载入外部资源时选择需要的播放模式，即立即播放或者出现一个播放按钮。

8.2.1 audio元素

作为多媒体元素，audio元素用来向页面中插入音频或其他音频流。
语法描述如下：

```
<audio src="路径"></audio>
```

⚠ 【例8.6】 audio元素

下面这段代码就是audio最基本的运用方式。

```
<!DOCTYPE html>
<html lang="en">
<head>
```

```
<meta charset="UTF-8">
<title>audio元素</title>
</head>
<body>
<audio src="Matisyahu - One Day.mp3" controls ></audio>
</body>
</html>
```

一个简单的audio应用的效果如图8-7所示。

图8-7

从图8-7可以看出，此代码提供了一个可以控制开始和暂停的按钮，也给了一个可以拖拽进度的进度条，还有一个以进度条显示的调节音量的控件，这一行代码就已经完成了这么多的操作。

当然如果audio元素只有上面三个功能还远远不能满足用户的需要，所以下面也给大家列出了它的一些其他属性与功能。

● 自动播放

如果需要网页中的音频自动播放，可以使用autoplay属性，代码如下：

```
<audio src="Sleep Away.mp3" autoplay></audio>
```

● 按钮播放

如果需要网页中的音频通过按钮控制播放，可以使用controls属性，代码如下：

```
<audio src="Sleep Away.mp3" controls></audio>
```

● 循环播放

如果需要网页中的音频循环播放，可以使用loop属性，代码如下：

```
<audio src="Sleep Away.mp3" autoplay  loop></audio>
```

● 静音

如果需要网页中的音频静音，可以使用muted属性，代码如下：

```
<audio src="Sleep Away.mp3" autoplay muted></audio>
```

- 预加载

如果需要网页中的音频预加载，可以使用preload属性，代码如下：

```
<audio src="Sleep Away.mp3" preload></audio>
```

下面以为audio元素加上按钮为例，演示如何利用audiogenic实现更加丰富的音频效果。

⚠ 【例8.7】添加按钮

为audio添加按钮。

```
<!DOCTYPE html>
<html lang="en">
<head>
<meta charset="UTF-8">
<title>audio元素增加按钮</title>
</head>
<body>
<audio id="player" controls>
<source src="Sleep Away.mp3"/>
<source src="Sleep Away.ogg"/>
</audio>
<hr/>
<!--为audio元素添加四个按钮，分别是播放、暂停、增加声音和减小声音-->
<input type="button" value="播放" onclick="document.getElementById("player").
play()">
<input type="button"value="暂停" onclick="document.getElementById("player").
pause()">
<input type="button"value="增加声音" onclick="document.
getElementById("player").volume+=0.1">
<input type="button" value="减小声音" onclick="document.
getElementById("player").volume-=0.1">
</body>
</html>
```

代码运行的效果如图8-8所示。

图8-8

8.2.2 video元素

在HTML5以前，如果需要在网页中观看视频，则需要一些外部插件才能完成，但是在HTML5中则不需要像Flash这样的插件了，我们只需要下面这段代码即可：

```
<video src="Wildlife.wmv">您的浏览器不支持<video></video>
```

代码虽然很简单，但是因为目前浏览器之间支持格式的不同，所以用户也可以参考前面的audio元素的解决方案，通过加入备用的视频文件来适应不同的浏览器。当然，这里依然还是需要source元素来引入视频文件。

source元素代码如下：

```
<video width="320" height="240" controls>
<source src="movie.mp4" type="video/mp4">
<source src="movie.ogg" type="video/ogg">您的浏览器不支持Video标签。
</video>
```

⚠ 【例8.8】 video元素

下面这段代码就是video元素最基本的应用。

```
<!DOCTYPE html>
<html>
<head>
<meta charset="UTF-8" />
<title>video元素</title>
</head>
<body>
<script type="text/JavaScript">
var video;
function init(){
video = document.getElementById("video1");
//监听视频播放结束事件
video.addEventListener("ended",function(){
alert("播放结束。");
},true);
//发生错误
video.addEventListener("error",function(){
switch(video.error.code){
case MediaError.Media_ERROR_ABORTED:
alert("视频的下载过程被中止。");
break;
case MediaError.MEDIA_ERR_NETWORK:
alert("网络发生故障，视频的下载过程被中止。");
break;
case MediaError.MEDIA_ERR_DECODE:
alert("解码失败。");
break;
```

```
case MediaError.MEDIA_ERR_SRC_NOT_SUPPORTED:
alert("不支持播放的视频格式。");
break;
}
},false);
}
function play(){
//播放视频
video.play();
}
function pause(){
//暂停视频
video.pause();
}
</script>
</head>
<body onLoad="init()">
<!--可以添加controls属性来显示浏览器自带的播放控制条-->
<video id="video1" src="test.gov"></video>
<br/>
<button onClick="play()">播放</button>
<button onClick="pause()">暂停</button>
</body>
</html>
```

代码运行的效果如图8-9所示。

图8-9

8.3 表单功能

> HTML5 Forms被业界称为Web Form2.0，它是对目前Web表单的全面升级。HTML5 Forms在保持简便易用的特性的同时，还增加了很多的内置控件和属性满足用户的需求，同时也减少了开发人员的编程工作。

8.3.1 form新特性

HTML5主要在以下几个方面对目前的Web表单做了改进。

1. 内建的表单校验系统

HTML5为不同类型的输入控件各自提供了新的属性来控制这些控件的输入行为，比如常见的必填项required属性，以及数字类型控件提供的max、min等。而在提交表单时，一旦校验错误，浏览器将不执行提交操作，并且会给出相应的提示信息。

语法描述如下：

```
<input type="text" required/>
<input type="number" min="1" max="10"/>
```

2. 新的控件类型

HTML5中提供了一系列新的控件，完全具备类型检查的功能，例如email输入框。

语法描述如下：

```
<input type="email" />
```

除了上述的email类型之外还有非常重要的日期输入类型框。在HTML5之前，通常都是使用Java–Script和CSS来实现日历脚本，而现在只需要使用<input type="date"/>即可实现日期的选择。

3. 改进的文件上传控件

用户可以使用一个空间上传多个文件，自行规定上传文件的类型，甚至可以设定每个文件的最大容量。在HTML5应用中，文件上传控件将变得简单便捷。

4. 重复的模型

HTML5提供了一套重复机制来帮助用户构建一些需要重复输入的列表，其中包括add、remove、move-up和move-down的按钮类型。通过一套重复的机制，开发人员可以非常方便地实现我们经常看到的编辑列表。

8.3.2 输入型控件

HTML5拥有多个新的表单输入型控件。这些新特性提供了更好的输入控制和验证。下面为大家介绍一下这些新的表单输入型控件。

1. input 类型 – email

email类型用于应该包含E-mail地址的输入域。在提交表单时，会自动验证email域的值。

实例代码如下：

```
E-mail: <input type="email" name="email_url" />
```

2. input 类型 – url

url类型用于应该包含url地址的输入域。如果用户添加了此属性，在提交表单时，表单会自动验证

url域的值。

实例代码如下：

```
Home-page: <input type="url" name="user_url" />
```

【TIPS】

iPhone中的Safari浏览器支持url输入类型，并通过改变触摸屏键盘来配合它（添加.com选项）。

3. input 类型——number

number类型用于应该包含数值的输入域。用户还可以设置对所接受数字的限定。

实例代码如下：

```
points: <input type="number" name="points" max="10" min="1" />
```

可使用下面的属性来规定对数字类型的限定。
- max：值为number规定允许的最大值。
- min：值为number规定允许的最小值。
- step：值为number规定合法的数字间隔（如果 step="3"，则合法的数是-3、0、3、6等）。
- value：值为number规定默认值。

【TIPS】

iPhone中的Safari浏览器支持number 输入类型，并通过改变触摸屏键盘来配合它（显示数字）。

4. input 类型——range

range类型用于应该包含一定范围内数字值的输入域。该类型在页面中显示为可移动的滑动条。用户还可以设置对所接受数字的限定。

实例代码如下：

```
<input type="range"  min="2"  max="9" />
```

5. input 类型——date pickers（日期选择器）

HTML5拥有多个可供选取日期和时间的新输入类型。
- date –：选取日、月、年。
- month –：选取月、年。
- week –：选取周和年。
- time –：选取时间（小时和分钟）。
- datetime –：选取时间、日、月、年（UTC时间）。
- datetime-local –：选取时间、日、月、年（本地时间）。

如果想要从日历中选取一个日期，实例代码如下：

```
Date: <input type="date" name="date" />
```

6. input 类型——search

search类型用于搜索域，用户可以在百度进行使用。search域在页面中显示为常规的单行文本输入框。

```
search: <input type="search" name="search" />
```

7. input 类型——color

color类型用于颜色，可以让用户在浏览器中直接使用拾色器找到想要的颜色。color域会在页面中生成一个允许用户选取颜色的拾色器。

实例代码如下：

```
color: <input type="color" name="color_type" />
```

8.3.3 form新元素

在HTML5 Form中，添加了一些新的表单元素，如datalist、eygen、output等，这些元素能够更好地帮助用户完成开发工作，同时也能更好地满足客户的需求。下面我们就来一起学习一下这些新的表单元素。

1. datalist元素

<datalist>标签定义选项列表。需要与input元素配合使用来定义input可能的值。
datalist及其选项不会被显示出来，它仅仅是合法的输入值列表。
可使用input元素的list属性来绑定datalist。

⚠ 【例8.9】 datalist元素

```
<input list="cars" />
<datalist id="cars">
<option value="BYD">
<option value="COLOR">
<option value="DOG">
</datalist>
```

代码的运行效果如图8-10所示。

图8-10

2. keygen元素

<keygen>标签用于表单密钥对的生成。当提交表单时，私钥存储在本地，公钥发送到服务器。

⚠️ 【例8.10】 eygen元素

```
<form action="demo_keygen.asp" method="get">
Username: <input type="text" name="usr_name" />
Encryption: <keygen name="security" />
<input type="submit" />
</form>
```

代码运行的效果如图8-11所示。

图8-11

3. output元素

<output>标签定义不同类型的输出，比如脚本的输出。

这个新元素不仅好用而且十分有趣，用户可以通过使用output元素做出一个简易的加法计算器。

⚠️ 【例8.11】 output元素

```
<form oninput="x.value=parseInt(a.value)+parseInt(b.value)">0
<input type="range" id="a" value="50">100
+<input type="number" id="b" value="50">
=<output name="x" for="a b"></output>
</form>
```

代码运行的效果如图8-12所示。

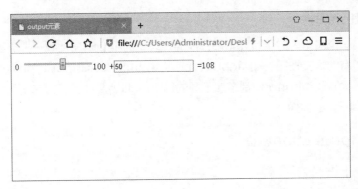

图8-12

8.3.4 form新属性

在HTML5 Forms当中新添了很多的新属性，这些新属性与传统的表单相比功能更强大，用户体验也更好。

1. form属性

在HTML4中，表单内的从属元素必须书写在表单内部，但是在HTML5中，可以把元素书写在页面上的任何位置。给元素指定一个form属性，属性值为该表单单位的ID，即可声明该元素从属于指定表单。

⚠ 【例8.12】form属性

```
<form action="" id="myForm">
<input type="text" name="">
</form>
<input type="submit" form="myForm" value="提交">
```

代码运行的效果如图8-13所示。

图8-13

在上面的示例中，提交表单并没有写在<form>表单元素内部。如果是之前的HTML版本，那么这个提交按钮在页面中则只是一个可以看见但却无法使用的按钮；但在HTML5中我们为它加入了form属性，使它即便没有写在<form>表单中也依然可以执行自己的提交动作。这样带来的好处是减轻了用户在写页面布局时还需要考虑的页面结构是否合理的顾虑。

2. formaction属性

在HTML4中，一个表单内的所有元素都只能通过表单的action属性统一提交到另一个页面，而在HTML5中可以给所有的提交按钮，如<input type="submit"/>、<input type="image" src=""/>和<button type="submit"></button>都增加不同的formaction属性，使得单击不同的按钮时，可以将表单中的内容提交到不同的页面。

⚠ 【例8.13】 formaction属性

```
<form action="" id="myForm">
<input type="text" name="">
<input type="submit" value="" formaction="a.php">
<input type="image" src="img/logo.png" formaction="b.php">
<button type="submit" formaction="c.php"></button>
</form>
```

说明：除了formaction属性之外还有formenctype、formmethod和formtarget等属性也可以重载form元素的enctype、method和target等属性。

代码运行的效果如图8-14所示。

图8-14

3. placeholder属性

placeholder是输入占位符，用于在输入框中显示提示文本，当用户单击输入栏或输入了信息时，提示文本就会自动消失。通常placeholder属性用于提示用户在文本框内应该输入的内容或者规则。如果浏览器不支持此属性即被自动忽略，浏览器显示默认状态。

该属性的使用方法非常简单，只要在input输入类型中加入placeholder属性，然后指定提示文字即可。

⚠ 【例8.14】 placeholder属性

```
<form action="" id="myForm">
<input type="text" name="username" placeholder="请输入用户名"/>
</form>
```

代码运行的效果如图8-15所示。

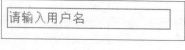

图8-15

4. novalidate属性

新版本的浏览器会在信息提交时对email、number等语义进行验证，有些会显示验证失败的信息，有些则不显示验证失败的信息而是直接不提交。因此，为input、button和form等增加novalidate属性，表示当提交表单时不对表单的数据进行验证。

⚠ 【例8.15】 novalidate属性

```
<form action="novalidate" >
<input type="text">
<input type="email">
<input type="number">
<input type="submit" value="">
</form>
```

5. required属性

用户可以对input元素与textarea元素指定required属性。该属性表示在用户提交表单时进行检查，检查该元素内是否含有输入内容。

⚠ 【例8.16】 required属性

```
<form action="" novalidate>
<input type="text" name="username" required />
<input type="password" name="password" required />
<input type="submit" value="提交">
</form>
```

代码运行的效果如图8-16所示。

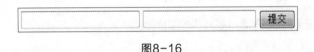

图8-16

6. autocomplete属性

autocomplete属性可以用来保护用户的敏感数据，避免本地浏览器进行不安全存储。用户可以通过设置input决定在输入时是否显示之前的输入数据。例如在用户登录处输入信息时设置是否要自动显示之前输入过的数据作为补充，避免安全隐患。

语法描述如下：

```
<input type="text" name="username" autocomplete />
```

其属性值为on时，该字段不受保护，值可以被保存和恢复。
其属性值为off时，该字段受保护，值不可以被保存和恢复。
其属性值不指定时，使用浏览器默认值。

7. list属性

在HTML5中，为单行文本框增加了一个list属性，该属性的值为某个datalist元素的ID。

⚠️ 【例8.17】list属性

```
<input list="cars" />
<datalist id="cars">
<option value="BMW">
<option value="Ford">
<option value="Volvo">
</datalist>
```

8. min和max属性

min与max这两个属性是数值类型或日期类型的input元素的专用属性，它们限制了在input元素中输入的数字与日期的范围。

⚠️ 【例8.18】min和max属性

```
<form>
<input type="number" min="0" max="100" />
</form>
```

代码运行的效果如图8-17所示。

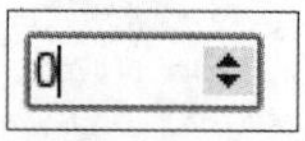

图8-17

9. step属性

step属性控制input元素中的值增加或减少时的间隔。
实例代码如下：

```
<input type="number" step="4"/>
```

10. pattern属性

pattern属性主要通过一个正则表达式来验证输入内容。
实例代码如下：

```
<input type="text" required pattern="[0-9][a-zA-Z]{5}" />
```

上述代码表示该文本内输入的内容格式必须是以一个数字开头，后面为五个字母，字母大小写类型不限。

11. multiple属性

multiple属性允许输入域中选择多个值。通常它适用于file类型。
实例代码如下：

```
<input type="file" multiple />
```

8.3.5　form练习

　　下面我们一起来做一个常见的注册表单案例，巩固本章所学习的forms及其新增属性，方便进一步加强对HTML5表单的使用。

⚠️ 【例8.19】form练习代码

```
<!DOCTYPE html>
<html lang="en">
<head>
<meta charset="UTF-8">
<title>Form练习</title>
<style>
*{margin:0;padding:0;}
h1{
text-align: center;
background:#ccc;
}
form{
/* text-align:center; */
}
div{
padding:10px;
padding-left:50px;
}
.prompt_word{
color:#aaa;
}
</style>
</head>
<body>
<h1>用户注册表</h1>
<form id="userForm" action="#" method="post" oninput="x.value=userAge.value">
<div>
用户名: <input type="text" name="username" required pattern="[0-9a-zA-z]
{6,12}" placeholder="请输入用户名">
<span class="prompt_word">用户名必须是6-12位英文字母或者数字组成</span>
</div>
<div>
密码: <input type="password" name="pwd2" id="pwd1" required placeholder="请输
入密码" pattern="[a-zA-Z][a-zA-Z0-9]{10,20}" />
<span class="prompt_word">密码必须是英文字母开头和数字组成的10-20位字符组成</span>
</div>
<div>
确认密码: <input type="password" name="pwd2" id="pwd2" required placeholder="
请再次输入密码" pattern="[a-zA-Z][a-zA-Z0-9]{10,20}" />
<span class="prompt_word">两次密码必须一致</span>
</div>
<div>
```

```
姓名: <input type="text" placeholder="请输入您的姓名" />
</div>
<div>
生日: <input type="date" id="userDate" name="userDate">
</div>
<div>
主页: <input type="url" name="userUrl" id="userUrl">
</div>
<div>
邮箱: <input type="email" name="userEmail" id="userEmail">
</div>
<div>
年龄: <input type="range" id="userAge" name="userAge" min="1" max="120" step="1" />
<output for="userAge" name="x"></output>
</div>
<div>
性别: <input type="radio" name="sex" value="man" checked>男<input type="radio"
name="sex" value="woman">女
</div>
<div>
头像: <input type="file" multiple>
</div>
<div>
学历: <input type="text" list="userEducation">
<datalist id="userEducation">
<option value="初中">初中</option>
<option value="高中">高中</option>
<option value="本科">本科</option>
<option value="硕士">硕士</option>
<option value="博士">博士</option>
<option value="博士后">博士后</option>
</datalist>
</div>
<div>
个人简介: <textarea name="userSign" id="userSign" cols="40" rows="5"></textarea>
</div>
<div>
<input type="checkbox" name="agree" id="agree"><label for="agree">我同意注册协
议</label>
</div>
</form>
<div>
<input type="submit" value="确认提交" form="userForm" />
</div>
</body>
</html>
```

代码运行的效果如图8-18所示。

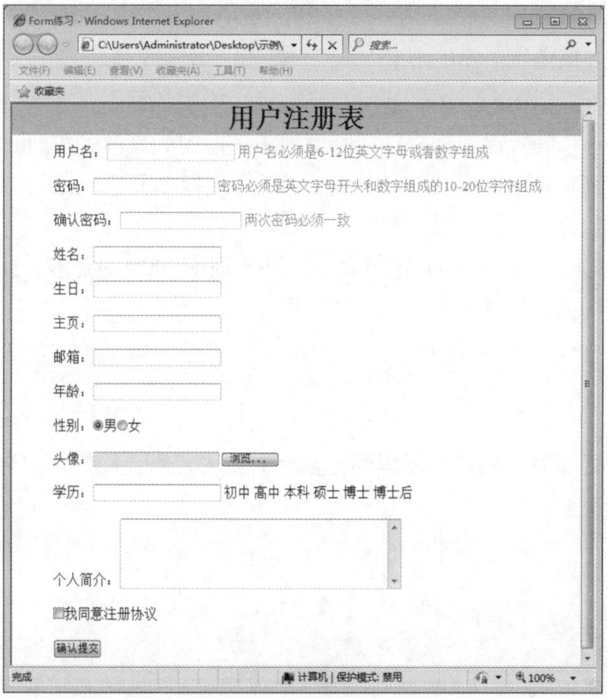

图8-18

8.4　拖放功能

> 虽然在HTML5之前已经可以使用mousedown、mousemove和mouseup等来实现拖放操作，但是只支持在浏览器内部的拖放。如今在HTML5中，已经支持在浏览器与其他应用程序之间的数据互相拖动，同时也大大简化了有关拖放的代码。

8.4.1　dataTransfer属性

HTML5支持拖拽数据存储，主要使用dataTransfer接口，作用于元素的拖拽基础上。dataTransfer对象包含以下几个属性和方法。

- dataTransfer.dropEffrct[=value]：返回已选择的拖放效果。如果该操作效果与最初设置的effectAllowed效果不符，则拖拽操作失败。可以设置修改，包含的值有："none""copy""link"和"move"。
- dataTransfer.effectAllowed[=value]：返回允许执行的拖拽操作效果，可以设置修改，包含的值有："none""copy""copyLink""copyMove""link""linkMove""move""all"和"uninitiallzed"。
- dataTransfer.types：返回在dragstart事件触发时为元素存储数据的格式，如果是外部文件的拖拽，则返回"files"。
- dataTransfer.clearData([format,data])：删除指定格式的数据，如果未指定格式，则删除当

149

前元素所有的数据。

- dataTransfer.setData(format,data)：为元素添加指定数据。
- dataTransfer.getData(format)：返回指定数据，如果数据不存在，则返回空字符串。
- dataTransfer.files：如果是拖拽文件，则返回正在拖拽的文件列表FileList。
- dataTransfer.setDragimage(element,x,y)：指定拖拽元素时跟随鼠标移动的图片，x和y分别是相对于鼠标的坐标。
- dataTransfer.addElement(element)：添加一起跟随拖拽的元素，如果想让某个元素跟随被拖拽的元素一同被拖拽，则使用此方法。

8.4.2 拖放列表

如果在页面中有两块区域，则两块区域里面会含有一些子元素，用户可以通过鼠标拖拽让这些子元素在两个父元素里面来回交换。

HTML实例代码如下：

```
<div id="content"></div>
<div id="content2">
<span>item1</span>
<span>item2</span>
<span>item3</span>
<span>item4</span>
</div>
```

接下来为文档中的这些元素描上样式，为便于区分，可以为两个div描上不同的边框颜色。

CSS实例代码如下：

```
*{margin:0;padding:0;}
#content{
margin:20px auto;
width: 300px;
height: 300px;
border:2px red solid;
}
#content span{
display:block;
width: 260px;
height: 50px;
margin:20px;
background:#ccc;
text-align:center;
line-height:50px;
font-size:20px;
}
#content2{
margin:0 auto;
width: 300px;
height: 300px;
```

```
border:2px solid blue;
list-style:none;
}
#content2 span{
display:block;
width: 260px;
height: 50px;
margin:20px;
background:#ccc;
text-align:center;
line-height:50px;
font-size:20px;
}
```

一切就绪，开始为这些元素执行拖放操作。因为在开发的时候可能无法确定div中有多少个span子元素，所以一般不会直接在html页面中的span元素里添加draggable属性，而是通过JS动态地为每个span元素添加draggable属性。

JS实例代码如下：

```
var cont = document.getElementById("content");
var cont2 = document.getElementById("content2");
var aSpan = document.getElementsByTagName("span");

for(var i=0;i<aSpan.length;i++){
aSpan[i].draggable = true;
aSpan[i].flag = false;
aSpan[i].ondragstart = function(){
this.flag = true;
}
aSpan[i].ondragend = function(){
this.flag = false;
}
}
```

至此，拖拽区域设定完成。这里特别要注意的是，在为每个span元素添加draggable属性之外，还添加了自定义属性flag，flag属性在后面的代码中具有重要作用。

flag实例代码如下：

```
cont.ondragenter = function(e){
e.preventDefault();
}
cont.ondragover = function(e){
e.preventDefault();
}
cont.ondragleave = function(e){
e.preventDefault();
}
```

```
cont.ondrop = function(e){
e.preventDefault();
for(var i=0;i<aSpan.length;i++){
if(aSpan[i].flag){
cont.appendChild(aSpan[i]);
}
}
}
cont2.ondragenter = function(e){
e.preventDefault();
}
cont2.ondragover = function(e){
e.preventDefault();
}
cont2.ondragleave = function(e){
e.preventDefault();
}
cont2.ondrop = function(e){
e.preventDefault();
for(var i=0;i<aSpan.length;i++){
if(aSpan[i].flag){
cont2.appendChild(aSpan[i]);
}
}
}
```

至此代码已经全部完成，相较于单独使用JavaScript操作更为简单。用户可以自己动手操作尝试，实现这样的列表拖放效果。

代码运行的效果如图8-19所示。

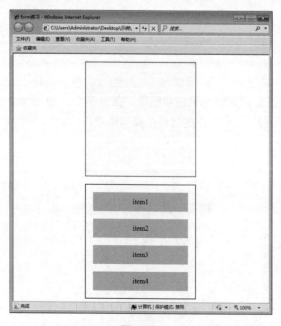

图8-19

8.5 地理位置

> 在讲解地理位置信息处理之前，首先应该掌握使用HTML5 Geolocation定位地理位置信息的实现方法。

8.5.1 geolocation概述

HTML5中的GPS定位功能主要使用getCurrentPosition，该方法封装在navigator.geolocation属性里，是navigator.geolocation对象的方法。

使用getCurrentPosition方法可以获取用户当前的地理位置信息，该方法的定义如下：

```
getCurrentPosition(successCallback,errorCallback,positionOptions);
```

1. successCallback

表示调用getCurrentPosition函数成功以后的回调函数，该函数带有一个参数，为对象字面量格式，表示获取到的用户位置数据。该对象包含coords和timestamp两个属性。其中coords属性包含以下7个值。

- accuracy：精确度。
- latitude：纬度。
- longitude：经度。
- altitude：海拔。
- altitudeAcuracy：海拔高度的精确度。
- heading：朝向。
- speed：速度。

2. errorCallback

同successCallback函数一样带有一个参数，为对象字面量格式，表示返回的错误代码。它包含以下两个属性。

- message：错误信息。
- code：错误代码。

其中错误代码包括以下4个值。

- 0-UNKNOW_ERROR：表示不包括在其他错误代码中的错误，这里可以在message中查找错误信息。
- 1-PERMISSION_DENIED：表示用户拒绝浏览器获取位置信息的请求。
- 2-POSITION_UNAVALIABLE：表示网络不可用或者连接不到卫星。
- 3-TIMEOUT：表示获取超时。必须在options中指定了timeout值时才有可能发生这种错误。

3. positionOptions

positionOptions的数据格式为JSON，有以下3个可选的属性。

- enableHighAcuracy——布尔值。表示是否启用高精确度模式，如果启用这种模式，浏览器在获取位置信息时可能需要耗费更多的时间。
- timeout——整数。表示浏览需要在指定的时间内获取位置信息，否则触发errorCallback。
- maximumAge——整数/常量。表示浏览器重新获取位置信息的时间间隔。

下面通过一个示例来展示如何使用getCurrentPosition方法来获取当前位置信息。

⚠ 【例8.20】使用getCurrentPosition方法获取当前位置

下列代码就是使用了getCurrentPosition方法获取当前位置。

```
<!DOCTYPE HTML>
<head>
<script type="text/JavaScript">
function showLocation(position) {
var latitude = position.coords.latitude;
var longitude = position.coords.longitude;
alert("Latitude : " + latitude + " Longitude: " + longitude);
}
function errorHandler(err) {
if(err.code == 1) {
alert("Error: Access is denied!");
}else if( err.code == 2) {
alert("Error: Position is unavailable!");
}
}
function getLocation(){
if(navigator.geolocation){
// timeout at 60000 milliseconds (60 seconds)
var options = {timeout:60000};
navigator.geolocation.getCurrentPosition(showLocation, errorHandler, options);
}else{
alert("Sorry, browser does not support geolocation!");
}
}
</script>
</head>
<body>
<form>
<input type="button" onclick="getLocation();" value="Get Location"/>
</form>
</body>
</html>
```

代码运行的效果如图8-20所示。

图8-20

说明：由于浏览器不同，上述代码运行结果可能会不一样，具体结果还要取决于浏览器的设置。

除了getCurrentPosition方法可以定位用户的地理位置信息外还有另外两种方法也可以进行定位，下面对这两种方法进行简单介绍。

（1）watchCurrentPosition方法

该方法用于定期自动地获取用户的位置信息。

语法描述如下：

```
watchCurrentPosition(successCallback,errorCallback,positionOptions);
```

该方法返回一个数字，这个数字的使用方法与JavaScript中setInterval方法返回参数的使用方法类似。该方法也有3个参数，这3个参数的使用方法与getCurrentPosition方法中的参数说明与使用方法相同，在此不再赘述。

（2）clearWatch方法

该方法用于停止对当前用户地理位置信息的监控。

语法描述如下：

```
clearWatch(watchId);
```

该方法的参数watchId是调用watchPosition方法监控地理位置信息时的返回参数。

8.5.2 geolocation浏览器支持检测

用户在做开发之前需要确认浏览器是否支持所要完成的工作，如果浏览器不支持，用户可以提前准备一些替代方案。

⚠ 【例8.21】检测浏览器是否支持geolocation

下列的代码用于检测浏览器是否支持geolocation。

```
<!DOCTYPE html>
<html lang="en">
<head>
<meta charset="UTF-8">
<title>Document</title>
<script>
window.onload = function(){
show();
function show(){
if(navigator.geolocation){
document.getElementById("text").innerHTML = "您的浏览器支持HTML5Geolocation！";
}else{
document.getElementById("text").innerHTML = "您的浏览器不支持HTML5Geolocation！";
}
}
}
</script>
</head>
<body>
<h1 id="text"></h1>
</body>
</html>
```

浏览器支持时显示的效果如图8-21所示。

图8-21

浏览器不支持显示的效果如图8-22所示。

图8-22

8.5.3　在地图上显示你的位置

　　HTML5允许开发人员创建具有地理位置感知功能的Web页面。使用navigator. geolocation新功能，就可以快速地获取用户的地理位置。例如，使用getCurrentPosition方法可以获得终端用户的纬度和经度。

⚠️ 【例8.22】 获取你的位置

```
<!doctype html>
<html lang="en">
<head>
<meta charset="utf-8">
<title>地理定位</title>
<style>
#map{
width:600px;
height:600px;
Border:2px solid red;
}
</style>
<script type="text/JavaScript" src="http://maps.googleapis.com/maps/api/
js?sensor=false">
</script>
<script>
function findYou(){
if(!navigator.geolocation.getCurrentPosition(showPosition,
noLocation, {maximumAge : 1200000, timeout : 30000})){
document.getElementById("lat").innerHTML=
"This browser does not support geolocation.";
}
}
function showPosition(location){
var latitude = location.coords.latitude;
var longitude = location.coords.longitude;
var accuracy = location.coords.accuracy;
```

```
//创建地图
var position = new google.maps.LatLng(latitude, longitude);
//创建地图选项
var myOptions = {
zoom: 18,
center: position,
mapTypeId: google.maps.MapTypeId.HYBRID
};
//显示地图
var map = new google.maps.Map(document.getElementById("map"),
myOptions);
document.getElementById("lat").innerHTML=
"Your latitude is " + latitude;
document.getElementById("lon").innerHTML=
"Your longitude is " + longitude;
document.getElementById("acc").innerHTML=
"Accurate within " + accuracy + " meters";
}
function noLocation(locationError)
{
var errorMessage = document.getElementById("lat");
switch(locationError.code)
{
case locationError.PERMISSION_DENIED:
errorMessage.innerHTML=
"You have denied my request for your location.";
break;
case locationError.POSITION_UNAVAILABLE:
errorMessage.innerHTML=
"Your position is not available at this time.";
break;
case locationError.TIMEOUT:
errorMessage.innerHTML=
"My request for your location took too long.";
break;
default:
errorMessage.innerHTML=
"An unexpected error occurred.";
}
}
findYou();
</script>
</head>
<body>
<h1>找到你啦! </h1>
<p id="lat"> </p>
<p id="lon"> </p>
<p id="acc"> </p>
<div id="map">
```

```
</div>
</body>
</html>
```

跟踪用户所在的地理位置肯定会带来一些对隐私的担忧，因此geolocation技术完全取决于用户是否允许共享自己的地理位置信息。在未经用户明确许可的情况下，HTML5不会跟踪用户的地理位置。

8.6 本地存储

> 本地存储机制是对HTML4中cookie存储应用的一个改善。由于cookie存储机制有很多缺点，在HTML5中已经不再使用它，转而使用改善后的WebStorage存储机制来实现本地存储功能。本章就来学习一下Web本地存储应用的相关知识。

8.6.1　WebStorage介绍

WebStorage提供两种类型的API：localStorage和sessionStorage。localStorage在本地存储的数据，如果用户不对其进行清空或删除则会永久性存储，sessionStorage存储的数据只在会话期间有效，关闭浏览器则自动删除数据。两个对象都有共同的API。

如果想用WebStorage作为数据库，首先要考虑以下问题。

- 在数据库中，大多数表都分为几列，怎样对列进行管理？
- 怎样对数据库进行检索？

实现原理（客户联系信息管理网页）：

客户联系信息分为姓名、Email、电话号码和备注，保存在localStorage中。想要通过输入客户的姓名进行检索来获取该客户的所有信息。首先，保存数据时要将客户的姓名作为键名保存，这样在获取客户其他信息时更方便；然后，为了将客户联系信息分几列进行保存，需要使用JSON格式。将对象以JSON格式作为文本保存，获取该对象时再通过JSON格式进行获取，即可以在webStorage中保存和读取具有复杂结构的数据。

⚠ 【例8.23】 数据库应用

```
<!DOCTYPE html>
<html>
<head lang="en">
<meta charset="UTF-8">
<title>数据库应用</title>
<script>
//用于保存数据
function saveStorage(){
//saveStorage函数的处理流程
//1、从个输入文本框中获取数据
```

```
//2、创建对象，将获取的数据作为对象的属性进行保存
//3、将对象转换成JSON格式的文本框
//4、将文本数据保存到localStorage中
var data = new Object;
data.name = document.getElementById('name').value;
data.email = document.getElementById('email').value;
data.tel = document.getElementById('tel').value;
data.memo = document.getElementById('memo').value;
var str = JSON.stringify(data);
localStorage.setItem(data.name,str);
alert("数据已保存。");
}
//用于检索数据
function findStorage(id){
//findStorage函数的处理流程
//1、在localStorage中，将检索用的姓名作为键值，获取对应的数据
//2、将获取的数据转换成JSON对象
//3、取得JSON对象的各个属性值，创建要输出的内容
//4、在页面上输出内容
var find = document.getElementById('find').value;
var str = localStorage.getItem(find);
var data = JSON.parse(str);
var result = "姓名: " + data.name + '<br>';
result +="Email:" + data.email + '<br>';
result +="电话号码: " +data.tel + '<br>';
result +="备注: " + data.memo + '<br>';
var target = document.getElementById(id);
target.innerHTML = result;
}
</script>
</head>
<body>
<h1>使用webStorage来做简易数据库示例</h1>
<table>
<tr><td>姓名: </td><td><input type="text" id="name"></td></tr>
<tr><td>Email:</td><td><input type="text" id="email"></td></tr>
<tr><td>电话号码: </td><td><input type="text" id="tel"></td></tr>
<tr><td>备注: </td><td><input type="text" id="memo"></td></tr>
<tr>
<td></td>
<td><input type="button" value="保存" onclick="saveStorage();"></td>
</tr>
</table>
<hr>
<p>检索: <input type="text" id="find">
<input type="button" value="检索" onclick="findStorage('msg');">
</p>
<p id="msg"></p>
</body>
```

```
</html>
```

代码的运行效果如图8-23所示。

图8-23

在实际应用中通过此数据库进行检索的效果如图8-24所示。

图8-24

8.6.2 executeSql执行查询

通过executeSql方法执行查询。

语法描述如下：

```
ts.executeSql(sqlQuery,[value1,value2..],dataHandler,errorHandler);
```

参数说明：

sqlQuery：需要具体执行的SQL语句，可以是create、select、update、delete；

value1,value2..]：SQL语句中所有使用到的参数数组，在executeSql方法中，将s>语句中所要使用的参数先用"?"代替，然后依次将这些参数组成数组放在第二个参数中。

- ataHandler：执行成功时调用的回调函数，通过该函数可以获得查询结果集。
- 4,errorHandler：执行失败时调用的回调函数。

下面通过实例让大家较为直观地感受一下通过executeSql方法查询的应用。

⚠ 【例8.24】 执行查询

```
<!DOCTYPE html1>
<html1 lang="en">
<head>
<meta charset="utf-8">
<script src="jquery.min.js" type="text/JavaScript"></script>
<script type="text/JavaScript">
function initDatabase() {
var db = getCurrentDb();//初始化数据库
if(!db) {alert("您的浏览器不支持HTML5本地数据库");return;}
db.transaction(function (trans) {//启动一个事务，并设置回调函数
//执行创建表的Sql脚本
trans.executeSql("create table if not exists Demo(uName text null,title text
null,words text null)", [], function (trans, result) {
}, function (trans, message) {
}, function (trans, result) {
}, function (trans, message) {
}
);
});
}
$(function () {//页面加载完成后绑定页面按钮的点击事件
initDatabase();
$("#btnSave").click(function () {
var txtName = $("#txtName").val();
var txtTitle = $("#txtTitle").val();
var txtWords = $("#txtWords").val();
var db = getCurrentDb();
//执行sql脚本，插入数据
db.transaction(function (trans) {
trans.executeSql("insert into Demo(uName,title,words) values(?,?,?) ", [txtName,
txtTitle, txtWords], function (ts, data) {
}, function (ts, message) {
alert(message);
});
});
showAllTheData();
});
});
```

```
function getCurrentDb() {
//打开数据库，或者直接连接数据库参数：数据库名称，版本，概述，大小
//如果数据库不存在则进行创建
var db = openDatabase("myDb", "1.0", "it's to save demo data!", 1024 * 1024); ;
return db;
}
//显示所有数据库中的数据到页面上去
function showAllTheData() {
$("#tblData").empty();
var db = getCurrentDb();
db.transaction(function (trans) {
trans.executeSql("select * from Demo ", [], function (ts, data) {
if (data) {
for (var i = 0; i < data.rows.length; i++) {
appendDataToTable(data.rows.item(i));//获取某行数据的json对象
}
}
}, function (ts, message) {alert(message);var tst = message;});
});
}
function appendDataToTable(data) {//将数据展示到表格里面
//uName,title,words
var txtName = data.uName;
var txtTitle = data.title;
var words = data.words;
var strHtml = "";
strHtml += "<tr>";
strHtml += "<td>"+txtName+"</td>";
strHtml += "<td>" + txtTitle + "</td>";
strHtml += "<td>" + words + "</td>";
strHtml += "</tr>";
$("#tblData").append(strHtml);
}
</script>
</head>
<body>
<table>
<tr>
<td>用户名: </td>
<td><input type="text" name="txtName" id="txtName" required/></td>
</tr>
<tr>
<td>标题: </td>
<td><input type="text" name="txtTitle" id="txtTitle" required/></td>
</tr>
<tr>
<td>留言: </td>
<td><input type="text" name="txtWords" id="txtWords" required/></td>
</tr>
```

```
</table>
<input type="button" value="保存" id="btnSave"/>
<hr/>
<input type="button" value="展示所有数据" onclick="showAllTheData();"/>
<table id="tblData">
</table>
</body>
</html>
```

代码的运行效果如图8-25所示。

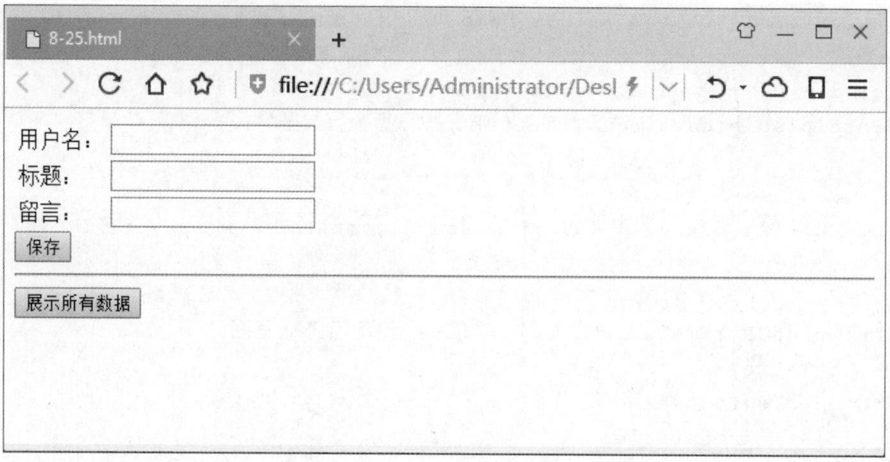

图8-25

本章小结

　　本章讲述了HTML5中的应用，主要包括HTML5中的画布功能，音频视频的插入，表单的新增功能，HTML5的拖放功能以及如何获取地理位置和本地存储的情况。这些内容是HTML5应用中最重要的部分。在之后的网页制作中会被经常使用。所以用户需要熟练掌握这些知识的应用。

Chapter

09

美化网页
——CSS样式

本章概述

　　CSS是一种为网站添加布局效果以及显示样式的工具，用户用此工具可以采用一种全新的方式设计网站，还可以节省大量的时间。CSS是每个网页开发人员必须掌握的一门技术。本章将向大家介绍有关CSS的知识。

重点知识

- CSS概述
- 盒子模型
- 边框样式
- CSS选择器
- 字体样式
- 轮廓样式
- CSS定位
- 段落样式
- 列表标记样式

9.1 CSS概述

> CSS的全称是Cascading Style Sheets（层叠样式表）。它是用于控制页面样式与布局并允许样式信息与网页内容相分离的一种标记性语言。

相对于传统的HTML表现来说，CSS能够对网页中对象的位置排版进行精确控制，支持几乎所有的字体字号样式。该语言不但拥有对网页中的对象创建盒模型的能力，并且能够进行初步的交互设计，是目前基于文本展示最优秀的表现设计语言。

9.1.1 CSS基本语法

CSS样式表里许多属性都与HTML属性类似。如果用户熟悉HTML操作，在学习CSS时会更容易掌握。下面以案例进行介绍。

例如，我们希望将网页的背景色设置为浅灰色，实例代码如下：

```
HTML: <body bgcolor="#ccc"></body>
CSS: body{background-color:#ccc;}
```

CSS语言是由选择器，属性和属性值组成的。

语法描述如下：

```
选择器{属性名:属性值;}也就是selector{properties:value;}
```

选择器，属性和属性值：

- 选择器：选择器用来定义CSS样式名称，每种选择器都有不同的写法，在后面部分将进行具体介绍。
- 属性：属性是CSS的重要组成部分。它是修改网页中元素样式的基础，例如我们修改网页中的字体样式，字体颜色，背景颜色，边框线形等等，都是属性。
- 属性值：属性值是CSS属性的基础。所有的属性都需要有一个或一个以上的属性值。

关于CSS语法需要注意以下几点：

- 属性和属性值必须写在"{}"中。
- 属性和属性值中间用":"分割开。
- 每写完一个完整的属性和属性值都需要以";"结尾（如果只写了一个属性或者最后一个属性后面可以不写";"）。
- CSS书写属性时，属性与属性之间对空格，换行不敏感，允许空格和换行。
- 如果一个属性里面有多个属性值，每个属性值之间需要以空格分开。

9.1.2 CSS特点

为解决之前网页排版对用户的专业性要求较高的问题，CSS样式表应运而生。

首先CSS样式表可以为网页上的元素进行精确定位，准确地控制文字，图片等元素。其次，可以对网页上的内容结构和表现形式进行分离操作。以前两者在网页上是交错结合的，查看和修改都较不方便，现将两者分开会极大的方便网页设计者进行操作。内容结构和表现形式相分离，使得网页可以只由内容结构构成，而将所有样式的表现形式保存到某个样式表中。这一优点主要表现在以下两个方面：

- 网页的格式代码，外部CSS样式表会被浏览器保存在缓存中，加快了下载显示的速度，同时减少了需要上传的代码量。
- 当网页样式需要被修改的时候，只需要修改保存着CSS代码的样式表，不需要改变HTML页面的结构，就能改变整个网站的表现形式和风格。在修改数量庞大的站点时该优势十分重要，极大地提高了工作效率。

9.1.3 使用CSS

在网页中用户如果需要引入CSS样式表有3种方法：内联引入方法、内部引入方法、外部引入方法。

1. 内联引入方法

每一个HTML元素都拥有一个叫做"style"的属性，这个属性用来控制元素外观。其特别之处在于，用户在style属性里写入需要的CSS代码时，这些CSS代码都是作为HTML中style属性的属性值出现的。

实例代码如下：

```
<p style="color:red;">一行文字的颜色样式可以通过color属性来改变</p>
```

2. 内部引入方法

当用户在管理页面中多种元素的时候，内联引入CSS样式并不合适，因为会产生很多重复性的操作。例如，我们需要把页面中所有<p>标签中的文字改成红色，使用内联CSS方法需要在每一个<p>里面手动添加（在不考虑JavaScript的情况下）。因此用户可以在页面的<head>部分引入<style>标签，然后在<style>标签内部写入需要的CSS样式。

例如设置<p>标签里的文字为红色，文字大小为20像素，<div>标签里文字的颜色为绿色，文字大小为10像素。

HTML实例代码如下：

```
<body>
<p>我是第1行P标签文字</p>
<div>我是第2行div标签文字</div>
<p>我是第3行P标签文字</p>
<div>我是第4行div标签文字</div>
<p>我是第5行P标签文字</p>
<div>我是第6行div标签文字</div>
<p>我是第7行P标签文字</p>
<div>我是第8行div标签文字</div>
<p>我是第9行P标签文字</p>
```

```
<div>我是第10行div标签文字</div>
</body>
```

CSS实例代码如下：

```
<style>
p{
color:red;
font-size:20px;
}
span{
color:green;
font-size:10px;
}
</style>
```

代码运行的效果如图9-1所示。

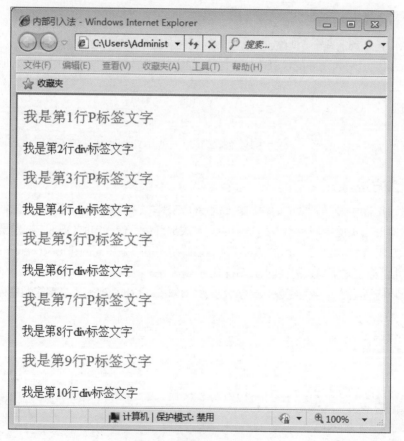

图9-1

3. 外部引入方法

前面两种样式表的写法并不推荐用户在开发当中使用。因为在开发中通常是一个团队一起合作，项目的页面通常较多（一般一个移动App至少20个页面起步），如果使用内部样式表进行开发会遇到大量的重复操作的情况，降低了工作效率。

因此，用户可以在HTML文档的外部新建一个CSS样式表，把样式表引入到HTML文档当中。这样可以实现同一个CSS样式能够被无数个HTML文档进行调用。具体做法是：新建一些HTML文档，在HTML文档外部新建一个以.css为后缀名的CSS样式表，在HTML文档的<head>部分以<link type="text/css" rel="stylesheet" href="url">标签进行引入。

这样操作的优点是当用户需要对所有页面进行样式修改时，只需要修改一个CSS文件即可，而不需对所有页面进行逐个修改，并且只修改CSS样式，不需要对页面中的内容进行变动。

9.2　CSS选择器

> 在对页面中的元素进行样式修改的时候，需要做的是找到页面中需要修改的元素，再进行样式修改的操作。例如，需要修改页面中<div>标签的样式，需要在样式表中先找到需要修改的<div>标签。然而如何才能找到这些需要修改的元素呢？这就需要借助CSS中的选择器来完成，本节将介绍如何使用CSS中的选择器。

9.2.1　元素选择器

CSS元素选择器用来表示页面中哪些元素可以使用适配的CSS样式，同时页面中的每一个元素名都可以成为CSS元素选择器的的名称。例如，div选择器用来选中页面中所有的div元素。用户还可以对页面中诸如p、ul、li等元素进行CSS元素选择器的选取，对这些被选中的元素进行CSS样式的修改。

⚠ 【例9.1】 元素选择器

```
<style>
p{
color:red;
font-size: 20px;
}
ul{
list-style-type:none;
}
a{
text-decoration:none;
}
</style>
```

代码运行的效果如图9-2所示。

图9-2

以上CSS代码表示的是HTML页面中所有的<p>标签文字颜色都采用红色，文字大小为20像素。所有的<ul>无序列表都采用没有列表标记风格，所有的<a>则是取消下划线显示。

每一个CSS选择器都包含了选择器本身、属性和对应的属性值，其中属性名和属性值均可以同时设置多个，以达到对同一个元素声明多种CSS样式风格的目的。

9.2.2 类选择器

在页面中，可能有一些元素的元素名并不相同但依然需要拥有相同的样式。例如现在需要对页面中的<p>标签、<a>标签和<div>标签使用同一种文字样式，这时，就可以把这三个元素看成是同一种类型样式的元素，对它们进行归类操作。在CSS中，使用类操作需要在元素内部使用class属性，而class的值就是为元素定义的"类名"。

⚠ 【例9.2】 类选择器

```
<body>
<p class="myTxt">我是一行p标签文字</p>
<p class="myTxt"><a class="myTxt" href="#">我是a标签内部的文字</a></p>
<div class="myTxt">div文字也和它们的样式相同</div>
</body>
```

为当前类添加样式，实例代码如下：

```
<style type="text/css">
.myTxt{
color:red;
font-size: 30px;
text-align: center;
}
</style>
```

代码运行的效果如图9-3所示。

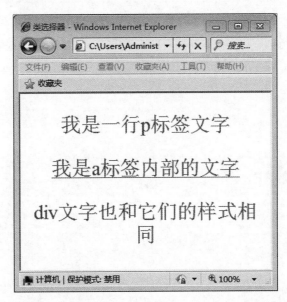

图9-3

以上两段代码分别是为需要改变样式的元素添加class类名以及为需要改变的类添加CSS样式。需要注意的是，因为<a>标签本身自带下划线，所以在页面中<a>标签的内容还是会有下划线存在。如果不希望此下划线出现，可以单独为<a>标签多添加一个类名（一个标签可以存在多个类名，类名与类名之间使用空格分隔）。

实例代码如下。

```
{text-decoration: none;}
<p class="myTxt"><a class="myTxt myA" href="#">我是a标签内部的文字</a></p>
```

消除<a>标签默认样式的效果如图9-4所示。

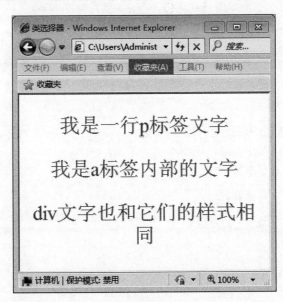

图9-4

9.2.3 id选择器

前面介绍的元素选择器和类选择器其实都是对一类元素进行的选取和操作。如果需要对页面中众多的<p>标签中的某一个进行选取和操作，前面两种选择器并不是最适合的选择。此时，用户需要使用id选择器，该选择器属性的值唯一，更适于案例情况下的操作。

⚠ 【例9.3】id选择器

HTML实例代码如下：

```
<p>这是第1行文字</p>
<p id="myTxt">这是第2行文字</p>
<p>这是第3行文字</p>
<p>这是第4行文字</p>
<p>这是第5行文字</p>
```

CSS实例代码如下：

```
<style>
#myTxt{
font-size: 30px;
color:red;
}
</style>
```

在第二个<p>标签中设置了id属性并且在CSS样式表中对id进行了样式设置，使id属性的值为"myTxt"的元素字体大小为30像素，文字颜色为红色。

代码运行的效果如图9-5所示。

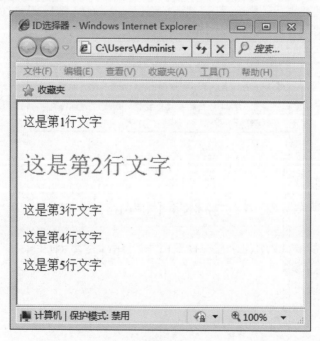

图9-5

9.2.4 集体选择器

　　用户在编写页面的时候会遇到多个元素要采用同一种样式属性的情况，这时需要把这些样式相同的元素放在一起进行集体声明，这样做可以极大的简化操作提高工作效率，集体选择器就是为这种情况而设计的。

⚠️ **【例9.4】 集体选择器**

```
<!DOCTYPE html>
<html lang="cn">
<head>
<meta charset="UTF-8">
<title>集体选择器</title>
<style>
li,.mytxt,span,a{
font-size: 20px;
color:red;
}
</style>
</head>
<body>
<ul>
<li>item1</li>
<li>item2</li>
<li>item3</li>
<li>item4</li>
</ul>
<hr/>
<p>这是第1行文字</p>
<p class="mytxt">这是第2行文字</p>
<p class="mytxt">这是第3行文字</p>
<p class="mytxt">这是第4行文字</p>
<p>这是第5行文字</p>
<hr/>
<span>这是span标签内部的文字</span>
<hr/>
<a href="#">这是a标签内部的文字</a>
</body>
</html>
```

　　代码运行的效果如图9-6所示。

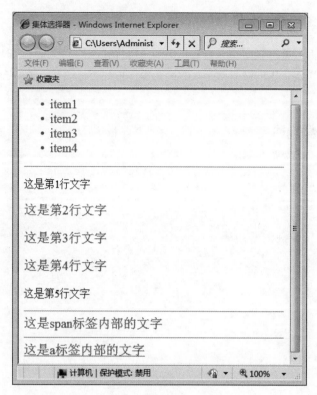

图9-6

说明：集体选择器的语法就是每个选择器之间使用逗号隔开，通过集体选择器可以达到对多个元素进行集体声明的目的。以上代码选中了页面中所有的<li>，<span>，<a>以及类名为"mytxt"的元素，并且对这些元素进行了集体的样式编写。

9.2.5 属性选择器

CSS属性选择器可以根据元素的属性和属性值来选择元素。

属性选择器的语法是把需要选择的属性写在"{ }"中，例如把包含标题（title）的所有元素变为红色，可以写作：

```
*[title] {color:red;}
```

也可以只对有href属性的锚（a 元素）应用样式：

```
a[href] {color:red;}
```

还可以根据多个属性进行选择，只需将属性选择器链接在一起即可。

例如，为了将同时有href和title属性的HTML超链接的文本设置为红色，可以写作：

```
a[href][title] {color:red;}
```

以上就是属性选择器的用法，读者也可以利用所学的选择器组合起来采用创造性的方法使用这些特性。

⚠ 【例9.5】属性选择器

```
<!DOCTYPE html>
<html lang="en">
<head>
<meta charset="UTF-8">
<title>属性选择器</title>
<style>
img[alt]{
border:3px solid red;
}
img[alt="image"]{
border:3px solid blue;
}
</style>
</head>
<body>
<img src="风景.jpg" alt="" width="300">
<img src="风景.jpg" alt="image" width="300">
<img src="风景.jpg" alt="" width="300">
<img src="风景.jpg" alt="" width="300">
<img src="风景.jpg" alt="" width="300">
<img src="风景.jpg" alt="" width="300">
</body>
</html>
```

代码运行的效果如图9-7所示。

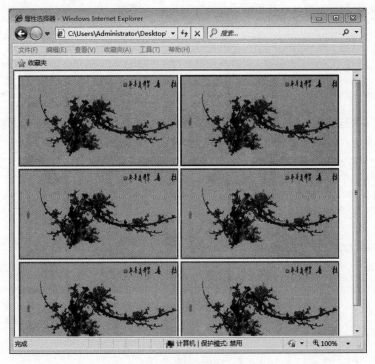

图9-7

说明：上面这段代码使所有拥有alt属性的img标签都有3个像素宽度的边框，实线类型为红色；同时对alt属性的值为image的元素进行了新的样式设置，将其边框颜色设置为蓝色。

9.2.6 伪类

CSS中伪类是用来添加一些选择器的特殊效果。
语法描述如下：

```
selector:pseudo-class {property:value;}
```

CSS类也可以使用伪类：

```
selector.class:pseudo-class {property:value;}
```

anchor伪类
在支持CSS的浏览器中，链接的不同状态都可以用不同的方式显示。

```
a:link {color:#ff0000;}        /* 未访问的链接 */
a:visited {color:#00ff00;}     /* 已访问的链接 */
a:hover {color:#ff00ff;}       /* 鼠标划过链接 */
a:active {color:#0000ff;}      /* 已选中的链接 */
```

通过以上的伪类可以为链接添加不同状态的效果，但是在使用中一定要小心关于链接伪类的使用"小技巧"：
- 在CSS定义中，a:hover必须被置于a:link和a:visited之后，才是有效的。
- 在CSS定义中，a:active必须被置于a:hover之后，才是有效的。

伪类可以与CSS类配合使用：

```
a.red:visited {color:#ff0000;}
<a class="red" href="#">CSS</a>
```

如果上面例子的链接已被访问，则会显示为红色。

1. CSS – :first – child伪类

用户可以用":first-child"伪类来选择元素的第一个子元素

【TIPS】

在IE8之前的版本必须声明<!DOCTYPE>，这样:first-child才能生效。

【例9.6】first-child伪类

```
<!DOCTYPE html>
<html lang="en">
<head>
<meta charset="UTF-8">
<title>first-child伪类</title>
<style>
ul li:first-child{
color:red;
}
</style>
</head>
<body>
<ul>
<li>items1</li>
<li>items2</li>
<li>items3</li>
<li>items4</li>
</ul>
</body>
</html>
```

以上代码是在HTML文档树中写入了一个无序列表，同时使用":first-child"伪类选择第一个<li>元素并且对其设置了文字颜色。

代码运行的效果如图9-8所示。

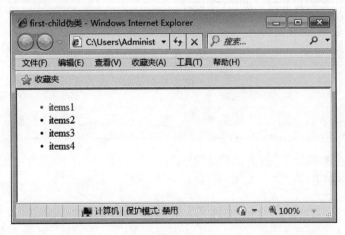

图9-8

2. CSS – :lang 伪类

:lang伪类可以为不同的语言定义特殊的规则。

🔑【TIPS】

IE8之前的版本必须声明<!DOCTYPE>才能支持:lang伪类。

⚠ 【例9.7】 lang伪类

在下面的例子中，:lang类为属性值为no的q元素定义引号的类型。

```
<!DOCTYPE html>
<html lang="en">
<head>
<meta charset="UTF-8">
<title>lang伪类</title>
<style>
q:lang(no){
quotes: "~" "~"
}
</style>
</head>
<body>
<p>文字<q lang="no">段落中的引用的文字</q>文字</p>
</body>
</html>
```

代码运行的效果如图9-9所示。

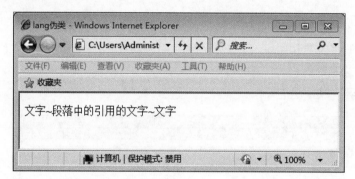

图9-9

9.2.7 伪元素

CSS伪元素是用来添加一些选择器的特殊效果。

伪元素的语法描述如下：

```
selector:pseudo-element {property:value;}
```

CSS类也可以使用伪元素：

```
selector.class:pseudo-element {property:value;}
```

:first-line伪元素

:first-line伪元素用于向文本的首行设置特殊样式。

⚠ 【例9.8】 :first-line伪元素

下列代码在文本编辑中为一段文本的第一行文字设置文字颜色为红色。

```
<!DOCTYPE html>
<html lang="en">
<head>
<meta charset="UTF-8">
<title>:first-line伪元素</title>
<style>
p:first-line{
color:red;
}
</style>
</head>
<body>
<p>现在HTML5工程师这个职业非常火，腾讯最近组织了一个大型web前端技术交流峰会，可见web前端这
个职业是多么的火，其实这个不是最重要，重要的在五年之后，web前端发展前景是势不可当的。但是我现在
看到的问题是，大家看到web前端这个职业发展非常好，未来前景也是非常好</p>
</body>
</html>
```

代码运行的效果如图9-10所示。

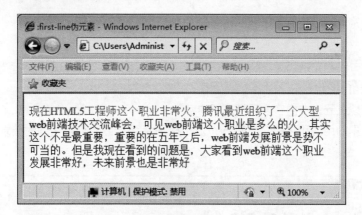

图9-10

:first-letter伪元素用于向文本的首字母设置特殊样式：

```
p:first-lette{
color:#ff0000;
font-size:xx-large;
}
```

🔑 【TIPS】

:first-letter伪元素只能用于块级元素。

【TIPS】

下面的属性可应用于 "first-letter" 伪元素：

- font properties
- fcolor properties
- fbackground properties
- fmargin properties
- fpadding properties
- fborder properties
- ftext-decoration
- fvertical-align (only if "float" is "none")
- ftext-transform
- fline-height
- ffloat
- fclear

伪元素与CSS类结合使用：

```
p.article:first-letter {color:#ff0000;}
<p class="article">A paragraph in an article</p>
```

上面的例子会使所有class为article的段落首字母变为红色。

（1）CSS - :before伪元素

:before伪元素可以在元素的内容前面插入新内容。插入的新内容可以是文本也可以是图片。

（2）CSS2 - :after伪元素

:after伪元素可以在元素的内容之后插入新内容。

关于:after伪元素的用法和之前介绍的:before伪元素完全一致，只是得到的结果不同。

9.3 CSS定位

> CSS为定位和浮动提供了一些属性，利用这些属性，可以建立列式布局。将布局的一部分与另一部分重叠，可以完成通常需要使用多个表格才能完成的任务。

9.3.1 浮动定位

浮动会改变元素在页面中的文档流即会使元素脱离当前的文档流，且由于浮动框不在文档的普通流中，所以文档的普通流中的块框会表现得就像浮动框不存在。

浮动的框可以向左或向右移动，直到它的外边缘碰到包含框或另一个浮动框的边框为止，CSS的浮动是进行横向上的移动。

当把框1向右浮动时，脱离文档流并且向右移动，直到其右边缘碰到包含框的右边缘。如图9-11所示。

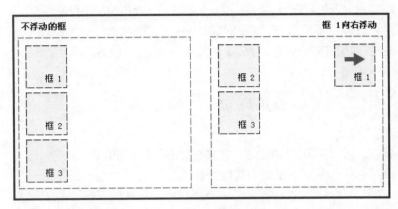

图9-11

当框1向左浮动时，脱离文档流并且向左移动，直到其左边缘碰到包含框的左边缘。因为不再处于文档流中，所以不占据空间，实际上是覆盖住了框2，使框2从视图中消失。

如果把所有三个框都向左移动，那么框1向左浮动直到碰到包含框，另外两个框向左浮动直到碰到前一个浮动框。如图9-12所示。

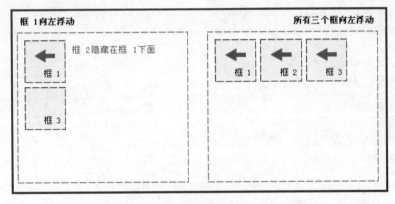

图9-12

如果包含框太窄，无法容纳水平排列的三个浮动元素，则其它浮动块向下移动，直到有足够的空间。如果浮动元素的高度不同，在向下移动时可能会被其他浮动元素"卡住"。如图9-13所示。

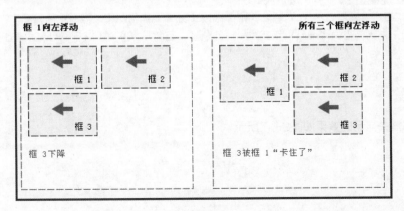

图9-13

在CSS中，我们通过float属性实现元素的浮动。

float属性定义元素在哪个方向浮动。这个属性通常应用于图像，使文本围绕在图像周围，不过在CSS中，任何元素都可以浮动。浮动元素会生成一个块级框，而不论其本身是何种元素。

如果浮动非替换元素，则要指定一个明确的宽度；否则，它们会尽可能地窄。

注意：如果当前行的预留空间不足以存放浮动元素，那么元素就会跳转至下一行，直到某一行拥有足够的空间为止。

float属性的值可以是以下几种。

- left：元素向左浮动。
- right：元素向右浮动。
- none：默认值。元素不浮动，并会显示在其在文本中出现的位置。
- inherit：规定应该从父元素继承float属性的值。

语法描述如下：

```
float:right;
```

⚠ 【例9.9】浮动定位

下段代码中设置图像为右浮动。

```
<!DOCTYPE html>
<html lang="en">
<head>
<meta charset="UTF-8">
<title>浮动定位</title>
<style>
img{
float:right;
}
</style>
</head>
<body>
<p>在下面的段落中，我们添加了一个样式为 <b>float:right</b> 的图像。结果是这个图像会浮动到
段落的右侧。</p>
<p>
<img src="tomjerry.jpg" alt="">
梅花有一种不畏严寒，不屈不挠的精神，古时候文人雅士常常用梅花比喻那些不怕困难，有着坚强意志的
人，这种精神历来被人们当做崇高品格和高洁气质的象征，因此，在书房、客厅、卧室里挂上一些这样的挂
画，是不是很有意义呢。</p>
</body>
</html>
```

代码在浏览器中显示的效果如图9-14所示。

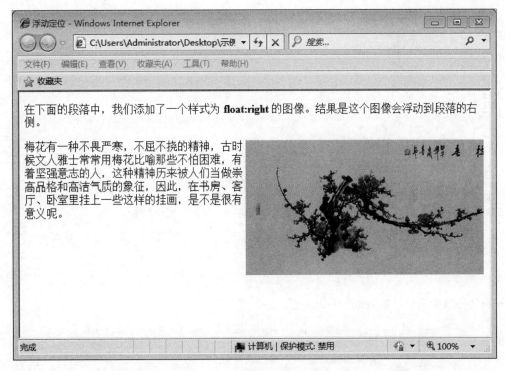

图9-14

9.3.2 相对定位

如果对一个元素进行相对定位，它将出现在它所在的位置上。然后，可以通过设置垂直或水平位置，让这个元素"相对于"它的起点进行移动。

position: relative：元素框偏移某个距离。元素仍保持其未定位前的形状，原本所占的空间仍保留。相对定位相对于绝对定位所不同的是，元素并不会脱离其原来的文档流，从页面中看上去只是元素被移动了位置而已。

语法描述如下：

```
position:relative;
```

⚠ 【例9.10】相对定位

```
<!DOCTYPE html>
<html lang="en">
<head>
<meta charset="UTF-8">
<title>相对定位</title>
h2.pos1
{
position:relative;
left:-20px
}
h2.pos2
```

```
{
position:relative;
left:20px
}
</style>
</head>
<body>
<h2>这是位于正常位置的标题</h2>
<h2 class="pos1">这个标题相对于其正常位置向左移动</h2>
<h2 class="pos2">这个标题相对于其正常位置向右移动</h2>
<p>相对定位会按照元素的原始位置对该元素进行移动。</p>
<p>样式 "left:-20px" 从元素的原始左侧位置减去 20 像素。</p>
<p>样式 "left:20px" 向元素的原始左侧位置增加 20 像素。</p>
</body>
</html>
```

代码在浏览器中的显示效果如图9-15所示。

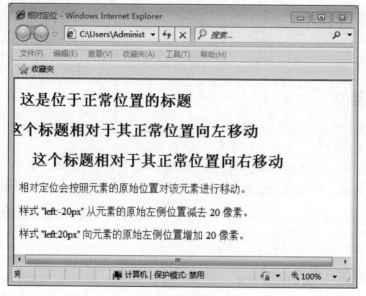

图9-15

9.3.3 绝对定位

绝对定位时元素的位置与文档流无关，因此不占据空间。对于定位的主要问题是要记住每种定位的意义。相对定位是"相对于"元素在文档中的初始位置，而绝对定位是"相对于"最近的已定位祖先元素，如果不存在已定位的祖先元素，那么"相对于"最初的包含块。

语法描述如下：

```
position: absolute;
```

⚠️ 【例9.11】 绝对定位

```
<!DOCTYPE html>
<html lang="en">
<head>
<meta charset="UTF-8">
<title>绝对定位</title>
<style>
div{
width: 400px;
height: 100px;
}
.d1{
background: red;
}
.d2{
background: blue;
}
.d3{
background: #000;
}
</style>
</head>
<body>
<div class="d1"></div>
<div class="d2"></div>
<div class="d3"></div>
</body>
</html>
```

代码在浏览器中显示的效果如图9-16所示。

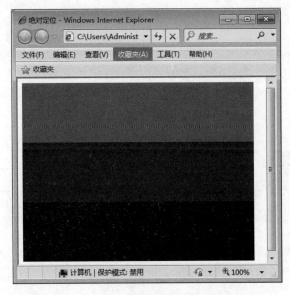

图9-16

9.4 盒子模型

> 盒子模型是一种形象的比喻，该模型包含内容、填充、边框、边界四种属性。下面将对盒子模型进行详细的介绍。

9.4.1 盒子简介

CSS盒子模型就是指在网页设计中经常用到的一种思维模型。内容（Content）、填充（Padding）、边框（Border）、边界（Margin），生活中的事物盒子也具备这些属性，所以我们形象地把CSS中出现的这些属性称之为盒子模型。

所有HTML元素都可以看作盒子，在CSS中，Box Model这一术语是用来设计和布局时使用的。CSS盒子模型本质上是一个盒子，封装周围的HTML元素，它包括边距、边框、填充和实际内容。盒子模型允许用户在其他元素和周围元素边框之间的空间放置元素。

盒子模型每个部分的说明如下：

● Margin（外边距）：清除边框区域。Margin没有背景颜色，是完全透明的。

● Border（边框）：边框周围的填充和内容。边框受盒子的背景颜色影响。

● Padding（内边距）：清除内容周围的区域，受框中填充的背景颜色影响。

● Content（内容）：盒子的内容，显示文本和图像。

通过下图9-17可以直观的了解盒子模型。

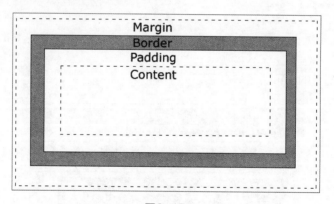

图9-17

9.4.2 设置外边距

设置外边距最简单的方法就是使用margin属性。margin边界环绕在该元素的content区域四周，如果margin的值为0，则margin边界与border边界重合。该属性可以设置一个元素所有外边距的宽度，或者设置各外边距的宽度。

该属性接受任何长度单位，可以使像素、毫米、厘米和em等，可也可以设置为auto（自动）。常见做法是为外边距设置长度值且允许使用负值。

其属性如下。

- margin：简写属性。在一个声明中设置所有的外边距属性。
- margin-top：设置元素的上边距。
- margin-right：设置元素的右边距。
- margin-bottom：设置元素的下边距。
- margin-left：置元素的左边距。

语法描述如下：

```
margin:10px 5px 15px 20px;
```

语法解释：

以上代码margin的值是按照上、右、下、左顺序进行设置的，即从上边距开始按照顺时针方向旋转。

所以设置的值分别为：上外边距是10px；右边距是5px；下边距是15px；左边距是20px。

语法描述如下：

```
margin:10px 5px 15px;
```

语法解释：

此段代码设置的值表示的是：上外边距是10px；右外边距和左外边距是5px；下外边距是15px。

语法描述如下：

```
margin:10px 5px;
```

语法解释：

此段代码设置的值表示的是：上外边距和下外边距是10px；右外边距和左外边距是5px。

语法描述如下：

```
margin:10px;
```

语法解释：

此段代码设置的值表示的是：上下左右边距都是10px。

下面通过一个实例来直观的了解margin的用法。

⚠️ 【例9.12】设置外边距

```
<!DOCTYPE html>
<html lang="en">
<head>
<meta charset="UTF-8">
<title>外边距</title>
<style>
div{
width: 200px;
height: 50px;
```

```
border:2px red solid;
background:#cff
}
.d2{
margin-top: 30px;
margin-right: auto;
margin-bottom: 50px;
margin-left: 20px;
}
</style>
</head>
<body>
<div class="d1"></div>
<div class="d2"></div>
<div class="d3"></div>
</body>
</html>
```

代码运行的效果如图9-18所示。

图9-18

外边距合并（叠加）是一个简单概念。但在实践中易造成混淆。简单地说，外边距合并是指：当两个垂直外边距相遇时，它们将形成一个外边距。合并后外边距的高度等于两个发生合并的外边距高度中较大的一个。

⚠ 【例9.13】外边距的合并

```
<!DOCTYPE html>
<html lang="en">
```

```
<head>
<meta charset="UTF-8">
<title>外边距合并</title>
<style>
.container{
width: 400px;
height: 400px;
margin:50px;
background: #ccc;
}
.content{
width: 200px;
height: 200px;
margin:40px;
background: red;
}
</style>
</head>
<body>
<div class="container">
<div class="content"></div>
</div>
</body>
</html>
```

代码运行的效果如图9-19所示。

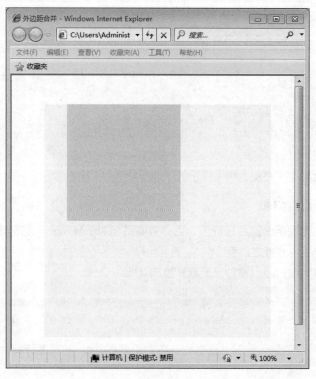

图9-19

　　说明：如果在页面布局当中不希望发生外边距合并的现象，只需对父级容器添加一个1px的边框即可解决该问题。

9.4.3 设置内边距

元素的内边距在边框和内容区之间。控制该区域最简单的属性是padding属性。

1. padding属性

padding属性定义元素的内边距。padding属性接受长度值或百分比值，但不允许使用负值。

例如设置所有h1元素的各边都有10像素的内边距

语法描述如下：

```
h1 {padding: 10px;}
```

还可以按照上、右、下、左的顺序分别设置各边的内边距，各边可以使用不同的单位或百分比值。

语法描述如下：

```
h1 {padding: 10px 0.25em 2ex 20%;}
```

2. 单边内边距属性

用户可以通过使用下面四个单独的属性，分别设置上、右、下、左内边距：

- padding-top
- padding-right
- padding-bottom
- padding-left

下面的规则实现的效果与上面的简写规则是完全相同的：

```
h1 {
padding-top: 10px;
padding-right: 0.25em;
padding-bottom: 2ex;
padding-left: 20%;
}
```

3. 内边距的百分比数值

用户可以为元素的内边距设置白分数值。白分数值是相对于其父元素的宽度计算的，所以，如果父元素的宽度改变，内边距也会随之改变。

下面规则是将段落的内边距设置为父元素宽度的10%：

```
p {padding: 10%;}
```

如果一个段落的父元素是div元素，那么它的内边距要根据div的宽度计算。

```
<div style="width: 200px;">
<p>This paragragh is contained within a DIV that has a width of 200 pixels.</p>
</div>
```

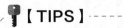 【TIPS】

> 上下内边距与左右内边距一致；即上下内边距的百分数会相对于父元素宽度设置，而不是相对于高度。

9.5 字体样式

> 网页中包含了大量的文字信息，所有的文字构成的网页元素都是网页文本，文本的样式由字体样式和段落样式组成。使用CSS修改和控制文字的大小、颜色、粗细和下划线等，在修改时只修改CSS文本样式即可。

9.5.1 font-family字体

在HTML中设置文字的字体属性是通过<font>标签中的face属性。在CSS中则使用font-family属性来设置字体。

语法描述如下：

```
font-family:字体;
```

⚠ 【例9.14】设置字体

下列代码设置字体为微软雅黑。

```
<!DOCTYPE html>
<html lang="en">
<head>
<meta charset="UTF-8">
<title>字体</title>
<style>
p{
font-family: "微软雅黑";
}
</style>
</head>
<body>
<p>我的样子是微软雅黑。</p>
</body>
</html>
```

代码运行的效果如图9-20所示。

图9-20

9.5.2 font-size字号

font-size属性设置元素的字体大小。需要注意的是，实际上它设置的是字体中字符框的高度而实际的字符字形可能比这些框高或矮。

语法描述如下：

```
font-size: 20px;
```

⚠ 【例9.15】设置字体大小

下例案例代码中分别用5个属性设置了字体的大小。

```
<!DOCTYPE html>
<html lang="en">
<head>
<meta charset="UTF-8">
<title>字号</title>
<style>
p{
font-size: 20px;
}
div{
font-size: 20pt;
}
a{
font-size: 1in;
}
span{
font-size: 2em;
}
em{
font-size: 200%;
}
</style>
```

```
</head>
<body>
<p>锄禾日当午，</p>
<hr/>
<div>汗滴禾下土。</div>
<hr/>
<a href="">谁知盘中餐，</a>
<hr/>
<span>粒粒皆辛苦。</span>
<hr/>
<em>这首诗描写的是农民伯伯辛苦劳作，我们要勤俭节约。</em>
</body>
</html>
```

代码在浏览器中显示的效果如图9-21所示。

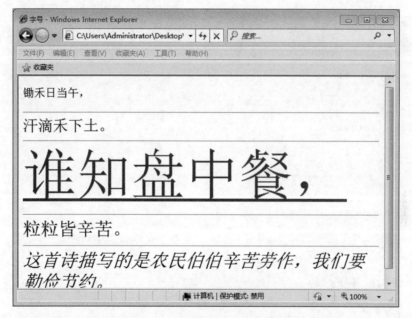

图9-21

常用的font-size属性值的单位有以下几种。

- 像素（px）：根据显示器的分辨率设置大小，Web应用中常用单位。
- 点数（pt）：根据Windows系统定义的字号大小确定，pt就是point，是印刷行业常用单位。
- 英寸（in）厘米（cm）和毫米（mm）：根据实际大小确定。此类单位不会因为显示器的分辨率改变而改变。
- 倍数（em）：表示当前文本的大小。
- 百分比（%）：以当前文本的百分比定义大小。

9.5.3 font-style字体风格

font-style属性设置使用斜体、倾斜或正常字体。斜体字体通常定义为字体系列中的一个单独的字体。

语法描述如下：

```
font-style:样式值;
```

【例9.16】字体风格

```
<!DOCTYPE html>
<html lang="en">
<head>
<meta charset="UTF-8">
<title>字体风格</title>
<style>
body{
font-size: 20px;
}
p{
font-style: normal;
}
div{
font-style: italic;
}
a{
font-style: oblique;
}
</style>
</head>
<body>
<p>你好，明天</p>
<hr/>
<div>你好，明天</div>
<hr/>
<a href="">你好，明天</a>
</body>
</html>
```

代码在浏览器中显示的效果如图9-22所示。

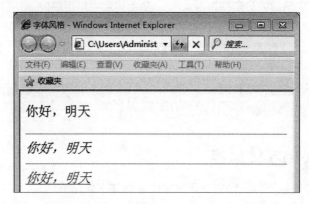

图9-22

说明：font-style属性的值通常为以下几种。

- normal：默认值。浏览器显示一个标准的字体样式。
- italic：浏览器会显示一个斜体的字体样式。
- oblique：浏览器会显示一个倾斜的字体样式。
- inherit：规定从父元素继承字体样式。

9.5.4 font-weight加粗字体

font-weight属性用于设置显示元素的文本中所用的字体加粗。每个数字值对应的字体加粗必须至少与下一个最小数字一样细，而且至少与下一个最大数字一样粗。

语法描述如下：

```
font-weight:100;
```

⚠ 【例9.17】 加粗字体

下列代码中设置了几种字体加粗的属性。

```
<!DOCTYPE html>
<html lang="en">
<head>
<meta charset="UTF-8">
<title>字体加粗</title>
<style>
body{
font-size: 20px;
}
p{
font-weight: normal;
}
div{
font-weight: bold;
}
a{
font-weight: 900;
}
span{
font-weight: 100;
}
</style>
</head>
<body>
<p>检测文字重量（粗细）！normal</p>
<hr/>
<div>检测文字重量（粗细）！bold</div>
<hr/>
<a href="">检测文字重量（粗细）！900</a>
```

```
<hr/>
<span>检测文字重量（粗细）！100</span>
</body>
</html>
```

代码运行的效果如图9-23所示。

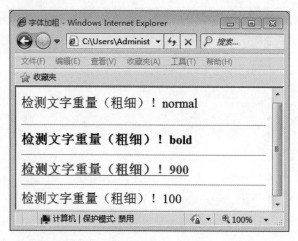

图9-23

说明：该属性的值可分为两种写法。

● 由100～900的数值组成，但是只能写整百的数字。

● 可以是关键字：normal（默认值），bold（加粗），bolder（更粗），lighter（更细），inherit（继承父级）。

9.6 段落样式

> CSS中段落的样式主要有行高，缩进，段落对齐，文字间距，文字溢出，段落换行等。这些段落样式是控制页面中文本段落美观的关键。下面就对段落样式进行详细介绍。

9.6.1 letter-spacing字符间隔

letter-spacing属性定义了在文本字符框之间插入多少空间。由于字符字形通常比其字符框要窄，指定长度值时，会调整字母之间通常的间隔。因此normal相当于值为0。允许使用负值，此时会让字母之间挤得更紧。

语法描述如下：

```
letter-spacing:值;
```

⚠️ **【例9.18】字符间隔**

下例代码中设置了字符的间隔分别为字体的1倍和10像素。

```
<!DOCTYPE html>
<html lang="en">
<head>
<meta charset="UTF-8">
<title>字符间隔</title>
<style>
p{
letter-spacing: 1em;
}
div{
letter-spacing:10px;
}
</style>
</head>
<body>
<p>letter-spacing属性是字间距属性1em</p>
<hr/>
<div>letter-spacing属性是字间距属性10px</div>
</body>
</html>
```

代码运行的效果如图9-24所示。

图9-24

说明：letter-spacing属性的值可以是以下几种。
- normal：默认。规定字符间没有额外的空间。
- length：定义字符间的固定空间（允许使用负值）。
- inherit：规定应该从父元素继承 letter-spacing 属性的值。

9.6.2 word-spacing单词间隔

　　word-spacing属性定义元素中字之间插入多少空白符。针对这个属性，"字"定义为由空白符包围的一个字符串。如果指定为长度值，会调整字之间的通常间隔；所以，normal等同于设置为0。允许指定负长度值，此时会让字之间挤得更紧。

语法描述如下：

```
word-spacing:值;
```

⚠️ 【例9.19】 单词间隔

```
<!DOCTYPE html>
<html lang="en">
<head>
<meta charset="UTF-8">
<title>单词间隔</title>
<style>
p{
word-spacing: 2em;
}
div{
word-spacing: 20px;
}
</style>
</head>
<body>
<p>Hello tomorrow</p>
<hr/>
<div>Hello tomorrow</div>
</body>
</html>
```

代码在浏览器中显示的效果如图9-25所示。

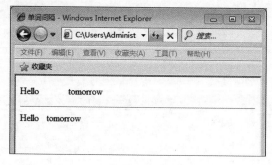

图9-25

说明：word-spacing的值可以是以下几种。

● normal：默认。定义单词间的标准空间。

● length：定义单词间的固定空间。

● inherit：规定应该从父元素继承word-spacing属性的值。

9.6.3 text-indent段落缩进

text-indent用于定义块级元素中第一个内容行的缩进。常用于建立一个"标签页"效果。允许使

用负值，如果使用负值，则首行会被缩进到左边

语法描述如下：

```
text-indent: 2em;
```

⚠ 【例9.20】 段落缩进

实例中代码设置了首行缩进2个字符的效果。

```
<!DOCTYPE html>
<html lang="en">
<head>
<meta charset="UTF-8">
<title>段落缩进</title>
<style>
p{
text-indent: 2em;
}
</style>
</head>
<body>
<p>万维网联盟创建于1994年，是Web技术领域最具权威和影响力的国际中立性技术标准机构。到目前为
止，W3C已发布了200多项影响深远的Web技术标准及实施指南，如广为业界采用的超文本标记语言（标准通
用标记语言下的一个应用）、可扩展标记语言（标准通用标记语言下的一个子集）以及帮助残障人士有效获得
Web内容的信息无障碍指南（WCAG）等，有效促进了Web技术的互相兼容，对互联网技术的发展和应用起到了
基础性和根本性的支撑作用</p>
</body>
</html>
```

代码在浏览器中显示的效果如图9-26所示。

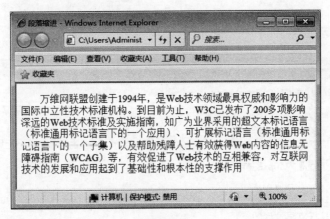

图9-26

说明：text-indent的值可以是以下几种。

● length：定义固定的缩进，默认值为0。

● %：定义基于父元素宽度的百分比的缩进。

● inherit：规定应该从父元素继承text-indent属性的值。

9.6.4 line-height文本行间距

line-height属性设置行间的距离。该属性不允许使用负值。在应用到一个块级元素时，该属性定义了元素中基线之间的最小距离。

语法描述如下：

```
line-height:值;
```

⚠ 【例9.21】 文本行间距

```
<!DOCTYPE html>
<html lang="en">
<head>
<meta charset="UTF-8">
<title>文本行间距 </title>
<style>
.d1{
line-height: 50px;
}
</style>
</head>
<body>
<div class="d1">这是行高为50px的样子</div>
<div>默认行高是这样的</div>
<div>默认行高是这样的</div>
<div>默认行高是这样的</div>
<div class="d1">这是行高为50px的样子</div>
<div>默认行高是这样的</div>
</body>
</html>
```

代码在浏览器中显示的效果如图9-27所示。

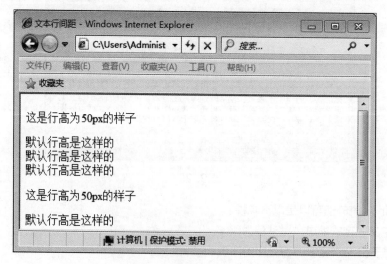

图9-27

说明：line-height属性的值可以是以下几种。

- normal：设置合理的行间距。
- number：设置数字，此数字与当前的字体尺寸相乘来设置行间距。
- length：设置固定的行间距。
- %：基于当前字体尺寸的百分比行间距。
- inherit：规定应该从父元素继承line-height属性的值。

9.6.5 text-align横向对齐

text-align属性通过指定行框与哪个点对齐，从而设置块级元素内文本的水平对齐方式。可以支持值justify即两端对齐。

语法描述如下：

```
text-align:文本排列方向;
```

⚠ 【例9.22】 横向对齐

```
<!DOCTYPE html>
<html lang="en">
<head>
<meta charset="UTF-8">
<title>横向对齐</title>
<style>
p{
text-indent: left;
}
div{
text-align: center;
}
span{
text-align: right;
}
</style>
</head>
<body>
<p>这是默认的水平对齐方式1eft</p>
<hr>
<div>这是居中的水平对齐方式center</div>
</body>
</html>
```

代码运行的效果如图9-28所示。

说明：text-align属性的值可以是以下几种。

- left：把文本排列到左边。默认值由浏览器决定。
- right：把文本排列到右边。
- center：文本居中对齐。

- justify：实现两端对齐文本效果。
- inherit：规定从父元素继承text-align属性的值。

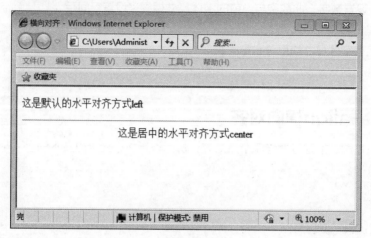

图9-28

9.6.6 vertical-align纵向对齐

vertical-align属性定义行内元素的基线相对于该元素所在行的基线的垂直对齐。允许指定负值和百分比值，即表示使元素降低。在表单元格中，该属性会设置单元格框中单元格内容的对齐方式。
语法描述如下：

```
vertical-align:方向值;
```

⚠ 【例9.23】 纵向对齐

下列代码段设置文本相对于图片的纵向对齐方式。

```
<!DOCTYPE html>
<html lang="en">
<head>
<meta charset="UTF-8">
<title>纵向对齐</title>
<style>
.top{
vertical-align: top;
}
.bottom{
vertical-align: bottom;
}
.middle{
vertical-align: middle;
}
</style>
</head>
<body>
```

```
<p>这是一幅位于<img class="top" src="png_1.png" alt="">文本中的图像</p>
<hr>
<div>这是一幅位于<img class="bottom" src="png_1.png" alt="">文本中的图像</div>
<hr>
<span>这是一幅位于<img class="middle" src="png_1.png" alt="">文本中的图像</span>
</body>
</html1>
```

代码运行的效果如图9-29所示。

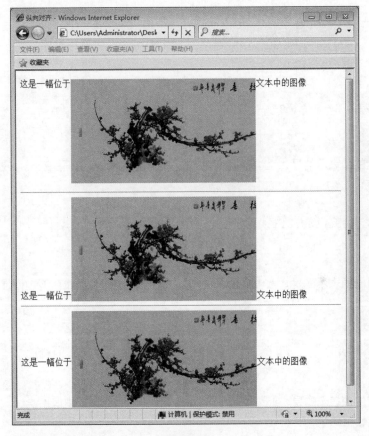

图9-29

说明：vertical-align属性的值可以是以下几种。

- baseline：元素放置在父元素的基线上。
- sub：垂直对齐文本的下标。
- super：垂直对齐文本的上标
- top：元素的顶端与行中最高元素的顶端对齐
- text-top：元素的顶端与父元素字体的顶端对齐
- middle：把此元素放置在父元素的中部。
- bottom：元素的顶端与行中最低元素的顶端对齐。
- text-bottom：把元素的底端与父元素字体的底端对齐。
- length：使用line-height属性的百分比值来排列此元素。允许使用负值。
- inherit：规定从父元素继承vertical-align属性的值。

9.7 边框样式

> 边框在CSS中是非常重要的样式属性。普通元素通常没有颜色或者是透明的，为方便识别用户可以为元素设置边框样式。

9.7.1 border-style边框线型

border-style 属性用于设置元素边框样式。
语法描述如下：

```
border-style: dotted solid double dashed;
```

语法解释：
此段代码设置的值表示的是：上边框是点状；右边框是实线；下边框是双线；左边框是虚线。
语法描述如下：

```
border-style:dotted solid double;
```

语法解释：
此段代码设置的值表示的是：上边框是点状；右边框和左边框是实线；下边框是双线。
语法描述如下：

```
border-style:dotted solid;
```

语法解释：
此段代码设置的值表示的是：上边框和下边框是点状；右边框和左边框是实线。
语法描述如下：

```
border-style:dotted;
```

语法解释：
此段代码设置的值表示的是：上下左右边框都是点状。
说明：border-style的值可以是以下几种。

- none：表示无边框。
- hidden：与none相同。应用于表时除外，在表中hidden用于解决边框冲突。
- dotted：定义为点状边框。在大多浏览器中呈现为实线。
- dashed：定义为虚线。在大多浏览器中呈现为实线。
- solid：定义为实线。
- double：定义为双线。双线的宽度等于border-width的值。

- groove：定义为3D凹槽边框。其效果取决于border-color的值。
- ridge：定义为3D垄状边框。其效果取决于border-color的值。
- inset：定义为3D inset边框。其效果取决于border-color的值。
- outset：定义为3D outset边框。其效果取决于border-color的值。
- inherit：规定从父元素继承边框样式。

9.7.2 border-color边框颜色

border-color属性是一个简写属性，可设置一个元素的所有边框中可见部分的颜色，或者为4个边分别设置不同的颜色。

语法描述如下：

```
border-color:red green blue pink;
```

语法解释：

此段代码设置的值表示的是：上边框是红色；右边框是绿色；下边框是蓝色；左边框是粉色。

语法描述如下：

```
border-color:red green blue;
```

语法解释：

此段代码设置的值表示的是：上边框是红色；右边框和左边框是绿色；下边框是蓝色。

语法描述如下：

```
border-color:dotted red green;
```

语法解释：

此段代码设置的值表示的是：上边框和下边框是红色；右边框和左边框是绿色。

语法描述如下：

```
border-color:red;
```

语法解释：

此段代码设置的值表示的是：所有4个边框都是红色。

说明：border-color属性的值可以是以下几种。

- color_name：规定颜色值为颜色名称的边框颜色（如red）。
- hex_number：规定颜色值为十六进制值的边框颜色（如#ff0000）。
- rgb_number：规定颜色值为rgb代码的边框颜色（如rgb(255,0,0)）。
- transparent：默认值。边框颜色为透明。
- inherit：规定从父元素继承边框颜色。

9.7.3 border-width边框宽度

border-width简写属性为元素的边框设置宽度。但是只有当边框样式不是none时该属性才起作用。如果边框样式是none，边框宽度会重置为0。该属性不允许指定负长度值。

语法描述如下：

```
border-width:thin medium thick 10px;
```

语法解释：

此段代码设置的值表示的是：上边框是细边框；右边框是中等边框；下边框是粗边框；左边框是10px宽的边框。

语法描述如下：

```
border-width:thin medium thick;
```

语法解释：

此段代码设置的值表示的是：上边框是10px；右边框和左边框是中等边框；下边框是粗边框。

语法描述如下：

```
border-width:thin medium;
```

语法解释：

此段代码设置的值表示的是：上边框和下边框是细边框；右边框和左边框是中等边框。

语法描述如下：

```
border-width:thin;
```

语法解释：

此段代码设置的值表示的是：所有4个边框都是细边框。

说明：border-width属性的值可以是以下几种。

- thin：定义为细边框。
- medium：默认值。定义为中等边框。
- thick：定义为粗边框。
- length：允许用户自定义边框宽度。
- inherit：规定从父元素继承边框宽度。

9.7.4 border边框练习

border简写属性在设置边框属性时可以按如下顺序设置属性：

- border-width
- border-style
- border-color

用户可以选择不对其中的某个值进行设置。比如border:solid #ff0000；但是这样设置的结果为不显示边框，因为宽度为0的情况下边框不显现。

⚠️ 【例9.24】边框练习

```
<!DOCTYPE html>
<html lang="en">
<head>
<meta charset="UTF-8">
<title>边框练习</title>
<style>
.border1{
width: 300px;
height: 200px;
border-width: 5px 10px 15px 20px;
border-style:solid dashed dotted;
border-color:red #00ff00 rgb(0,0,255);
}
.border2{
width: 300px;
height: 200px;
border:solid green 10px;
}
</style>
</head>
<body>
<div class="border1"></div>
<div class="border2"></div>
</body>
</html>
```

代码运行的效果如图9-30所示。

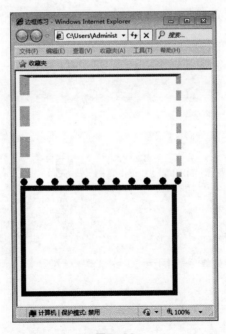

图9-30

9.8 轮廓样式

> CSS轮廓（outline）是绘制于元素周围的一条线，位于边框边缘的外围，可以起到突出元素的作用。通过outline-style属性可以规定元素轮廓样式的边框线型和宽度。

9.8.1 outline-style边框线型

outline-style属性用于设置元素整个轮廓的样式。样式不能是none，否则轮廓不出现。outline（轮廓）是绘制于元素周围的一条线，位于边框边缘的外围，可起到突出元素的作用。outline属性是设置元素周围的轮廓线。

语法描述如下：

```
outline:值;
```

⚠ 【例9.25】 边框线型

设置了边框的线型的值。

```
<!DOCTYPE html>
<html lang="en">
<head>
<meta charset="UTF-8">
<title>边框线型</title>
<style type="text/css">
p
{
border:red solid thin;
outline-style:dotted;
}
</style>
</head>
<body>
<p><b>注释: </b>只有在规定了 !DOCTYPE 时, Internet Explorer 8 （以及更高版本） 才支持
outline 属性。</p>
</body>
</html>
```

代码在浏览器中显示的效果如图9-31所示。

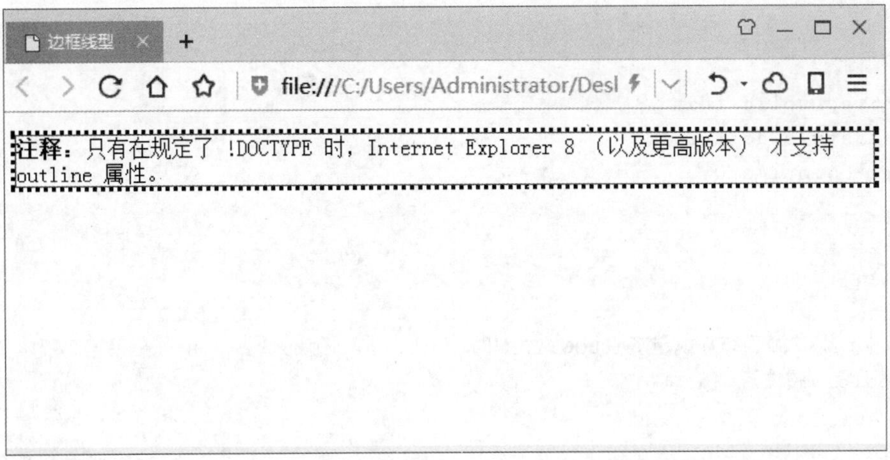

图9-31

说明：请在outline-color属性之前声明outline-style属性。元素只有先获得轮廓才能改变轮廓的颜色。轮廓线不占据空间，也不一定是矩形。

outline-style属性的值可以是以下几种。

- none：默认值。定义为无轮廓。
- dotted：定义为点状的轮廓。
- dashed：定义为虚线轮廓。
- solid：定义为实线轮廓。
- double：定义为双线轮廓。双线的宽度等同于outline-width的值。
- groove：定义为3D凹槽轮廓。效果取决于outline-color值。
- ridge：定义为3D凸槽轮廓。效果取决于outline-color值。
- inset：定义为3D凹边轮廓。效果取决于outline-color值。
- outset：定义为3D凸边轮廓。效果取决于outline-color值。
- inherit：规定从父元素继承轮廓样式的设置。

9.8.2 outline-color边框颜色

outline-color属性设置元素轮廓中可见部分的颜色，轮廓样式不能是none，否则轮廓不出现。语法描述如下：

```
outline-color:颜色;
```

【例9.26】 边框颜色

下列代码段设置边框的颜色为#CF0。

```
<!DOCTYPE html>
<html lang="en">
<head>
<meta charset="UTF-8">
<title>边框颜色</title>
<style type="text/css">
```

```
p
{
border:red solid thin;
outline-style:dotted;
outline-color:#cf0;
}
</style>
</head>
<body>
<p><b>注释: </b>只有在规定了 !DOCTYPE 时, Internet Explorer 8 (以及更高版本) 才支持
outline-color 属性。</p>
</body>
</html1>
```

代码运行的效果如图9-32所示。

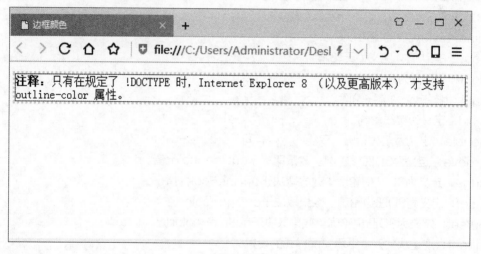

图9-32

说明: outline-color属性的值可以是以下几种。

● color_name: 规定颜色值为颜色名称的轮廓颜色 (如lightpink)。

● hex_number: 规定颜色值为十六进制值的轮廓颜色 (如#ffb6c1)。

● rgb_number: 规定颜色值为rgb代码的轮廓颜色 (如rgb(255,182,193))。

● invert: 默认。执行颜色反转 (逆向的颜色)。可使轮廓在不同的背景颜色中都可见。

● inherit: 规定从父元素继承轮廓颜色的设置。

9.8.3 outline-width边框宽度

outline简写属性设置所有的边框属性。用户可以不设置其中的某个值,比如outline:solid #ff0000;这样设置结果为不显示边框。因为宽度为0的情况下边框不显现。

语法描述如下:

```
outline-width:值;
```

⚠ 【例9.27】 边框宽度

下列代码段设置了两种边框宽度。

```
<!DOCTYPE html>
<html lang="en">
<head>
<meta charset="UTF-8">
<title>边框宽度</title>
<style type="text/css">
p.one
{
border:red solid thin;
outline-style:solid;
outline-width:thin;
}
p.two
{
border:red solid thin;
outline-style:dotted;
outline-width:3px;
}
</style>
</head>
<body>
<p class="one"><b>注释: </b>只有在规定了 !DOCTYPE 时, Internet Explorer 8 （以及
更高版本） 才支持 outline-width 属性。.</p>
<p class="two"><b>注释: </b>只有在规定了 !DOCTYPE 时, Internet Explorer 8 （以及
更高版本） 才支持 outline-width 属性。</p>
</body>
</html>
```

代码在浏览器中显示的效果如图9-33所示。

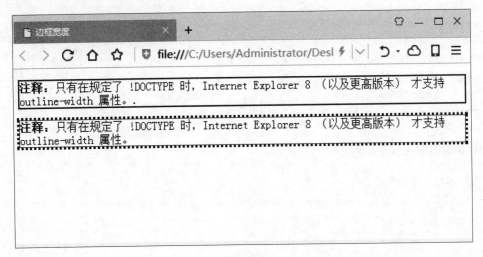

图9-33

说明：outline-width属性的值可以是以下几种。

- thin：规定为细轮廓。
- medium：默认值。规定为中等轮廓。
- thick：规定为粗轮廓。
- length：允许用户自定义设置轮廓粗细的值。
- inherit：规定从父元素继承轮廓宽度的设置。

9.8.4 outline与border的异同点

在CSS样式中边框（Border）与轮廓（Outline）从页面显示上看起来几乎一样，但是它们之间仍有区别。两者之间的异同点，可以分为以下几种。

⚠️ 【例9.28】 outline与border的异同点

两个属性的异同点可以从下列代码段中看出来。

```html
<!DOCTYPE html>
<html lang="en">
<head>
<meta charset="UTF-8">
<title>异同点</title>
<style>
.div1{
width: 200px;
height: 200px;
margin:10px auto;
border-width:50px 6px 7px 8px;
border-color: red green yellow blue;
border-style: solid dashed dotted;
outline-width: 10px ;
outline-style:solid ;
outline-color:pink ;
}
</style>
</head>
<body>
<div class="div1"></div>
</body>
</html>
```

代码在浏览器中显示的效果如图9-34所示。

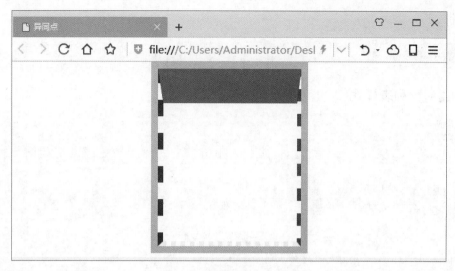

图9-34

相同点:

- 两个属性都围绕在元素外围显示。
- 两个属性都可以设置宽度,样式和颜色。
- 两个属性在写法上都可以采用简写格式,即把三个属性值写在一个属性当中。

不同点:

- outline属性不占空间,即不增加额外的宽度或者高度,而border属性会增加盒子的宽度和高度。
- outline属性不能进行上下左右单独设置,但border属性可以。
- border属性可应用于大部分有形的html元素,而outline是针对链接、表单控件和ImageMap等元素设计。
- outline的效果会随focus元素而自动出现,随blur元素而自动消失。
- 当两属性同时存在时,outline会围绕在border的外围。

9.9　列表标记样式

> 列表可以分为有序列表和无序列表,而所谓的列表样式就是对文本前面的标记的表示方法。列表样式分为三种类型,第一种是设置不同形状标记的无序列表,第二种是设置不同的符号(此处的符号可能是数字、罗马符号,或者是英文符号等),第三种是用图像来作为列表项标记的列表。

9.9.1　list-style-type列表标记样式

list-style-type是指在CSS中,不管是有序列表还是无序列表,都统一使用list-style-type属性定义列表项符号。

语法描述如下：

```
list-style-type:值;
```

⚠ 【例9.29】列表样式

```html
<!DOCTYPE html>
<html lang="en">
<head>
<meta charset="UTF-8">
<title>列表样式</title>
<style>
.u1{
list-style-type: decimal-leading-zero;
}
.o1{
list-style-type:lower-roman;
}
.u2{
list-style-type: upper-alpha;
}
.o2{
list-style-type: hebrew;
}
</style>
</head>
<body>
<p>0开头的数字标记</p>
<ul class="u1">
<li>items1</li>
<li>items2</li>
<li>items3</li>
<li>items4</li>
</ul>
<hr/>
<p>小写罗马数字</p>
<ol class="o1">
<li>items1</li>
<li>items2</li>
<li>items3</li>
<li>items4</li>
</ol>
<hr/>
<p>大写英文字母</p>
<ul class="u2">
<li>items1</li>
<li>items2</li>
<li>items3</li>
```

```
<li>items4</li>
</ul>
<p>传统的希伯来编号方式</p>
<ol class="o2">
<li>items1</li>
<li>items2</li>
<li>items3</li>
<li>items4</li>
</ol>
</body>
</html>
```

代码在浏览器中的显示效果如图9-35所示。

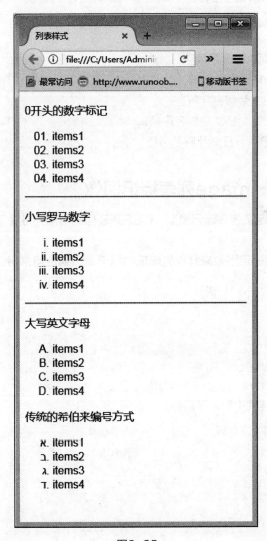

图9-35

说明：无序列表list-style-type属性的值可以是以下几种。

- disc：默认值。标记是实心圆。
- circle：标记是空心圆。

- square：标记是实心方块。

有序列表list-style-type属性的值可以是以下几种。

- decimal：默认值。标记是数字。
- decimal-leading-zero：0开头的数字标记（01、02、03等）。
- lower-roman：小写罗马数字（i、ii、iii、iv、v等）。
- upper-roman：大写罗马数字（I、II、III、IV、V等）。
- lower-alpha：小写英文字母。
- upper-alpha：大写英文字母。
- lower-greek：小写希腊字母。
- lower-latin：小写拉丁字母。
- upper-latin：大写拉丁字母。
- hebrew：传统的希伯来编号方式。
- armenian：传统的亚美尼亚编号方式。
- georgian：传统的乔治亚编号方式。
- cjk-ideographic：简单的表意数字。
- hiragana标记是：日文平假名字符。
- katakana标记是：日文片假名字符。
- hiragana-iroha标记是：日文平假名序号。
- katakana-iroha标记是：日文片假名序号。

9.9.2 list-style-image列表标记图像

工作中用户有时需要自定义列表标记图案，CSS列表样式为用户准备了可以进行该操作的属性：list-style-image。

list-style-image属性使用图像来替换列表项的标记。该属性用来指定作为一个有序或无序列表项标志的图像。

语法描述如下：

```
list-style-image:url();
```

⚠ 【例9.30】列表图像

下列代码段是在列表的样式中插入了图像。

```
<!DOCTYPE html>
<html lang="en">
<head>
<meta charset="UTF-8">
<title>列表图片</title>
<style>
.ol{
list-style-image:url(icon.png);
}
</style>
```

```
</head>
<body>
<p>默认的列表标记</p>
<ul class="u1">
<li>items1</li>
<li>items2</li>
<li>items3</li>
<li>items4</li>
</ul>
<hr/>
<p>使用list-style-image属性的列表标记</p>
<ol class="o1">
<li>items1</li>
<li>items2</li>
<li>items3</li>
<li>items4</li>
</ol>
</body>
</html>
```

代码运行的效果如图9-36所示。

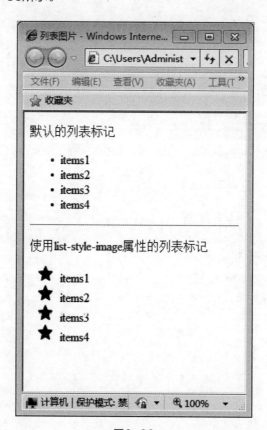

图9-36

说明：使用该属性时需要先确定一张可以作为列表标记的图片，然后按照此属性语法引入图片的路径即可。

9.9.3 list-style-position列表标记的位置

list-style-position属性用于控制列表标志相对于列表项内容的位置。外部（Outside）标志距列表项边框边界一定距离处，但CSS中未明确规定具体距离。内部（Inside）标志则是它们好像是插入在列表项内容最前面的行内元素一样。

语法描述如下：

```
list-style-position:inside;
```

⚠️ 【例9.31】标记位置

```
<!DOCTYPE html>
<html lang="en">
<head>
<meta charset="UTF-8">
<title>标记位置</title>
<style>
.u1{
list-style-position:inside;
}
.u2{
list-style-position:inherit;
}
</style>
</head>
<body>
<p>默认的列表标记</p>
<ul >
<li>items1</li>
<li>items2</li>
<li>items3</li>
<li>items4</li>
</ul>
<hr/>
<p>使用list-style-position属性的列表标记</p>
<ul class="u1">
<li>items1</li>
<li>items2</li>
<li>items3</li>
<li>items4</li>
</ul>
<ul class="u2">
<li>items1</li>
<li>items2</li>
<li>items3</li>
<li>items4</li>
</ul>
</body>
```

```
</html>
```

代码在浏览器中显示的效果如图9-37所示。

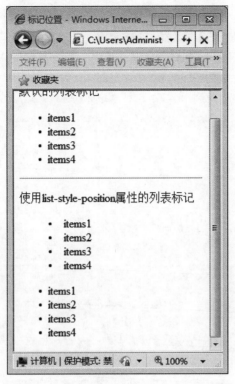

图9-37

说明：list-style-position的值可以是以下几种。
- inside：列表项目标记放置在文本以内，且环绕文本根据标记对齐。
- outside：默认值。保持标记位于文本的左侧。列表项目标记放置在文本以外，且环绕文本不根据标记对齐。
- inherit：规定从父元素继承list-style-position属性的值。

9.9.4 list-style列表简写格式

用户可以通过使用list-style简写属性将三个列表属性（list-style-type、list-style-position、list-style-image）的值写在一个声明中，提高工作效率。

用户可以选择不设置其中的某个值，比如list-style:circle inside；未设置的属性会使用其默认值。

说明：list-style的值可以是以下几种。
- list-style-type：设置列表项标记的类型。
- list-style-position：设置在何处放置列表项标记。
- list-style-image：使用图像替换列表项的标记。
- initial：将这个属性设置为默认值。
- inherit：规定从父元素继承list-style属性的值。

本章小结

　　本章讲述的内容较多，从CSS选择器、CSS定位，到CSS的各个样式，比如字体样式、段落样式、边框样式、轮廓样式以及列表标记样式。这些既是CSS的基础知识，又是掌握CSS必须学习的内容。用户学习完本章知识后需要多加练习，巩固基础，做到学以致用。

读书笔记

Chapter

10

超级网页——
CSS3样式表的应用

本章概述

　　CSS3是CSS技术的升级版本，CSS3的语言开发趋向于模块化发展。相较之前作为一个模块庞大且复杂的版本，CSS3将其分解为一些小的模块，同时更多新的模块也被加入进来。

重点知识

- CSS3概述
- CSS3边框样式
- CSS3转换
- CSS3过渡
- CSS的新增功能
- CSS3背景样式
- CSS3动画
- CSS3文本样式
- CSS3渐变
- CSS3多列布局

10.1 CSS3概述

> CSS即层叠样式表（Cascading StyleSheet）。在网页制作时采用CSS技术，可以有效地对页面的布局、字体、颜色等效果进行更加精确的控制。CSS3是CSS技术的升级版本，本章将主要介绍CSS3的应用方法。

10.1.1 CSS3与CSS的异同

CSS3作为CSS的升级版本，两者之间有什么异同呢？

1. 相同点

两者都是网页样式的code，都是通过对样式表的编辑以达到美化页面的效果，且都是实现页面内容和样式相分离的手段。

2. 不同点

CSS3引入了更多的样式选择，更多的选择器，加入了新的页面样式与动画等，更多新的模块被加入进来。但是相应的CSS3在操作时也产生了一些之前并未存在的兼容性问题。例如CSS3之前的版本在所有浏览器中都是支持的，但CSS3则对浏览器的兼容性有了更高的要求，以至于有的厂商直接更换了浏览器内核。

10.1.2 CSS3浏览器的支持情况

目前各大浏览器基本都能够很好地兼容CSS3，但是仍然存在一些过低版本的浏览器还是无法支持的问题。

市面上的浏览器中Opera对新特性支持度最高，其余四大浏览器厂商的支持情况基本相同。用户在选择浏览器的时候要尽量选择各大浏览器厂商推出的最新版本的浏览器，以确保各浏览器对CSS3的支持。

在这里再次提醒用户，在选用IE浏览器时不要选用IE9以下的浏览器，因为它们几乎不支持CSS3的新特性。

10.2 CSS3的新增功能

> CSS3中比之前的CSS新增了许多选择器，下面将详细介绍这些选择器的功能及使用方法。

10.2.1 CSS3新增的rem

rem是CSS3中新增的长度单位。见到rem用户会想到em单位，两者都表示倍数。但rem到底是什么呢？

rem（font size of the root element）是一个相对单位，是指相对于根元素的字体大小的单位。它与em单位所不同的是 em（font size of the element）是指相对于父元素的字体大小的单位。即计算规则上前者依赖根元素后者依赖父元素。

rem也可以解释为是相对于HTML元素字体大小的单位。在计算子元素有关的尺寸时，只要根据HTML元素字体的大小计算即可。不必像使用em时，需要通过对父元素字休大小频繁的进行计算。

通常情况下，HTML的字体大小设置为font-size：62.5%。原因是：浏览器默认字体大小是16px，rem与px关系为：1rem=10px，10/16=0.625=62.5%，即为使子元素相关尺寸计算方便。

⚠ 【例10.1】 新增的rem

```
<!DOCTYPE html>
<html lang="en">
<head>
<meta charset="UTF-8">
<title>新增的rem</title>
<style>
html{font-size: 62.5%;}
p{font-size: 2rem;}
div{font-size: 2em}
</style>
</head>
<body>
<p>这是<span>p标签</span>内的文本</p>
<div>这是<span>div标签</span>中的文本</div>
</body>
</html>
```

代码运行的效果如图10-1所示。

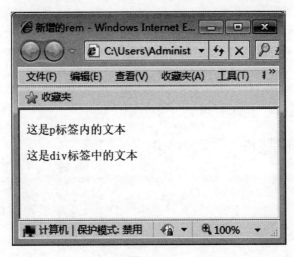

图10-1

以上代码目前在页面中显示的文字大小是完全相同的，现分别对p标签和div标签中的span元素进行字体大小的设置。

实例代码如下：

```
p span{font-size: 2rem;}
div span{font-size: 2em;}
```

代码运行的效果如图10-2所示。

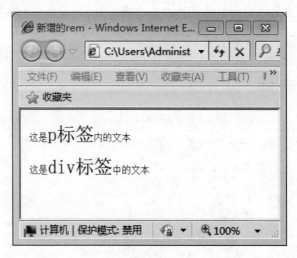

图10-2

此时可以看出，p标签中的span元素采用rem为单位，元素内的文本没有任何变化。div标签中的span元素采用em为单位，元素内的文本大小已经产生了二次计算的结果。这是用户在写页面时经常会遇到的问题，即因为子级的错误导致文本大小被二次计算，用户需要注意避免。

10.2.2 新增结构性伪类

在CSS3中增加了一类新的伪类即结构性伪类。结构性伪类选择器的公共特征是允许用户根据文档结构指定元素样式。

1. root

匹配文档的根元素。在HTML中，根元素即为HTML。

2. E:empty

匹配没有任何子元素（包括text节点）的元素E。

⚠️ 【例10.2】 新增的结构性伪类E:empty

```
<!DOCTYPE html>
<html lang="en">
<head>
<meta charset="UTF-8">
<title>新增伪类</title>
```

```
<style>
div:empty{
width: 200px;
height: 100px;
background: #9fc;
}
</style>
</head>
<body>
<div>我是div的了级，我是文本</div>
<div></div>
<div>
<span>我是div的子级，我是span标签</span>
</div>
</body>
</html>
```

代码运行的效果如图10-3所示。

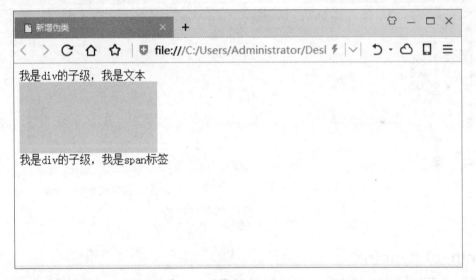

图10-3

3. E:nth-child(n)

匹配属于其父元素的第n个子元素E，不论元素的类型。n可以是数字、关键词或公式。

⚠️ **【例10.3】新增的结构性伪类E:nth-child(n)**

```
<!DOCTYPE html>
<html lang="en">
<head>
<meta charset="UTF-8">
<title>新增伪类</title>
<style>
ul li:nth-child(3){
```

```
color:red;
}
</style>
</head>
<body>
<ul>
<div>列表</div>
<li>列表1</li>
<li>列表2</li>
<li>列表3</li>
<li>列表4</li>
</ul>
</body>
</html>
```

代码运行的效果如图10-4所示。

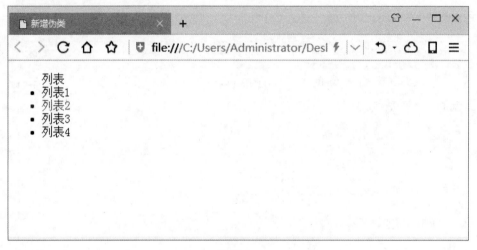

图10-4

4. :nth-of-type(n)

匹配属于父元素的特定类型的第n个子元素的每个元素。n可以是数字、关键词或公式。

说明：用户需要注意:nth-child与:nth-of-type的不同，前者不论元素类型，后者是从选择器的元素类型开始计数。

⚠️ 【例10.4】 新增的结构性伪类:nth-of-type(n)

```
<!DOCTYPE html>
<html lang="en">
<head>
<meta charset="UTF-8">
<title>新增伪类</title>
<style>
ul li:nth-of-type(3){
color:red;
```

```
}
</style>
</head>
<body>
<ul>
<div>items0</div>
<li>items1</li>
<li>items2</li>
<li>items3</li>
<li>items4</li>
</ul>
</body>
</html>
```

代码运行的效果如图10-5所示。

图10-5

5. :last-child

匹配属于其父元素的最后一个子元素的每个元素。

6. :nth-last-of-type(n)

匹配属于父元素的特定类型的第n个子元素的每个元素，从最后一个子元素开始计数。n可以是数字、关键词或公式。

7. :nth-last-child(n)

匹配属于父元素的第n个子元素的每个元素，不论元素的类型，从最后一个子元素开始计数。n可以是数字、关键词或公式。

【TIPS】

p:last-child等同于p:nth-last-child(1)

8. :only-child

匹配属于其父元素的唯一子元素的每个元素。

⚠ 【例10.5】 新增的结构性伪类:only-child

```
<!DOCTYPE html>
<html lang="en">
<head>
<meta charset="UTF-8">
<title>新增伪类</title>
<style>
p:only-child{
color:red;
}
span:only-child{
color:green;
}
</style>
</head>
<body>
<div>
<p>items0</p>
</div>
<ul>
<li>items1</li>
<li>items2</li>
<li>items3</li>
<li>items4</li>
<span>items5</span>
</ul>
</body>
</html>
```

代码运行的效果如图10-6所示。

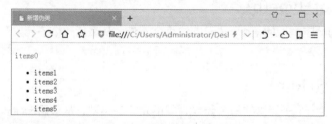

图10-6

可见虽然代码中对p元素和span元素都设置了文本颜色属性，但只对p元素有效，因为p元素是div下的唯一子元素。

9. :only-of-type

匹配属于其父元素的特定类型的唯一子元素的每个元素。

⚠️ **【例10.6】新增的结构性伪类:only-of-type**

```html
<!DOCTYPE html>
<html lang="en">
<head>
<meta charset="UTF-8">
<title>新增伪类</title>
<style>
p:only-of-type{
color:red;
}
span:only-of-type{
color:#09f;
}
</style>
</head>
<body>
<div>
<p>items0</p>
</div>
<ul>
<li>items1</li>
<li>items2</li>
<li>items3</li>
<li>items4</li>
<span>items5</span>
</ul>
</body>
</html>
```

代码运行的效果如图10-7所示。

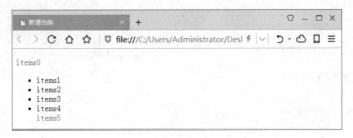

图10-7

10.2.3 新增UI元素状态伪类

CSS3中增加了新的UI元素状态伪类,为表单元素提供了更多的选择。下面将对此类选择器进行详细介绍。

1. :checked

匹配每个已被选中的input元素(只用于单选按钮和复选框)。

2. :enabled

匹配每个已启用的元素（大多用在表单元素）。

 【例10.7】元素伪类:enabled

```
<!DOCTYPE html>
<html lang="en">
<head>
<meta charset="UTF-8">
<title>新增伪类</title>
<style>
input:enabled
{
background:#cf0;
}
input:disabled
{
background:#9f9;
}
</style>
</head>
<body>
<form action="">
First name: <input type="text" value="Mickey" /><br>
Last name: <input type="text" value="Mouse" /><br>
Country: <input type="text" disabled="disabled" value="Disneyland" /><br>
Password: <input type="password" name="password" /><br>
<input type="radio" value="male" name="gender" /> Male<br>
<input type="radio" value="female" name="gender" /> Female<br>
<input type="checkbox" value="Bike" /> I have a bike<br>
<input type="checkbox" value="Car" /> I have a car
</form>
</body>
</html>
```

代码运行的效果如图10-8所示。

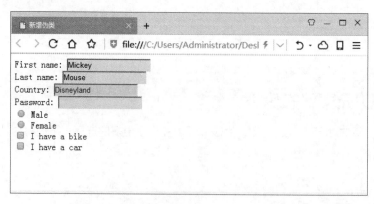

图10-8

3. :disabled

:disabled选择器选取所有禁用的表单元素，与:enabled用法类似，这里不在举例赘述。

4. :selection

:selection 选择器匹配被用户选取的部分。且只能应用少量的CSS属性：color、background、cursor以及outline。

⚠️ 【例10.8】元素伪类:selection

```
<!DOCTYPE html>
<html lang="en">
<head>
<meta charset="UTF-8">
<title>元素伪类</title><style>
::selection{
color:red;
}
</style>
</head>
<body>
<h1>请选择去页面中的文本</h1>
<p>这是一段文字</p>
<div>这是一段文字</div>
<a href="#">这是一段文字</a>
</body>
</html>
```

代码运行的效果如图10-9所示。

图10-9

10.2.4 新增属性和其他

CSS3中为用户新增了一些属性选择器和目标伪类选择器，下面将对此进行详细介绍。

1. :target

:target选择器可用于选取当前活动的目标元素。

⚠ 【例10.9】新增的:target属性

```
<!DOCTYPE html>
<html lang="en">
<head>
<meta charset="UTF-8">
<title>新增的:target属性</title>
<style>
div{
width: 200px;
height: 200px;
background: #ccc;
margin:20px;
}
:target{
background: #f46;
}
</style>
</head>
<body>
<h1>请点击下面的链接</h1>
<p><a href="#content1">跳转到第一个div</a></p>
<p><a href="#content2">跳转到第二个div</a></p>
<hr/>
<div id="content1"></div>
<div id="content2"></div>
</body>
</html>
```

代码运行的效果如图10-10所示。

图10-10

在上面的案例中如果点击页面中的第一个链接，可以发现第一个正方形的背景色会随之改变。

2. :not

:not(selector)选择器匹配非指定元素/选择器的每个元素。

⚠ 【例10.10】 新增的:not属性

```
<!DOCTYPE html>
<html lang="en">
<head>
<meta charset="UTF-8">
<title>新增的:not属性</title>
<style>
:not(p){
border:1px solid red;
}
</style>
</head>
<body>
<span>这是span内的文本</span>
<p>这是第1行p标签文本</p>
<p>这是第2行p标签文本</p>
<p>这是第3行p标签文本</p>
<p>这是第4行p标签文本</p>
</body>
</html>
```

代码运行的效果如图10-11所示。

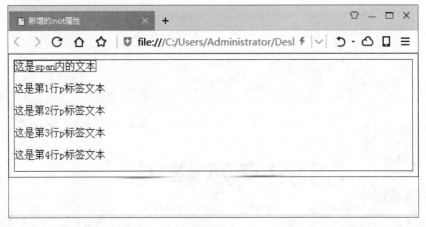

图10-11

上面这段代码选中了所有的非<p>元素，所以除了span外body和html也被选中。

3. [attribute]

[attribute] 选择器用于选取带有指定属性的元素。

⚠️ 【例10.11】 新增的[attribute]选择器

```
<!DOCTYPE html>
<html lang="en">
<head>
<meta charset="UTF-8">
<title>新增的[attribute]选择器</title>
<style>
[title]{
color:red;
}
</style>
</head>
<body>
<span title="">这是span内的文本</span>
<p>这是第1行p标签文本</p>
<p title="">这是第2行p标签文本</p>
<p>这是第3行p标签文本</p>
<p>这是第4行p标签文本</p>
</body>
</html>
```

代码运行的效果如图10-12所示。

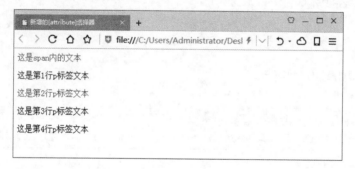

图10-12

10.3 CSS3文本样式

> CSS3为用户带来了新的文本样式，使页面中的文本显得更加生动多彩，下面将对此知识点进行详细讲解。

10.3.1 text-shadow文本阴影

text-shadow还没有出现时，在网页设计中阴影通常是用Photoshop做成图片，现在CSS3可以直接使用text-shadow属性指定阴影。该属性有两个作用，产生阴影和模糊主体。这样在不使用图片的情况下可以给文字增加质感。

text-shadow属性可以向文本添加一个或多个阴影。每个阴影有两个或三个长度值和一个可选的颜色值进行规定并用逗号分隔。省略的长度则为0。

语法描述如下：

```
text-shadow:值;
```

⚠ 【例10.12】文本阴影

下段实例代码没有设置模糊处理，只设置颜色是#cccccc。

```
<!DOCTYPE html>
<html lang="en">
<head>
<meta charset="UTF-8">
<title>文本阴影</title>
<style>
p{
text-shadow: 5px 10px 0 #cccccc;
}
</style>
</head>
<body>
<p>可以看到我的阴影了吧</p>
</body>
</html>
```

代码运行的效果如图10-13所示。

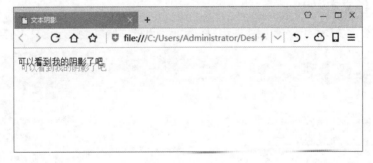

图10-13

在页面中用户仿佛看见了重影的两段文字，但实际上并没有对红色的文字投影添加模糊处理，如果想要阴影更加逼真，可以对阴影进行模糊的处理。

实例代码如下：

```
p{
text-shadow: 5px 10px 10px #cccccc;
}
```

代码运行的效果如图10-14所示。

图10-14

说明：text-shadow属性拥有四个值，按照顺序排列为以下几种。

● h-shadow：必需。水平阴影的位置，允许负值。
● v-shadow：必需。垂直阴影的位置，允许负值。
● blur：可选。模糊的距离。
● color：可选。阴影的颜色。

10.3.2 text-overflow文本溢出

用户在编辑网页文本时可能会遇到文字太多超出容器的问题，CSS3为此增加了新的文本样式。text-overflow属性规定当文本溢出包含元素时发生的事情。

语法描述如下：

```
text-overflow:值;
```

⚠ 【例10.13】 文本溢出

下列代码段设置了文本溢出的效果，规定只有鼠标滑到的时候才能显示出文本的全部内容。

```
<!DOCTYPE html>
<html lang="en">
<head>
<meta charset="UTF-8">
<title>文本溢出</title>
<style>
div.test{
white-space:nowrap;
width:12em;
overflow:hidden;
border:1px solid #000000;
}
div.test:hover{
text-overflow:inherit;
overflow:visible;
```

```
            }
        </style>
    </head>
    <body>
        <p>如果您把光标移动到下面两个 div 上，就能够看到全部文本。</p>
        <p>这个 div 使用 "text-overflow:ellipsis" ：</p>
        <div class="test" style="text-overflow:ellipsis;">This is some long text that
will not fit in thebox</div>
        <p>这个 div 使用 "text-overflow:clip": </p>
        <div class="test" style="text-overflow:clip;">This is some long text that will
not fit in the box</div>
    </body>
</html>
```

代码运行的效果如图10-15所示。

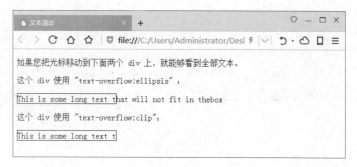

图10-15

说明：text-overflow属性的值可以是以下几种。

- clip：修剪文本。
- ellipsis：显示省略符号来代表被修剪的文本。
- string：使用给定的字符串来代表被修剪的文本。

10.3.3 word-wrap文本换行

在编辑网页文本时如果遇到单词太长超出容器一行的问题，在CSS3的新特性中可以通过换行解决。如图10-16所示一个长单词超出了容器的范围。

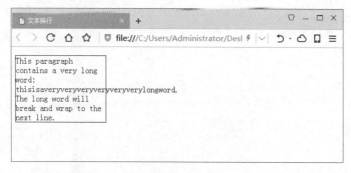

图10-16

word-wrap属性允许长单词或URL地址换行到下一行。

语法描述如下:

```
word-wrap:值;
```

⚠ 【例10.14】 文本换行

```
<!DOCTYPE html>
<html lang="en">
<head>
<meta charset="UTF-8">
<title>文本换行</title>
<style>
p.test1{
width:11em;
border:1px solid #000000;
word-wrap: break-word;
}
</style>
</head>
<body>
<p class="test1">This paragraph contains a very long word: thisisaveryveryve
ryveryveryverylongword.The long word will break and wrap to the next line.</p>
</body>
</html>
```

代码运行的效果如图10-17所示。

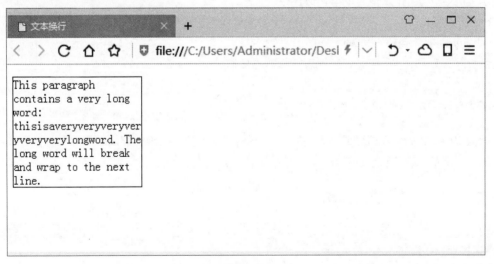

图10-17

与图10-16对比可以看出单词已经被换行。

10.3.4 word-break单词拆分

word-break属性规定自动换行的处理方法。通过使用word-break属性，可以让浏览器实现在任意位置的换行。

语法描述如下：

```
word-break:值;
```

⚠ 【例10.15】单词拆分

word-break属性和word-warp属性都是关于自动换行的操作，通过这个案例可以显示出两者的区别。

```
<!DOCTYPE html>
<html lang="en">
<head>
<meta charset="UTF-8">
<title>单词拆分</title>
<style>
p.test1{
width:11em;
border:1px solid #000000;
word-wrap: break-word;
}
p.test2{
width:11em;
border:1px solid #000000;
word-break:break-all;
}
</style>
</head>
<body>
<p class="test1">这是一个veryveryveryveryveryveryveryveryveryvery 的长单词.</p>
<p class="test2">这是一个 veryveryveryveryveryveryveryveryveryvery 的长单词.</p>
</body>
</html>
```

代码运行的效果如图10-18所示。

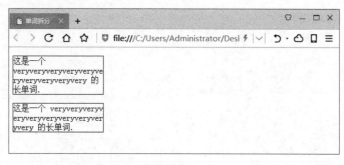

图10-18

10.4 CSS3边框样式

> 通过CSS3可以创建圆角边框，向矩形添加阴影，用图片绘制边框等。本章将为大家详细介绍CSS3边框的知识点。

10.4.1 border-radius圆角边框

border-radius属性是一个简写属性，用于设置四个border-*-radius属性，为元素添加圆角边框。

语法描述如下：

```
border-radius: 1-4 length|% / 1-4 length|%;
```

⚠ 【例10.16】 圆角边框

下列代码段通过该属性设置扁平化的图标。

```
<!DOCTYPE html>
<html lang="en">
<head>
<meta charset="UTF-8">
<title>圆角边框</title>
<style>
body{
background: #ccc;
}
div{
width: 200px;
height: 50px;
margin:20px auto;
font-size: 30px;
line-height: 45px;
text-align: center;
color:#fff;
border:2px solid #fff;
border-radius: 10px;
}
</style>
</head>
<body>
<div>扁平图标</div>
</body>
</html>
```

代码运行的效果如图10-19所示。

图10-19

这里需要注意的是：四个border-*-radius属性按照顺序分别为：

- border-top-left-radius：左上。
- border-top-right-radius：右上。
- border-bottom-right-radius：右下。
- border-bottom-left-radius：左下。

10.4.2 box-shadow盒子阴影

本节介绍的盒子阴影是用户在CSS3中使用最多的属性之一，利用盒子阴影可以制作出3D效果。box-shadow属性可以使用一个或多个阴影。

语法描述如下：

```
box-shadow: h-shadow v-shadow blur spread color inset;
```

⚠ 【例10.17】盒子阴影

下列代码段设置了鼠标滑动到图标上出现阴影效果。

```
<!DOCTYPE html>
<html lang="en">
<head>
<meta charset="UTF-8">
<title>盒子阴影</title>
<style>
body{
background: #ccc;
}
div{
width: 200px;
height: 50px;
```

```
margin:30px auto;
font-size: 30px;
line-height: 45px;
text-align: center;
color:#fff;
border:3px solid #fff;
border-radius: 10px;
background: #f46;
cursor:pointer;
}
div:hover{
box-shadow: 0 10px 40px 3px #cf3;
}
</style>
</head>
<body>
<div>扁平图标</div>
</body>
</html>
```

代码运行的效果如图10-20所示。

图10-20

这里需要注意的是：box-shadow属性是由逗号分隔的阴影列表，每个阴影由2~4个长度值、可选的颜色值以及可选的inset关键词来规定。省略长度的值是0。

box-shadow属性的值包含了以下几种。

● h-shadow：必需值。水平阴影的位置，允许负值。

● v-shadow：必需值。垂直阴影的位置，允许负值。

● blur：可选值。模糊距离。

● spread：可选值。阴影的尺寸。

● color：可选值。阴影的颜色。

● inset：可选值。将外部阴影（outset）改为内部阴影。

10.5　CSS3背景样式

> CSS3提供了多样化的背景属性，Web前端工程师能够借此更好地控制背景。
> 本章将详细介绍CSS3的背景属性。

10.5.1　background-size背景尺寸

background-size属性以像素或百分比规定背景图片的尺寸。在以百分比规定尺寸时，指的是相对于父元素的宽度和高度。

没有设置背景尺寸时的效果如图10-21所示。

图10-21

下面设置图片平铺整个页面的效果。

语法描述如下：

```
background size:值,
```

⚠ 【例10.18】背景尺寸

下列代码段设置背景尺寸宽和高都是100%，即图片铺满整个页面。

```
<!DOCTYPE html>
<html lang="en">
<head>
<meta charset="UTF-8">
```

```
<title>背景尺寸</title>
<style>
html{
height: 100%;
}
body{
height: 100%;
background-image: url(png_1.png);
background-repeat: no-repeat;
background-size: 100% 100%;
}
</style>
</head>
<body>
</body>
</html>
background-origin 属性规定 background-position 属性相对于什么位置来定位。如
如背景图像的 background-attachment 属性为 "fixed"，则该属性没有效果。
padding-box 背景图像相对于内边距框来定位。border-box 背景图像相对于边框盒来
定位。content-box 背景图像相对于内容框来定位。
```

代码运行的效果如图10-22所示。

图10-22

10.5.2 background-origin背景的绘制区域

background-origin属性相对于内容框定位背景图片。如果背景图片的background-attachment
属性（规定背景图片随滚动轴的移动方式）为fixed，则该属性没有效果。

语法描述如下:

```
background-origin:值;
```

⚠ 【例10.19】背景的绘制区域

```
<!DOCTYPE html>
<html lang="en">
<head>
<meta charset="UTF-8">
<title>背景的绘制区域</title>
<style>
div{
width: 500px;
height: 200px;
border:1px solid red;
padding:50px;
margin:20px;
background-image: url('花.png');
background-repeat: no-repeat;
}
.d1{
background-origin: content-box;
}
.d2{
background-origin: border-box;
}
</style>
</head>
<body>
<div class="d1"苏轼是宋代文学最高成就的代表，并在诗、词、散文、书、画等方面取得了很高的成
就。其诗题材广阔，清新豪健，善用夸张比喻，独具风格，与黄庭坚并称"苏黄"；其词开豪放一派，与辛弃
疾同是豪放派代表，并称"苏辛"；其散文著述宏富，豪放自如，与欧阳修并称"欧苏"，为"唐宋八大家"
之一。苏轼亦善书，为"宋四家"之一；工于画，尤擅墨竹、怪石、枯木等。有《东坡七集》、《东坡易传》、
《东坡乐府》等传世。
</div>
<div class="d2">苏轼是宋代文学最高成就的代表，并在诗、词、散文、书、画等方面取得了很高的
成就。其诗题材广阔，清新豪健，善用夸张比喻，独具风格，与黄庭坚并称"苏黄"；其词开豪放一派，与辛
弃疾同是豪放派代表，并称"苏辛"；其散文著述宏富，豪放自如，与欧阳修并称"欧苏"，为"唐宋八大家"
之一。苏轼亦善书，为"宋四家"之一；工于画，尤擅墨竹、怪石、枯木等。有《东坡七集》、《东坡易传》、
《东坡乐府》等传世。
</div>
</body>
</html>
```

代码运行的效果如图10-23所示。

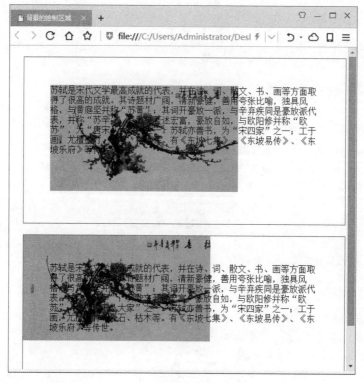

图10-23

10.6 CSS3渐变

> 之前的版本中如果要制作渐变背景，需要前端工程师与设计师相互配合，通过切图实现，操作复杂且制作成本高。CSS3中新增的渐变属性使前端工程师可以自行完成整个操作，本节将详细介绍CSS3渐变。

10.6.1 线性渐变

CSS3渐变中线性渐变为最简单的一种。渐变是指多种颜色之间平滑的过渡，想要实现最简单的渐变，至少需要定义两个颜色值，一个颜色作为渐变的起点，另外一个作为渐变的终点。

语法描述如下：

```
background: linear-gradient(direction, color-stop1, color-stop2, ...);
```

⚠ 【例10.20】线性渐变

```
<!DOCTYPE html>
<html lang="en">
```

```
<head>
<meta charset="UTF-8">
<title>线性渐变</title>
<style>
div{
width: 200px;
height: 200px;
background:-ms-linear-gradient(pink,lightblue);
background:-webkit-linear-gradient(pink,lightblue);
background:-o-linear-gradient(pink,lightblue);
background:-moz-linear-gradient(pink,lightblue);
background:linear-gradient(pink,lightblue);
}
</style>
</head>
<body>
<div></div>
</body>
</html>
```

代码运行的效果如图10-24所示。

图10-24

上面案例中是一个默认方向上的线性渐变效果，如果需要其他方向的渐变效果，只需在设置颜色值之前设置渐变方向的起点位置即可。

如果需要一个从左往右的渐变效果，实例代码如下：

```
background:-ms-linear-gradient(left,pink,lightblue);
background:-webkit-linear-gradient(left,pink,lightblue);
background:-o-linear-gradient(left,pink,lightblue);
background:-moz-linear-gradient(left,pink,lightblue);
background:linear-gradient(left,pink,lightblue);
```

代码运行的效果如图10-25所示。

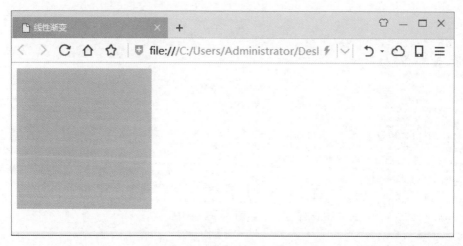

图10-25

如果需要一个从右下角到左上角的渐变效果，实例代码如下：

```
background:-ms-linear-gradient(right bottom,pink,lightblue);
background:-webkit-linear-gradient(right bottom,pink,lightblue);
background:-o-linear-gradient(right bottom,pink,lightblue);
background:-moz-linear-gradient(right bottom,pink,lightblue);
background:linear-gradient(right bottom,pink,lightblue);
```

代码运行的效果如图10-26所示。

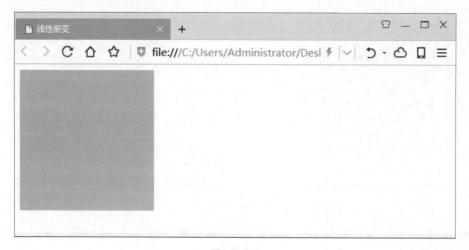

图10-26

用户还可以在背景中加入多个颜色控制点，完成多种颜色的渐变效果。
实例代码如下：

```
background:-ms-linear-gradient(120deg,pink,lightblue,yellowgreen,red);
background:-webkit-linear-gradient(120deg,pink,lightblue,yellowgreen,red);
background:-o-linear-gradient(120deg,pink,lightblue,yellowgreen,red);
background:-moz-linear-gradient(120deg,pink,lightblue,yellowgreen,red);
background:linear-gradient(120deg,pink,lightblue,yellowgreen,red);
```

代码运行的效果如图10-27所示。

图10-27

10.6.2 径向渐变

创建径向渐变，必须至少定义两种颜色结点。颜色结点即想要呈现平稳过渡的颜色。同时，用户也可以指定渐变的中心、形状（原型或椭圆形）、大小。默认情况下，渐变的中心是center（表示在中心点），渐变的形状是ellipse（表示椭圆形），渐变的大小是farthest-corner（表示到最远的角落）。

语法描述如下：

```
background: radial-gradient(center, shape size, start-color, ..., last-color);
```

【例10.21】径向渐变

```
<!DOCTYPE html>
<html lang="en">
<head>
<meta charset="UTF-8">
<title>径向渐变</title>
<style>
div{
width: 400px;
height: 400px;
background:-ms-radial-gradient(pink,lightblue,yellowgreen);
background:-webkit-radial-gradient(pink,lightblue,yellowgreen);
background:-o-radial-gradient(pink,lightblue,yellowgreen);
background:-moz-radial-gradient(pink,lightblue,yellowgreen);
background:radial-gradient(pink,lightblue,yellowgreen);
}
</style>
</head>
<body>
<div></div>
</body>
</html>
```

代码运行的效果如图10-28所示。

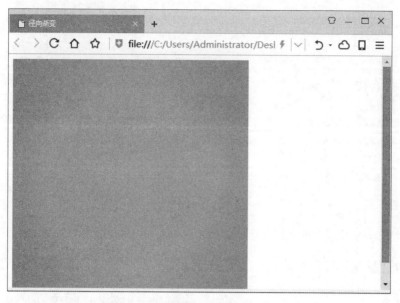

图10-28

以上代码是最简单的径向渐变实例，三种颜色均匀分布在div中的。如果用户希望颜色不均匀分布，可以分别设置每种颜色在div中所占的比例：

```
background:-ms-radial-gradient(pink 10%,lightblue 70%,yellowgreen 20%);
background:-webkit-radial-gradient(pink 10%,lightblue 70%,yellowgreen 20%);
background:-o-radial-gradient(pink 10%,lightblue 70%,yellowgreen 20%);
background:-moz-radial-gradient(pink 10%,lightblue 70%,yellowgreen 20%);
background:radial-gradient(pink 10%,lightblue 70%,yellowgreen 20%);
```

代码运行的效果如图10-29所示。

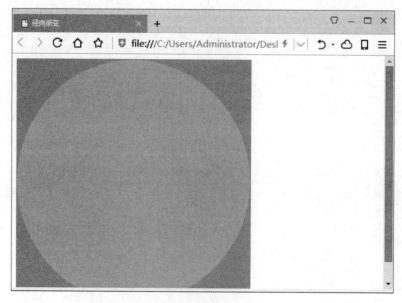

图10-29

10.7 CSS3转换

> 转换是CSS3最优秀的特征之一，该属性可以实现元素的位移、旋转、变形、缩放，甚至支持矩阵方式。利用转换用户在网页中可以更简单高效地做出想要的动画效果。

10.7.1 2D转换

CSS3转换可以移动、旋转和拉伸元素等。下面将详细介绍CSS3中的2D转换功能。

1. 移动translate()

translate()方法，根据左（x轴）和顶部（y轴）位置给定的参数，从当前元素位置移动。

⚠ 【例10.22】移动translate()

```
<!DOCTYPE html>
<html lang="en">
<head>
<meta charset="UTF-8">
<title>移动translate()</title>
<style>
div{
width: 300px;
height: 300px;
background: #cf3;
}
</style>
</head>
<body>
<div></div>
</body>
</html>
```

代码运行的效果如图10 30所示。

此时div显示在页面中的位置就是最开始的位置，接下来对其进行2D转换的移动操作，使其到达一个新的位置。

实例代码如下：

```
transform: translate(100px,50px);
```

代码运行的效果如图10-31所示。

图10-30

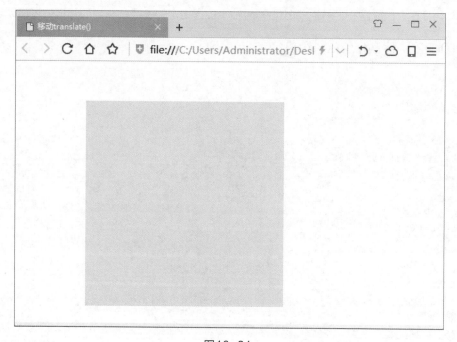

图10-31

2. 旋转rotate()

rotate()方法，使元素顺时针旋转给定的度数。允许负值，即元素逆时针旋转。

⚠ 【例10.23】旋转rotate()

```
<!DOCTYPE html>
<html lang="en">
<head>
<meta charset="UTF-8">
<title>旋转rotate()</title>
<style>
```

```
div{
width:300px;
height:300px;
background: #cf0;
margin:100px;
}
div:hover{
transform: rotate(45deg);
}
</style>
</head>
<body>
<div></div>
</body>
</html>
```

代码运行的效果如图10-32所示。

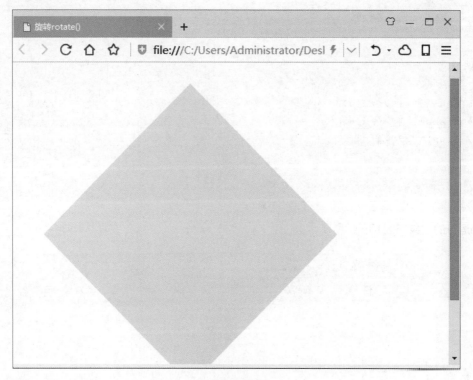

图10-32

3. 缩放scale()

scale()方法，元素增加或减少的大小，取决于宽度（x轴）和高度（y轴）的参数。

通过此方法可以对页面中的元素进行等比例放大和缩小，用户也可以指定物体缩放的中心。

⚠ 【例10.24】缩放scale()

```
<!DOCTYPE html>
```

```
<html lang="en">
<head>
<meta charset="UTF-8">
<title>缩放scale()</title>
<style>
div{
width:100px;
height:100px;
background: #9f0;
margin:10px auto;
}
.a1{
transform: scale(1,1);
}
.b2{
transform: scale(1.5,1);
}
.c3{
transform: scale(0.5);
}
</style>
</head>
<body>
<div class="a1"></div>
<div class="b2"></div>
<div class="c3"></div>
</body>
</html>
```

代码运行的效果如图10-33所示。

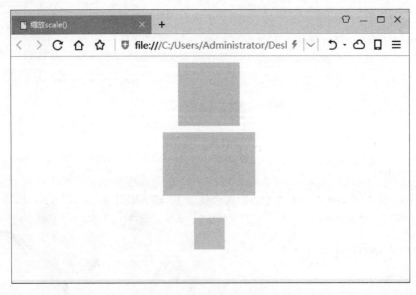

图10-33

上面这段代码中，对每个div都设置了相同的宽高属性，但因为缩放比例不同，它们显示在页面中的结果也不一样。同时可以发现，所有的div缩放都是从中心进行，缩放操作的默认中心点就是元素的中心。如果用户需要改变缩放中心，则需要用到transform-origin属性。

语法描述如下：

```
transform-origin: x-axis y-axis z-axis;
```

⚠ 【例10.25】transform-origin属性

```
<!DOCTYPE html>
<html lang="en">
<head>
<meta charset="UTF-8">
<title> transform-origin属性</title>
<style>
div{
width: 200px;
height: 200px;
transform-origin: 0 0;
margin:10px auto;
}
.a1{
transform: scale(1,1);
background: blue;
}
.b2{
transform: scale(1.5,1);
background: red;
}
.c3{
transform: scale(0.5);
background: green;
}
</style>
</head>
<body>
<div class="a1"></div>
<div class="b2"></div>
<div class="c3"></div>
</body>
</html>
```

代码运行的效果如图10-34所示。

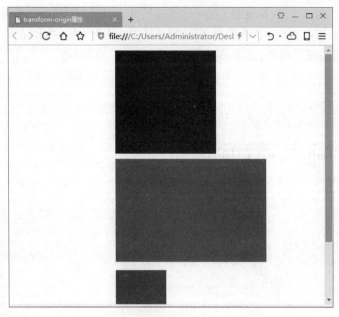

图10-34

4. 倾斜skew()

包含两个参数值，分别表示x轴和y轴的倾斜角度。如果第二个参数为空，则默认为0，允许负值，即表示向相反方向倾斜。

语法描述如下：

```
transform:skew(<angle> [,<angle>]);
```

⚠ 【例10.26】倾斜skew()

```
<!DOCTYPE html>
<html lang="en">
<head>
<meta charset="UTF-8">
<title>倾斜skew() </title>
<style>
div{
width: 100px;
height: 100px;
margin:10px auto;
}
.a1{
background: blue;
}
.b2{
transform: skew(30deg);
background: red;
}
.c3{
```

```
transform: skew(50deg);
background: green;
}
</style>
</head>
<body>
<div class="a1"></div>
<div class="b2"></div>
<div class="c3"></div>
</body>
</html>
```

代码运行的效果如图10-35所示。

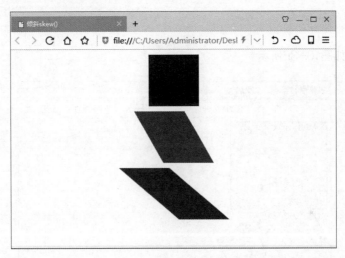

图10-35

5. 合并matrix()

matrix()方法实质是将2D转换的所有方法组合到一起。该方法是含有六个参数值的矩阵，可借此实现旋转，缩放，移动（平移）和倾斜功能。

⚠ 【例10.27】合并matrix()

```
<!DOCTYPE html>
<html>
<head>
<meta charset="utf-8">
<title>合并matrix()</title>
<style>
div
{
width:200px;
height:175px;
background-color: #9f0
border:1px solid black;
```

```
}
div#div2
{
transform:matrix(0.866,0.5,-0.5,0.866,0,0);
-ms-transform:matrix(0.866,0.5,-0.5,0.866,0,0); /* IE 9 */
-webkit-transform:matrix(0.866,0.5,-0.5,0.866,0,0); /* Safari and Chrome */
transform:matrix(0.866,0.5,-0.5,0.866,0,0);
}
</style>
</head>
<body>
<div>这是合并matrix()的用法.</div>
<div id="div2">这是合并matrix()的用法.</div>
</body>
</html>
```

代码运行的效果如图10-36所示。

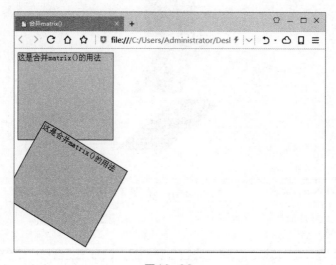

图10-36

10.7.2 3D转换

在CSS3中，用户除了可以使用2D转换外，还可以使用3D转换来完成更复杂的网页效果，这些操作仍需通过transform属性完成。

1. rotateX()方法

rotateX()方法，元素围绕x轴以给定的度数旋转。

与2D转换方法rotate()不同的是，rotate()方式规定元素在平面内的旋转，rotateX()方法规定元素绕轴旋转，即让元素在x轴上进行旋转。

⚠ 【例10.28】rotateX()方法

```
<!DOCTYPE html>
```

```
<html lang="en">
<head>
<meta charset="UTF-8">
<title>rotateX()方法</title>
<style>
div{
width: 200px;
height: 200px;
background: green;
margin:20px;
color:#fff;
font-size: 50px;
line-height: 200px;
text-align: center;
transform-origin: 0 0 ;
float: left;
}
.d1{
transform: rotateX(40deg);
}
</style>
</head>
<body>
<div>3D旋转</div>
<div class="d1">3D旋转</div>
</body>
</html>
```

代码运行的效果如图10-37所示。

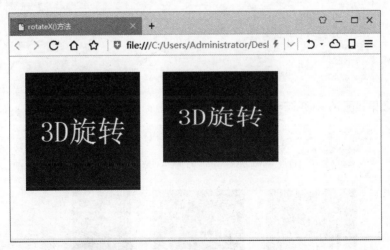

图10-37

2. rotateY()方法

rotateY()方法，元素围绕y轴以给定的度数旋转。

本节接着使用上一节的案例进行操作，以便观察它们之间的区别。

⚠️ 【例10.29】 rotateY()方法

```
<!DOCTYPE html>
<html lang="en">
<head>
<meta charset="UTF-8">
<title>rotateY()方法</title>
<style>
div{
width: 170px;
height: 170px;
background: green;
margin:20px;
color:#fff;
font-size: 50px;
line-height: 200px;
text-align: center;
transform-origin: 0 0 ;
float: left;
}
.d1{
transform: rotateX(40deg);
}
.d2{
transform: rotateY(50deg);
}
</style>
</head>
<body>
<div>3D旋转</div>
<div class="d1">3D旋转</div>
<div class="d2">3D旋转</div>
</body>
</html>
```

代码的运行效果如图10-38所示。

图10-38

3. transform-style属性

规定元素如何在3D空间中显示。

语法描述如下：

```
transform-style: flat|preserve-3d;
```

⚠️ 【例10.30】 transform-style属性

```html
<!DOCTYPE html>
<html>
<head>
<meta charset="utf-8">
<title> transform-style属性</title>
<style>
#d1
{
position: relative;
height: 200px;
width: 200px;
margin: 100px;
padding:10px;
border: 1px solid black;
}
#d2
{
padding:50px;
position: absolute;
border: 1px solid black;
background-color: #f66;
transform: rotateY(60deg);
transform-style: preserve-3d;
-webkit-transform: rotateY(60deg); /* Safari and Chrome */
-webkit-transform-style: preserve-3d; /* Safari and Chrome */
}
#d3
{
padding:40px;
position: absolute;
border: 1px solid black;
background-color: green;
transform: rotateY(-60deg);
-webkit-transform: rotateY(-60deg); /* Safari and Chrome */
}
</style>
</head>
<body>
<div id="d1">
<div id="d2">HELLO
```

```
<div id="d3">world</div>
</div>
</div>
</body>
</html>
```

说明：transform-style属性的值可以是以下两种。

● flat：表示所有子元素在2D平面呈现。

● preserve-3d：表示所有子元素在3D空间中呈现。

代码运行的效果如图10-39所示。

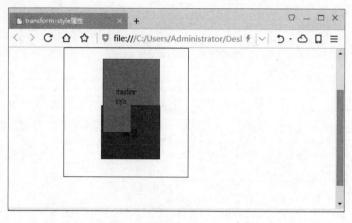

图10-39

4. perspective 属性

perspective属性定义3D元素距视图的距离，值为像素。该属性允许改变3D元素查看3D元素的视图。该属性只影响3D转换元素。

当为元素定义perspective属性时，其子元素会获得透视效果，而不是元素本身。

```
perspective: number|none;
```

perspective属性的值可以是以下两种：

● number：元素距离视图的距离，以像素计。

● none：默认值，与0相同，不设置透视。

perspective-origin属性定义3D元素所基于的x轴和y轴，该属性允许改变3D元素的底部位置。

当为元素定义perspective-origin属性时，其子元素会获得透视效果，而不是元素本身。该属性必须与perspective属性一同使用，而且只影响3D转换元素。

语法描述如下：

```
perspective-origin: x-axis y-axis;
```

⚠️【例10.31】 perspective-origin属性

```
<!DOCTYPE html>
```

```
<html>
<head>
<meta charset="utf-8">
<title> perspective-origin属性</title>
<style>
#div1{
position: relative;
height: 150px;
width: 150px;
margin: 50px;
padding: 10px;
border: 1px solid black;
perspective:150;
-webkit-perspective:150; /* Safari and Chrome */
}
#div2{
padding: 50px;
position: absolute;
border: 1px solid black;
background-color: #9f3;
transform: rotateX(30deg);
-webkit-transform: rotateX(45deg); /* Safari and Chrome */
}
</style>
</head>
<body>
<div id="div1">
<div id="div2">CSS3   3D转换</div>
</div>
</body>
</html>
```

代码运行的效果如图10-40所示。

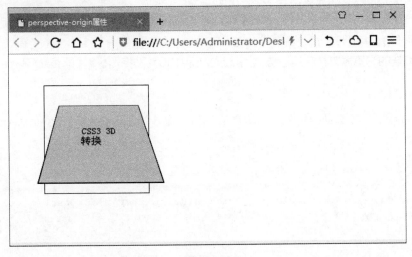

图10-40

5. backface-visibility

backface-visibility 属性定义当元素不面向屏幕时是否可见。

如果在旋转元素不希望看到其背面时，该属性很有用。

语法描述如下：

```
backface-visibility: visible|hidden;
```

backface-visibility属性的值可以是以下两种：

- visible：背面是可见的。
- hidden：背面是不可见的。

10.8 CSS3动画

> CSS3属性中有关于制作动画的三个属性分别为Transform，Transition，Animation。前面一起学习了Transform和Transition，对元素实现了一些基本的动画效果，但是这些还是不能够满足我们的需求，前面两个关于动画的效果都是需要触发条件才能够表现出动画的效果。本节所要学习的动画可以不用触发即可实现动画效果。

10.8.1 动画属性

1. @keyframes

如果需要创建动画，那么必须使用@keyframes规则。

创建动画的原理是从一个CSS样式逐步转变为另一个。

在动画过程中，可以多次更改CSS样式的设定。

使用百分比来规定改变发生的时间，或使用关键字from和to，这与0~100%意思。

0代表动画开始，100%代表动画完成。

为了获得最佳的浏览器支持，用户应该始终定义0和100%选择器。

2. animation

animation的属性为所有动画属性的简写属性，用于设置6个动画属性，除了animation-play-state属性。

语法描述如下：

```
animation: name duration timing-function delay iteration-count direction fill-mode play-state;
```

3. animation-name

animation-name属性为@keyframes动画规定名称。
语法描述如下：

```
animation-name: keyframename|none;
```

- keyframename：规定需要绑定到选择器的keyframe的名称。
- none：规定无动画效果（可用于覆盖来自级联的动画）。

4. animation-duration

animation-duration属性定义动画完成一个周期需要多少秒或毫秒。
语法描述如下：

```
animation-duration: time;
```

5. animation-timing-function

animation-timing-function属性指定动画将如何完成一个周期。
速度曲线定义动画从一套CSS样式变为另一套所用的时间，用于使变化更为平滑。
语法描述如下：

```
animation-timing-function: value;
```

animation-timing-function使用的数学函数，称为三次贝塞尔曲线或速度曲线。使用此函数时，可以使用自己的值，或使用预先定义的值之一。
animation-timing-function属性的值可以是以下几种：

- inear：动画从头到尾的速度是相同的。
- ease：默认值。动画以低速开始，然后加快，在结束前变慢。
- ease-in：动画以低速开始。
- ease-out：动画以低速结束。
- ease-in-out：动画以低速开始和结束。
- cubic-bezier(n,n,n,n)：在cubic-bezier函数中定义自己的值，可能的值是从0~1的数值。

6. animation-delay

animation-delay属性定义动画什么时候开始，animation-delay值单位可以是秒或毫秒。

【TIPS】

允许负值，-2s代表动画马上开始，但跳过2秒进入动画。

7. animation-iteration-count

animation-iteration-count属性定义动画应该播放多少次，默认值为1。
animation-iteration-count属性的值可以是以下两种：

- n: 一个数字，定义应该播放多少次动画。
- infinite: 指定动画应该播放无限次（永远）。

8. animation-direction

animation-direction属性定义是否循环交替反向播放动画，即是否在下一周期逆向地播放，默认值是normal。

【 TIPS 】

如果动画被设置为只播放一次，该属性将不起作用。

语法描述如下：

```
animation-direction: normal|reverse|alternate|alternate-reverse|initial|inherit;
```

animation-direction属性的值可以是以下几种：
- normal: 默认值，动画按正常播放。
- reverse: 动画反向播放。
- alternate: 动画在奇数次（1、3、5...）正向播放，在偶数次（2、4、6...）反向播放。
- alternate-reverse: 动画在奇数次（1、3、5...）反向播放，在偶数次（2、4、6...）正向播放。
- Initial: 设置该属性为它的默认值。
- Inherit: 从父元素继承该属性。

9. animation-play-state

animation-play-state属性规定动画是否正在运行或暂停，默认值是running。
语法描述如下：

```
animation-play-state: paused|running;
```

animation-play-state属性的值可以是以下两种：
- paused: 指定暂停动画。
- running: 指定正在运行的动画。

10.8.2 实现动画

如果需要创建CSS3动画，首先必须要了解@keyframes规则。
@keyframes规则用于创建动画，它指定一个CSS样式和动画逐步从目前的样式更改为新的样式。
当创建动画，需要先绑定到一个选择器，否则动画不会有任何效果。
指定至少这两个CSS3的动画属性绑定向一个选择器：规定动画的名称和规定动画的时长。
下面通过一个示例来实现CSS3动画。

⚠ 【例10.32】@keyframes创建动画

```
<!DOCTYPE html>
<html lang="en">
<head>
<meta charset="UTF-8">
<title>@keyframes创建动画</title>
<style>
div{
width: 200px;
height: 200px;
background: blue;
animation:myAni 5s;
}
@keyframes myAni{
0%{margin-left: 0px;background: blue;}
50%{margin-left: 500px;background: red;}
100%{margin-left: 0px;background: blue;}
}
</style>
</head>
<body>
<div></div>
</body>
</html>
```

代码运行的效果如图10-41所示。

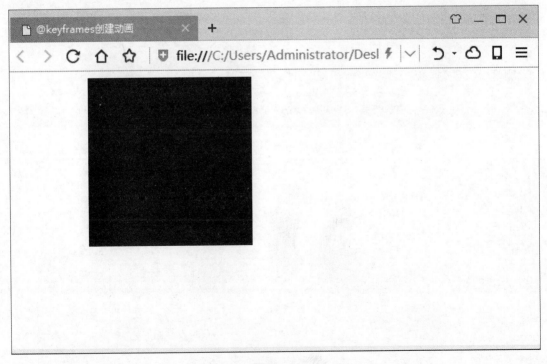

图10-41

⚠ 【例10.33】@keyframes创建旋转动画

下面的案例通过动画使元素旋转起来。

```html
<!DOCTYPE html>
<html lang="en">
<head>
<meta charset="UTF-8">
<title>@keyframes创建旋转动画</title>
<style>
.d1{
width: 200px;
height: 200px;
background: blue;
animation:myFirstAni 5s;
transform: rotate(0deg);
margin:20px;
}
@keyframes myFirstAni{
0%{margin-left: 0px;background: blue;transform: rotate(0deg);}
50%{margin-left: 500px;background: red;transform: rotate(720deg);}
100%{margin-left: 0px;background: blue;transform: rotate(0deg);}
}
.d2{
width: 200px;
height: 200px;
background: red;
animation:mySecondtAni 5s;
transform: rotate(0deg);
margin:20px;
}
@keyframes mySecondtAni{
0%{margin-left: 0px;background: red;transform: rotateY(0deg);}
50%{margin-left: 500px;background: blue;transform: rotateY(720deg);}
100%{margin-left: 0px;background: red;transform: rotateY(0deg);}
}
</style>
</head>
<body>
<div class="d1"></div>
<div class="d2"></div>
</body>
</html>
```

代码运行的效果如图10-42所示。

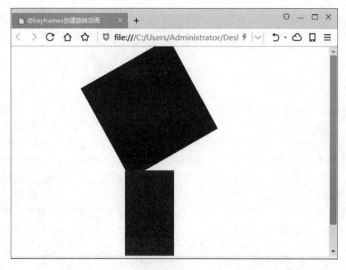

图10-42

10.9 CSS3多列布局

> CSS3提供了一个新属性columns用于多列布局。在这之前，有些常用的排版使用CSS动态来实现其实还是比较困难的。如竖版报纸布局，这在以前是很难实现的，比较稳妥的方法是通过JavaScript来实现，但操作非常繁琐。但是在拥有了CSS3的columns属性之后一切将会变得非常容易，这就是CSS3带来的多列布局。

本节就来学习CSS3多列布局的相关属性。

1. column-count

column-count属性规定元素应该被划分的列数。

⚠ 【例10.34】column-count属性

```
<!DOCTYPE html>
<html lang="en">
<head>
<meta charset="UTF-8">
<title> column-count属性</title>
<style>
div{
width: 800px;
border:1px solid green;
column-count: 3;
```

```
    }
    </style>
    </head>
    <body>
    <div>
    苏轼（1037年1月8日—1101年8月24日），字子瞻，又字和仲，号铁冠道人、东坡居士，世称苏东坡、苏
仙。汉族，眉州眉山（今属四川省眉山市）人，祖籍河北栾城，北宋著名文学家、书法家、画家。
    嘉祐二年（1057年），苏轼进士及第。宋神宗时曾在凤翔、杭州、密州、徐州、湖州等地任职。元丰三年
（1080年），因"乌台诗案"受诬陷被贬黄州任团练副使。宋哲宗即位后，曾任翰林学士、侍读学士、礼部尚
书等职，并出知杭州、颍州、扬州、定州等地，晚年因新党执政被贬惠州、儋州。宋徽宗时获大赦北还，途中
于常州病逝。宋高宗时追赠太师，谥号"文忠"。
    苏轼是宋代文学最高成就的代表，并在诗、词、散文、书、画等方面取得了很高的成就。其诗题材广阔，
清新豪健，善用夸张比喻，独具风格，与黄庭坚并称"苏黄"；其词开豪放一派，与辛弃疾同是豪放派代表，
并称"苏辛"；其散文著述宏富，豪放自如，与欧阳修并称"欧苏"，为"唐宋八大家"之一。苏轼亦善书，为
"宋四家"之一；工于画，尤擅墨竹、怪石、枯木等。有《东坡七集》、《东坡易传》、《东坡乐府》等传世。
    </div>
    </body>
    </html>
```

代码运行的效果如图10-43所示。

图10-43

2. column-gap

column-gap属性规定列之间的间隔。如果列之间设置了column-rule，它会在间隔中间显示。
语法描述如下：

```
column-gap: 40px;
```

⚠ 【例10.35】column-gap属性

```
<!DOCTYPE html>
<html lang="en">
<head>
<meta charset="UTF-8">
<title> column-count属性</title>
<style>
```

```
div{
width: 800px;
border:1px solid green;
column-count: 3;
column-gap: 40px;
}
</style>
</head>
<body>
<div>
    苏轼（1037年1月8日—1101年8月24日），字子瞻，又字和仲，号铁冠道人、东坡居士，世称苏东坡、苏
仙。汉族，眉州眉山（今属四川省眉山市）人，祖籍河北栾城，北宋著名文学家、书法家、画家。
    嘉祐二年（1057年），苏轼进士及第。宋神宗时曾在凤翔、杭州、密州、徐州、湖州等地任职。元丰三年
（1080年），因"乌台诗案"受诬陷被贬黄州任团练副使。宋哲宗即位后，曾任翰林学士、侍读学士、礼部尚
书等职，并出知杭州、颍州、扬州、定州等地，晚年因新党执政被贬惠州、儋州。宋徽宗时获大赦北还，途中
于常州病逝。宋高宗时追赠太师，谥号"文忠"。
    苏轼是宋代文学最高成就的代表，并在诗、词、散文、书、画等方面取得了很高的成就。其诗题材广阔，
清新豪健，善用夸张比喻，独具风格，与黄庭坚并称"苏黄"；其词开豪放一派，与辛弃疾同是豪放派代表，
并称"苏辛"；其散文著述宏富，豪放自如，与欧阳修并称"欧苏"，为"唐宋八大家"之一。苏轼亦善书，为
"宋四家"之一；工于画，尤擅墨竹、怪石、枯木等。有《东坡七集》、《东坡易传》、《东坡乐府》等传世。
    </div>
    </body>
    </html>
```

代码运行的效果如图10-44所示。

可以看到每列的间距比图10-43要大。

图10-44

3. column-rule-style

column-rule-style属性规定列之间的样式规则，类似于border-style属性。

column-rule-style属性的值可以是以下几种：

- none：定义没有规则。
- hidden：定义隐藏规则。
- dotted：定义点状规则。
- dashed：定义虚线规则。
- solid：定义实线规则。

- double：定义双线规则。
- groove：定义3D grooved规则，该效果取决于宽度和颜色值。
- ridge：定义3D ridged规则，该效果取决于宽度和颜色值。
- inset：定义3D inset规则，该效果取决于宽度和颜色值。
- outset：定义3D outset规则，该效果取决于宽度和颜色值。

4. column-rule-width

column-rule-width属性规定列之间的宽度规则，类似于border-width属性。

column-rule-width属性的值可以是以下几种：

- thin：定义纤细宽度。
- medium：定义中等宽度。
- thick：定义宽厚宽度。
- length：规定宽度的规则。

5. column-rule-color

column-rule-color 属性规定列之间的颜色规则，类似于border-color属性。

通过这三个属性为案例中添加列与列的分割线。

语法描述如下：

```
column-rule-color: red;
column-rule-width: 5px;
column-rule-style: dotted;
```

代码运行的效果如图10-45所示。

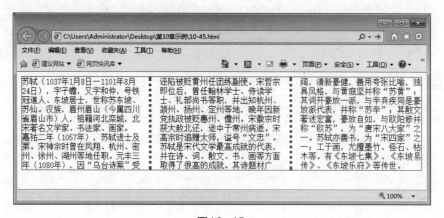

图10-45

6. column-rule

column-rule属性是一个简写属性，用于设置所有column-rule-*属性。column-rule属性设置列之间的宽度、样式和颜色规则，类似于border属性。

7. column-span

column-span属性规定元素应横跨多少列。

column-span的值可以是以下两种：

- 1：元素应横跨一列。
- all：元素应横跨所有列。

8. column-width

column-width属性规定列的宽度。

column-width属性的值可以是以下两种：

- auto：由浏览器决定列宽。
- length：规定列的宽度。

9. columns

columns属性是一个简写属性，用于设置列宽和列数。

语法描述如下：

```
columns: column-width column-count;
```

10.10   CSS3过渡

> 所谓过渡就是某个元素从一种状态到另一状态的过程，CSS3的过渡指的也是页面中的元素从开始的状态改变成另外一种状态的过程。

在此前，如果想在网页中实现过渡效果，多数情况都需要借助类似于Flash这样的插件来完成，但是CSS3中的transition属性能够提供非常便捷的过渡方式，因此不需要借助其他的插件就能够完成。

10.10.1 单项属性过渡

下面制作一个简单的单项属性过渡案例，按照之前了解的过渡工作原理在页面中先建立一个div，然后为其添加transition属性，紧接着在transition属性的值里写入需要改变的属性和改变时间即可。

⚠ 【例10.36】单项属性过渡

```
<!DOCTYPE html>
<html lang="en">
<head>
<meta charset="UTF-8">
<title>单项属性过渡</title>
<style>
div{
width: 100px;
height: 100px;
transition:width 2s;
```

```
}
.d1{
background: green;
}
.d2{
background: #ff6;
}
.d3{
background: #C63;
}
div:hover{
width: 500px;
}
</style>
</head>
<body>
<div class="d1"></div>
<div class="d2"></div>
<div class="d3"></div>
</body>
</html>
```

代码运行的效果如图10-46所示。

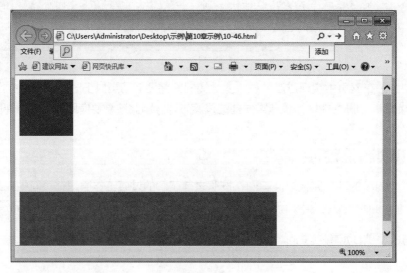

图10-46

10.10.2 多项属性过渡

多项属性过渡与单项属性过渡为相同的工作原理，只是在写法上略有不同。多项属性过渡的写法是在写完第一个属性和过渡时间之后，无论需要添加多少个变化的属性，操作方法都是在逗号之后直接写入过渡的属性名及过渡时间。另一个方法是直接使用关键字all表示所有属性都会应用上过渡。但是这样写有时会有风险，例如想要前三种属性应用过渡效果，但是第4种属性不应用过渡效果，如果使用的是关键字all则无法对第4种属性取消过渡效果。

⚠ 【例10.37】多项属性过渡

```
<!DOCTYPE html>
<html lang="en">
<head>
<meta charset="UTF-8">
<title>多项属性过渡</title>
<style>
div{
width: 100px;
height: 100px;
margin:10px;
transition:width 2s,background 2s;
}
.d1{
background: green;
}
.d2{
background: #ff6;
}
.d3{
background: #C63;
}
div:hover{
width: 500px;
}span{
display:block;
width: 100px;
height: 100px;
background: red;
transition:all 2s;
margin:10px;
}
span:hover{
width: 600px;
background: blue;
}
</style>
</head>
<body>
<div class="d1"></div>
<div class="d2"></div>
<div class="d3"></div>
<span></span>
<span></span>
<span></span>
</body>
</html>
```

代码运行的效果如图10-47所示。

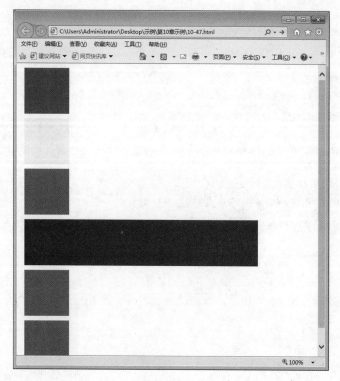

图10-47

这里需要注意的是，表中的transition-timing-function属性是规定用户想要的动画方式，它的值可以是以下几种：

- linear：规定以相同速度开始至结束的过渡效果（等于cubic-bezier(0,0,1,1)）。
- ease：规定低速开始，然后变快，然后慢速结束的过渡效果（cubic-bezier(0.25,0.1,0.25,1)）。
- ease-in：规定以低速开始的过渡效果（等于cubic-bezier(0.42,0,1,1)）。
- ease-out：规定以低速结束的过渡效果（等于cubic-bezier(0,0,0.58,1)）。
- ease-in-out：规定以低速开始和结束的过渡效果（等于cubic-bezier(0.42,0,0.58,1)）。
- cubic-bezier(n,n,n,n)：在cubic-bezier函数中定义自己的值，可能的值是0~1之间的数值。

 # 本章小结

本章讲解的是CSS3的基础，将其分解为一些小的模块，同时加入了更多新的模块。这些模块包括盒子模型、列表模块、语言模块、背景和边框、文字特效、动画、多栏布局、过渡等。这些模块是CSS3最重要的知识，如果想熟练运用CSS3就必须掌握这些知识点。在学习完这些知识后希望大家能勤加练习，融会贯通。

Chapter 11

知识拓展——
XML的应用

本章概述

　　标记是指计算机所能理解的信息符号，通过此种标记，计算机之间可以处理包含各种信息，比如文章等。XML就是一种可扩展标记语言，它是可以用来标记数据、定义数据类型，允许用户对自己的标记语言进行定义的源语言。XML非常适合互联网传输，提供了统一的方法来描述和交换独立于应用程序或供应商的结构化数据。XML是互联网环境中跨平台的、依赖于内容的技术，也是当今处理分布式结构信息的有效工具。本章就来详细学习XML的知识。

重点知识

- XML入门
- XML进阶

11.1 XML入门

> XML是可扩展标记语言，标准通用标记语言的子集，是一种用于标记电子文件使其具有结构性的标记语言。

11.1.1 什么是XML

XML即可扩展标记语言（Extensible Markup Language）是一种标记语言，类似于HTML。它的设计宗旨是传输数据，而非显示数据。XML标签没有被预定义，需要自行定义标签。XML被设计为具有自我描述性，是W3C的推荐标准。

上面介绍了XML的定义，下面来讲解一下它和HTML的区别。

- XML不是HTML的替代。
- XML和HTML是为不同的目的而设计。
- XML被设计为传输和存储数据，其焦点是数据的内容。而HTML被设计用来显示数据，其焦点是数据的外观。
- XML旨在传输信息，而HTML旨在显示信息。

XML是纯文本，有能力处理纯文本的软件都可以处理XML。不过，能够读懂XML的应用程序可以有针对性地处理XML的标签，标签的功能性意义依赖于应用程序的特性。

11.1.2 XML用途

接下来一起来学习XML的用途。

1. XML把数据从HTML分离

如果需要在HTML文档中显示动态数据，那么每当数据改变时将花费大量的时间来编辑HTML。通过XML，数据能够存储在独立的XML文件中，这样就可以专注于使用HTML进行布局和显示，并确保修改底层数据时不再需要对HTML进行任何改变。通过使用几行JavaScript，就可以读取一个外部XML文件，然后更新HTML中的数据内容。

2. XML简化数据共享

在真实的世界中，计算机系统和数据使用不兼容的格式来存储数据。XML数据以纯文本格式进行存储，因此提供了一种独立于软件和硬件的数据存储方法，这让创建不同应用程序可以共享的数据变得更加容易。

3. XML简化数据传输

通过XML，可以在不兼容的系统之间轻松地交换数据。对于开发人员来说，最费时的挑战一直是在互联网上的不兼容系统之间交换数据。由于可以通过各种不兼容的应用程序来读取数据，因此以XML交换数据降低了这种复杂性。

4. XML简化平台的变更

升级到新的系统（硬件或软件平台）总是非常费时。此时，必须转换大量的数据，不兼容的数据经常会丢失。而XML数据以文本格式存储，这使得XML在不损失数据的情况下，更容易扩展或升级到新的操作系统、新应用程序或新的浏览器。

5. XML使数据更有用

由于XML独立于硬件、软件以及应用程序，因此它使数据更可用，也更有用。不同的应用程序都能够访问数据，不仅仅在HTML页中，也可以从XML数据源中进行访问。通过XML，数据可供各种阅读设备使用（如手持的计算机、语音设备、新闻阅读器等），还可以供盲人或其他残障人士使用。

6. XML 用于创建新的Internet语言

很多新的Internet语言是通过XML创建的，其中包括：

- XHTML：最新的HTML版本。
- WSDL：用于描述可用的web service。
- WAP 和 WML：用于手持设备的标记语言。
- RSS：用于RSS feed的语言。
- RDF和OWL：用于描述资源和本体。
- SMIL：用于描述针针对web的多媒体。

11.1.3 XML文件结构

XML文档由命名容器及这些命名容器所包含的数据值组成。这些容器通常表示为声明、元素和属性。声明（Declaration）确定了XML的版本。在XML中，元素（Element）这一术语用于表示一个文本单元，可视为一个结构化组件。可以定义元素容器来保存数据和其他的元素，元素中也可以什么都不保存。

1. XML声明

XML文档中开头必须标记一个XML声明，XML处理软件会根据声明来确定如何处理后面的内容。下面就是一个XML声明实例：

```
<?xml version="1.0" standalone="yes" encoding="UTF-8"?>
```

声明以<?开始，以?>结束，其中version, standalone, encoding是三个特性，特性是由等号分开的名称和数值，等号左边是特性名称，等号右边是特性的值。这三个特性的具体含义是：

- version：说明这个文档符合1.0规范。
- standalone：说明文档在这一个文件里还是需要从外部导入，standalone的值设为yes说明所有的文档都在这一文件里完成。
- encoding：指文档字符编码。

2. 元素

XML文档的内部结构大致上类似于层次性的目录或文件结构。XML文档最顶端的一个元素称为根元素，包含在其他元素中的元素称为嵌套元素，包含其他元素的元素称为父元素，而嵌套元素则称为子元素。元素的内容可以是字符数据、其他的嵌套元素，或者是这两者的组合。

包含在文档中的数据值称为文档的内容。由于元素通常有一个说明性的名字，并且元素的属性包含元素值，因此文档的内容通常是直观的、自明的。

不同类型的元素具有不同的名字，但是对于特定类型的元素，XML并不提供表示这些类型元素的具体含义的方法，而是表示了这些元素类型之间的关系。

3. 属性

在XML文档中存放数据的另一种方式是在起始标记中添加属性。使用属性可以向被定义的元素中添加信息，从而可以更好地表示元素的内容。属性是通过与元素关联的名和值来表示的。每一个属性都是一对名和值，名和值由等号分开，等号左边是属性名称，等号右边是属性的值，其中值必须括在单引号或双引号中。与元素不同，属性不可以嵌套，并且必须在元素的起始标签中进行声明。

一个XML文档也称为一个实例或者XML文档实例，下面是一个简单XML文档的实例。

⚠ 【例11.1】 XML文档实例

```
<?xml version="1.0" encoding="GB2312"?>
<?xml-stylesheet type="text/xsl" hrdf="test1.xsl"?>
<图书类>
<图书>
<书名>Office实战技巧精粹辞典<书名>
<作者>王国胜<作者>
<出版社>中国青年出版社<出版社>
<页数>712<页数>
<价格>59.00<价格>
<出版日期>2014.1<出版日期>
</图书>
<图书>
<书名>淘宝开店一点通<书名>
<作者>王彩梅<作者>
<出版社>中国青年出版社<出版社>
<页数>336<页数>
<价格>49.90<价格>
<出版日期>2014.11<出版日期>
</图书>
</图书类>
```

本例是一个标准的XML文档，但要结合test1的XSL文件才能显示描述数据。

因为XML不是担任输出任务的语言，所以要使用户最后能够在客户端看到应用XML技术后所产生的效果，需要其他的实现手段。通常做法是让XML文档和与其关联的XSL（Extensible StyleSheet Language，可扩展样式语言）同时被传送到客户端（通常使用浏览器），然后在客户端让XML文档根据XSL定义的显示内容显示其内容。

11.1.4 使用XSLT显示XML

通过使用XSLT，可以向XML文档添加显示信息。XSLT是首选的XML样式表语言。

XSLT（Extensible Stylesheet Language Transformations）远比CSS更加完善。

下面是此XML文件的一个片断。第二行，<?xml-stylesheet type="text/xsl" href="simple.

xsl"?>，表示把这个XML文件链接到XSL文件。

⚠ 【例11.2】 XML文件片段

```
<?xml version="1.0" encoding="ISO-8859-1"?>
<?xml-stylesheet type="text/xsl" href="simple.xsl"?>
<breakfast_menu>
<food>
<name>Belgian Waffles</name>
<price>$5.95</price>
<description>
two of our famous Belgian Waffles
</description>
<calories>650</calories>
</food>
</breakfast_menu>
```

在上例中，XSLT转换是由浏览器完成的，浏览器读取的是XML文件。在使用XSLT来转换XML时，不同的浏览器可能会产生不同结果。为了减少这种问题，可以在服务器上进行XSLT转换。

11.2 XML进阶

> 在学习了XML的入门知识后，接下来讲解XML的高级知识。

11.2.1 命名空间

XML命名空间提供避免元素命名冲突的方法。在XML中，元素名称是由开发者定义的，当两个不同的文档使用相同的元素名时，就会发生命名冲突。

下面这个XML文档携带着某个表格中的信息代码，第一个XML中的<table>如下：

```
<table>
<tr>
<td>Apples</td>
<td>Bananas</td>
</tr>
</table>
```

下面的XML也含有<table>标签，第二个XML中的<table>如下：

```
<table>
<name>African Coffee Table</name>
<width>80</width>
```

```
<length>120</length>
</table>
```

假如这两个XML文档被一起使用，由于两个文档都包含带有不同内容和定义的<table>元素，就会发生命名冲突。XML解析器无法确定如何处理这类冲突。

那么，用什么方法来避免冲突呢？常见的方法有以下两种。

1. 使用前缀来避免命名冲突

比如下面这个XML文档携带着某个表格中的信息代码如下，第一个XML中的<table>如下：

```
<h:table>
<h:tr>
<h:td>Apples</h:td>
<h:td>Bananas</h:td>
</h:tr>
</h:table>
```

而下面的XML也含有<table>标签，第二个XML中的<table>如下：

```
<f:table>
<f:name>African Coffee Table</f:name>
<f:width>80</f:width>
<f:length>120</f:length>
</f:table>
```

现在，命名冲突不存在了，这是因为两个文档使用了不同的名称来命名它们的<table>元素（<h:table>和<f:table>）。通过使用前缀，创建了两种不同类型的<table>元素，避免了冲突。

2. 使用命名空间

下面这个XML文档携带着某个表格中的信息代码如下，第一个XML中的<table>如下：

```
<h:table xmlns:h="http://www.w1.com/TR/html/">
<h:tr>
<h:td>Apples</h:td>
<h:td>Bananas</h:td>
</h:tr>
</h:table>
```

而下面的XML也含有<table>标签，第二个XML中的<table>如下：

```
<f:table xmlns:f="http://www.w2.com.cn/furniture">
<f:name>African Coffee Table</f:name>
<f:width>80</f:width>
<f:length>120</f:length>
</f:table>
```

与仅仅使用前缀不同，为<table>标签添加一个xmlns属性，这样就为前缀赋予了一个与某个命名空间相关联的限定名称。

【TIPS】

> XML命名空间属性被放置于元素的开始标签之中，并使用以下的语法：
>
> ```
> xmlns:namespace-prefix="namespaceURI"
> ```
>
> 当命名空间被定义在元素的开始标签中时，所有带有相同前缀的子元素都会与同一个命名空间相关联。

下面将讲解命名空间的实际应用。当开始使用XSL时，就会看到实际使用中的命名空间。XSL样式表用于将XML文档转换为其他格式，比如HTML。仔细观察下面的XSL文档，就会看到大多数的标签是HTML标签。非HTML的标签都有前缀XSL，并由此命名空间标示：http://www.w1.com/19/Transform。

⚠️ 【例11.3】命名空间

```
<?xml version="1.0" encoding="ISO-8859-1"?>
<xsl:stylesheet version="1.0" xmlns:xsl="http://www.w1.com/19/Transform">
<xsl:template match="/">
<html>
<body>
<h2>My CD Collection</h2>
<table border="1">
<tr>
<th align="left">Title</th>
<th align="left">Artist</th>
</tr>
<xsl:for-each select="catalog/cd">
<tr>
<td><xsl:value-of select="title"/></td>
<td><xsl:value-of select="artist"/></td>
</tr>
</xsl:for-each>
</table>
</body>
</html>
</xsl:template>
</xsl:stylesheet>
```

至此，命名空间的实例就完成了。

11.2.2 将数据存储到XML文件

如果数据要被传送到非Windows平台上的应用程序，那么将数据保存在XML文件中将十分便利。因为XML具有很强的跨平台可移植性，并且数据无需转换。

首先学习如何创建并保存一个XML文件。下面的这个XML文件将被命名为test.xml，并被保存在服务器上的C目录中。用户可使用ASP和微软的XMLDOM对象来创建并保存这个XML文件。

创建XML文件代码如下：

```
<%
Dim xmlDoc, rootEl, child1, child2, p

'创建XML文档
Set xmlDoc = Server.CreateObject("Microsoft.XMLDOM")

'创建根元素并将之加入文档
Set rootEl = xmlDoc.createElement("root")
xmlDoc.appendChild rootEl

'创建并加入子元素
Set child1 = xmlDoc.createElement("child1")
Set child2 = xmlDoc.createElement("child2")
rootEl.appendChild child1
rootEl.appendChild child2

'创建 XML processing instruction
'并把它加到根元素之前
Set p=xmlDoc.createProcessingInstruction("xml","version='1.0'")
xmlDoc.insertBefore p,xmlDoc.childNodes(0)

'把文件保存到 C 目录
xmlDoc.Save "c:\test.xml"
%>
```

如果打开这个被保存的文件，它会是这个样子。test.xml代码如下：

```
<?xml version="1.0"?>
<root>
<child1 />
<child2 />
</root>
```

接下来看一个表单实例。下面的HTML表单要求用户输入他们的名字、国籍以及电子邮件地址。随后这些信息会被写到一个XML文件，以便存储。

⚠ 【例11.4】 在HTML表单中将数据存储到XML文件

```
<html>
```

```
<body>
<form action="saveForm.asp" method="post">
<h1>请输入您的联系信息: </h1>
<label>名字: </label>
<p><input type="text" id="firstName" name="firstName"></p>
<label>性别: </label>
<p><input type="text" id="lastName" name="lastName"></p>
<label>国家: </label>
<p><input type="text" id="country" name="country"></p>
<label>邮件: </label>
<p><input type="text" id="email" name="email"></p>
<p>
<input type="submit" id="btn_sub" name="btn_sub" value="确定">
<input type="reset" id="btn_res" name="btn_res" value="重置">
</p>
</form>
</body>
</html>
```

用于以上HTML表单的action被设置为saveForm.asp。saveForm.asp文件是一个ASP页面,可循环遍表单域,并把它们的值存储在一个XML文件中。

XML文件代码如下:

```
<%
dim xmlDoc
dim rootEl,fieldName,fieldValue,attID
dim p,i

'如果有错误发生,不允许程序终止
On Error Resume Next

Set xmlDoc = server.CreateObject("Microsoft.XMLDOM")
xmlDoc.preserveWhiteSpace=true

'创建并向文档添加根元素
Set rootEl = xmlDoc.createElement("customer")
xmlDoc.appendChild rootEl

'循环遍历 Form 集
for i = 1 To Request.Form.Count
'除去表单中的 button 元素
if instr(1,Request.Form.Key(i),"btn_")=0 then
'创建 field 和 value 元素,以及 id 属性
Set fieldName = xmlDoc.createElement("field")
Set fieldValue = xmlDoc.createElement("value")
Set attID = xmlDoc.createAttribute("id")
'把当前表单域的名称设置为 id 属性的值
attID.Text = Request.Form.Key(i)
'把 id 属性添加到 field 元素
fieldName.setAttributeNode attID
```

```
'把当前表单域的值设置为 value 元素的值
fieldValue.Text = Request.Form(i)
'将 field 元素作为根元素的子元素进行添加
rootEl.appendChild fieldName
'将 value 元素作为 field 元素的子元素进行添加
fieldName.appendChild fieldValue
end if
next


'添加 XML processing instruction
'并把它加到根元素之前
Set p = xmlDoc.createProcessingInstruction("xml","version='1.0'")
xmlDoc.insertBefore p,xmlDoc.childNodes(0)

'保存 XML 文件
xmlDoc.save "c:\Customer.xml"

'释放所有的对象引用
set xmlDoc=nothing
set rootEl=nothing
set fieldName=nothing
set fieldValue=nothing
set attID=nothing
set p=nothing

'测试是否有错误发生
if err.number<>0 then
response.write("Error: No information saved.")
else
response.write("Your information has been saved.")
end if
%>
```

这里需要注意的是，如果指定的XML文件名已经存在，那么那个文件会被覆盖。

XML文件会由上面的代码生成，customer.xml代码如下：

```
<?xml version="1.0" ?>
<customer>
<field id="firstName">
<value>David</value>
</field>
<field id="lastName">
<value>Smith</value>
</field>
<field id="country">
<value>China</value>
</field>
<field id="email">
<value>mymail@myaddress.com</value>
</field>
```

```
</customer>
```

至此，就完成了数据的存储。

11.2.3 现实案例

下面将讲解一个现实生活中的例子，以此来展示XML如何携带数据。对新闻的供求双方来说，通过使用这种标准，使各种类型的新闻信息通过不同软硬件以及编程语言进行的制作、接收和存档更加容易。

⚠ 【例11.5】 XMLNews文档实例

```
<?xml version="1.0" encoding="ISO-8859-1"?>
<nitf>
<head>
<title>Colombia Earthquake</title>
</head>
<body>
<headline>
<hl1>143 Dead in Colombia Earthquake</hl1>
</headline>
<byline>
<bytag>By Jared Kotler, Associated Press Writer</bytag>
</byline>
<dateline>
<location>Bogota, Colombia</location>
<date>Monday January 25 1999 7:28 ET</date>
</dateline>
</body>
</nitf>
```

至此，这个实例就完成了。

本章小结

本章主要讲解了XML的基础，从它的用途和文件结构等基础知识展开，讲解了命名空间和如何将数据存储到XML中，虽然XML知识比较不常用，但是还是希望大家能加以练习。

网页特效——
JavaScript必会基础

本章概述

JavaScript是世界上最流行的脚本语言，电脑、手机、平板上浏览的所有网页，以及无数基于HTML5的手机App，交互逻辑都是由JavaScript驱动的。JavaScript很容易上手，但其精髓却不为大多数开发人员所熟知。本章将介绍JavaScript的基础知识。

重点知识

- JavaScript简介
- 表单事件
- 窗口事件
- JavaScript的基本元素
- 鼠标事件
- JavaScript事件分析
- 键盘事件

12.1　JavaScript简介

> JavaScript是一种直译式脚本语言，是动态类型、弱类型、基于原型的语言，内置支持类型。它的解释器被称为JavaScript引擎，为浏览器的一部分，广泛用于客户端的脚本语言，最早是在HTML网页上使用，用于为HTML网页增加动态功能。

1995年，Netscape公司发布了名为JavaScript的脚本语言。一开始JavaScript的开发是为了减轻服务器的压力，提高用户体验。随着互联网的发展，开始为用户提供更深层次的HTML交互，如网络播放器、图片浏览器等。目前基本上所有的网站都使用JavaScript进行验证。

在当时的行业发展中为了取得技术优势，微软推出了avaScript，CEnvi推出ScriptEase，与JavaScript同样可在浏览器上运行。后由于JavaScript兼容于ECMA标准，因此也称为ECMAScript。

ECMAScript定义了标准的语法，开发者不再需要为不同的浏览器编写不同的代码，规范了网页脚本语言的兼容性，使得在每个遵循ECMAScript标准的浏览器上呈现相同的效果。

JavaScript已经被广泛用于Web应用开发，常被用来为网页添加各种动态功能，力求为用户提供更流畅的浏览效果。通常JavaScript脚本是通过嵌入在HTML中来实现自身的功能的。

JavaScript脚本语言有其自身的基本数据类型、表达式和算术运算符及程序的基本程序框架。它提供了4种基本的数据类型和两种特殊数据类型用来处理数据和文字，变量提供了存放信息的地方，表达式则可以完成较复杂的信息处理。

JavaScript脚本语言具有以下特点:

- 脚本语言。JavaScript是一种解释型的脚本语言，C、C++等语言先编译后执行，而JavaScript是在程序的运行过程中逐行进行解释。
- 基于对象。JavaScript是一种基于对象的脚本语言，它不仅可以创建对象，也能使用现有的对象。
- 简单。JavaScript语言中采用的是弱类型的变量类型，对使用的数据类型未做出严格的要求，是基于Java基本语句和控制的脚本语言，设计简单紧凑。
- 动态性。JavaScript是一种采用事件驱动的脚本语言，不需要经过Web服务器就可以对用户的输入做出响应。在访问一个网页时，鼠标在网页中进行点击上下移动或窗口移动等操作，JavaScript都可直接对这些事件给出相应的响应。
- 跨平台性。JavaScript脚本语言不依赖于操作系统，仅需要浏览器的支持即可，因此，一个JavaScript脚本在编写后可以在任意机器上使用，前提是机器上的浏览器支持JavaScript脚本语言，目前JavaScript已被大多数的浏览器所支持。

不同于服务器端的脚本语言JavaScript主要被作为客户端脚本语言在用户的浏览器上运行，且不需要服务器的支持。所以在早期，程序员比较青睐使用JavaScript以减少对服务器的负担，但与此同时也带来了另一个问题，即安全性的保证。

如今随着服务器的性能日益强大，程序员虽然更喜欢运行于服务端的脚本以保证安全，但Java－Script仍然以其跨平台、容易上手等优势大行其道。同时，有些特殊功能（如AJAX）必须依赖Java－Script在客户端进行支持。且随着引擎（如V8）和框架（如Node.js）的发展，及其事件驱动与异步IO等特性，JavaScript逐渐被用来编写服务器端程序。

12.2 JavaScript的基本元素

> 通过上面的介绍，大家已经基本了解了JavaScript的发展历史与基本特点，下面详细讲解JavaScript的基本元素。

12.2.1 数据类型

JavaScript中有5种简单数据类型，也称为基本数据类型，即Undefined、Null、Boolean、Number和String。还有一种复杂数据类型——Object，Object本质上是由一组无序的名值对组成的。

1. Undefined类型

undefined是JavaScript中的一大特点，是JavaScript独有的数据和数据类型。
语法描述如下：

```
var message;
```

实例代码如下：

```
alert(message == undefined) //true
```

说明：Undefined类型只有一个值，即特殊的undefined。在使用var声明变量但未对其加以初始化时，这个变量的值就是undefined。

2. Null类型

Null类型也是只有一个值的数据类型，这个特殊的值是null。从逻辑角度来看，null值表示一个空对象指针，而这也正是使用typeof操作符检测null时会返回object的原因。
语法描述如下：

```
var car = null;
```

实例代码如下：

```
alert(typeof car); // "object"
```

说明：如果定义的变量准备在将来用于保存对象，那么最好将该变量初始化为null而不是其他值。这样，只要直接检测null值就可以知道相应的变量是否已经保存了一个对象的引用了。

尽管undefined值是派生自null值的，但它们的用途完全不同。无论在什么情况下都没有必要把一个变量的值设置为undefined，可是同样的规则对null却不适用。只要意在保存对象的变量还没有真正保存对象，就应该明确地让该变量保存null值，这样做不仅可以体现null作为空对象指针的惯例，而且也有助于进一步区分null和undefined。

3. Boolean类型

该类型只有两个字面值，即true和false。这两个值与数字值不是一回事，因此true不一定等于1，而false也不一定等于0。

虽然Boolean类型的字面值只有两个，但JavaScript中所有类型的值都有与这两个Boolean值等价的值。要将一个值转换为其对应的Boolean值，可以调用类型转换函数Boolean()。

实例代码如下：

```
var message = 'Hello World';
var messageAsBoolean = Boolean(message);
```

说明：在这个例子中，字符串message被转换成了一个Boolean值，该值被保存在messageAs-Boolean变量中。可以对任何数据类型的值调用Boolean()函数，而且总会返回一个Boolean值。至于返回的这个值是true还是false，取决于要转换值的数据类型及其实际值。如表12-1所示给出了各种数据类型及其对象的转换规则。

表12-1

数据类型	转换为true的值	转换为false的值
Boolean	True	False
String	任何非空字符串	（空字符串）
Object	任何对象	Null
Undefined	n/a（不适用）	Undefined

4. Number类型

这种类型用来表示整数和浮点数值，还有一种特殊的数值，即NaN（非数值 Not a Number）。这个数值用于表示一个本来要返回数值的操作数未返回数值的情况（这样就不会抛出错误了）。例如，在其他编程语言中，任何数值除以0都会导致错误，从而停止代码执行。但在JavaScript中，任何数值除以0会返回NaN，因此不会影响其他代码的执行。

NaN本身有两个非同寻常的特点。首先，任何涉及NaN的操作（例如NaN/10）都会返回NaN，这个特点在多步计算中有可能导致问题。其次，NaN与任何值都不相等，包括NaN本身。例如，下面的代码会返回false。

实例代码如下：

```
alert(NaN == NaN);      //false
```

说明：JavaScript中有一个isNaN()函数，这个函数接受一个参数，该参数可以是任何类型，而该函数会帮我们确定这个参数是否"不是数值"。isNaN()在接收一个值之后，会尝试将这个值转换为数值。某些不是数值的值会直接转换为数值，例如字符串"10"或Boolean值。而任何不能被转换为数值的值都会导致这个函数返回true。实例代码如下：

```
alert(isNaN(NaN));      //true
```

```
alert(isNaN(10));        //false(10是一个数值)
alert(isNaN("10"));      //false(可能被转换为数值10)
alert(isNaN("blue"));    //true(不能被转换为数值)
alert(isNaN(true));      //false(可能被转换为数值1)
```

有三个函数可以把非数值转换为数值,即Number()、parseInt()和parseFloat()。第一个函数,即转型函数Number()可以用于任何数据类型,而另外两个函数则专门用于把字符串转换成数值。这三个函数对于同样的输入会返回不同的结果。

5. String类型

String类型用于表示由零或多个16位Unicode字符组成的字符序列,即字符串。字符串可以由单引号(')或双引号(")表示。

语法描述如下:

```
var str1 = "Hello";
var str2 = 'Hello';
```

任何字符串的长度都可以通过访问其length属性取得。

实例代码如下:

```
alert(str1.length);                        //输出5
```

要把一个值转换为一个字符串有两种方式,第一种是使用几乎每个值都有的toString()方法。

实例代码如下:

```
var age = 11;
var ageAsString = age.toString();        //字符串"11"
var found = true;
var foundAsString = found.toString();    //字符串"true"
```

数值、布尔值、对象和字符串值都有toString()方法,但null和undefined值没有这个方法。

多数情况下,调用toString()方法不必传递参数。但是,在调用数值的toString()方法时,可以传递一个参数,即输出数值的基数。

实例代码如下:

```
var num = 10;
alert(num.toString());                    //"10"
alert(num.toString(2));                   //"1010"
alert(num.toString(8));                   //"12"
alert(num.toString(10));                  //"10"
alert(num.toString(16));                  //"a"
```

通过这个例子可以看出,通过指定基数,toString()方法会改变输出的值。而数值10根据基数的不同,会在输出时被转换为不同的数值格式。

6. Object类型

理论上Object类是所有类的父类，即直接或间接的继承Java.lang.Object类。由于所有的类都继承在Object类，因此省略了extends Object关键字。

实例代码如下：

```
var o = new Object();
```

说明：对象其实就是一组数据和功能的集合。对象可以通过执行new操作符后根据要创建的对象类型的名称来创建。而创建Object类型的实例并为其添加属性和（或）方法，就可以创建自定义对象。

12.2.2 常量和变量

在学习了JavaScript的数据类型之后，接下来熟悉有关常量与变量的知识。

1. 常量

在声明和初始化变量时，在标识符的前面加上关键字const，就可以把该变量指定为一个常量。顾名思义，常量是其值在使用过程中不会发生变化，实例代码如下：

```
const NUM=100;
```

NUM标识符就是常量，只能在初始化的时候被赋值，不能再次给NUM赋值。

2. 变量

在JavaScript中声明变量，是在标识符的前面加上关键字var，实例代码如下：

```
var scoreForStudent = 0.0;
```

该语句声明scoreForStudent变量，并且初始化为0.0。如果在一个语句中声明和初始化了多个变量，那么所有的变量都具有相同的数据类型，实例代码如下：

```
var x = 10, y = 20;
```

在多个变量的声明中，也能指定不同的数据类型，实例代码如下：

```
var x = 10, y = true;
```

其中x为整型，y为布尔型。

12.2.3 运算符和表达式

下面将对运算符与表达式的相关知识进行介绍。

1. 运算符的类型

不同运算符对其处理的运算数存在类型要求，例如不能将两个由非数字字符组成的字符串进行乘法运算。JavaScript会在运算过程中，按需要自动转换运算数的类型，例如由数字组成的字符串在进行乘法运算时将自动转换成数字。

根据运算数的个数，可以将运算符分为三种类型，分别为一元运算符、二元运算符和三元运算符。

● 一元运算符是指只需要一个运算数参与运算的运算符，一元运算符的典型应用是取反运算。
● 二元运算符是指需要两个运算数参与运算，JavaScript中的大部分运算符都是二元运算符，比如加法运算符、比较运算符等等。
● 三元运算符（?:）是运算符中比较特殊的一种，它可以将三个表达式合并为一个复杂的表达式。

下面就是详细解释各种运算符的作用及语法描述。

（1）赋值运算符（=）

作用：给变量赋值。

语法描述如下：

```
result = expression
```

说明：赋值运算符和其他运算符一样，除了把值赋给变量外，使用它的表达式还有一个值，这就意味着可以这样把赋值操作连起来写，实例代码如下：

```
j = k = l = 0;
```

执行完该语句后，j、k、和 l 的值都等于零。

因为（=）被定义为一个运算符，所以可以将它运用于更复杂的表达式，实例代码如下：

```
（a=b）==0          //先给a赋值b,再检测a的值是否为0.
```

赋值运算符的结合性是从右向左的，因此可以这样用，实例代码如下：

```
a=b=c=d=100        //给多个变量赋同一个值
```

（2）加法赋值运算符（+=）

作用：将变量值与表达式值相加，并将和赋给该变量。

语法描述如下：

```
result += expression
```

（3）加法运算符（+）

作用：将数字表达式的值加到另一数字表达式上，或连接两个字符串。

语法描述如下：

```
result = expression1 + expression2
```

说明：如果+（加法）运算符表达式中一个是字符串，而另一个不是，则另一个会被自动转换为字符串。如果加法运算符中一个运算数为对象，则这个对象会被转化为可以进行加法运算的数字或可以进行连接运算的字符串，这一转化是通过调用对象的valueof()或tostring()方法来实现的。

加法运算符有将参数转化为数字的功能，如果不能转化为数字则返回NaN。

如var a="100";　var b=+a　此时b的值为数字100。

加法运算符用于数字或字符串时，并不一定就都会转化成字符串进行连接，实例代码如下：

```
var a=1+2+"hello"        //结果为3hello
var b="hello"+1+2        //结果为hello12
```

产生这种情况的原因是加法运算符是从左向右进行运算的。

（4）减法赋值运算符（-=）

作用：从变量值中减去表达式值，并将结果赋给该变量。

语法描述如下：

```
result -= expression
```

说明：使用减法赋值运算符与使用下面的语句是等效的，实例代码如下：

```
result = result - expression
```

（5）减法运算符（-）

作用：从一个表达式的值中减去另一个表达式的值，只有一个表达式时则取其相反数。

语法1描述如下：

```
result = number1 - number2
```

语法2描述如下：

```
-number
```

说明：在语法1中，减法运算符是算术减法运算符，用来获得两个数值之间的差。在语法2中，减法运算符被用作一元取负运算符，用来指出一个表达式的负值。

对于语法2，和所有一元运算符一样，表达式按照下面的规则来求值：

● 如果应用于undefined或null表达式，则会产生一个运行时错误。

● 对象被转换为字符串。

● 如果可能，则字符串被转换为数值。如果不能，则会产生一个运行时错误。

● Boolean值被当作数值（如果是false则为0，如果是true则为1）。

该运算符被用来产生数值。在语法2中，如果生成的数值不是零，则result与生成的数值颠倒符号后是相等的。如果生成的数值是零，则result是零。

如果减法运算符的运算数不是数字，那么系统会自动把它们转化为数字。

也就是说加法运算数会被优先转化为字符串，而减法运算数会被优先转化为数字。以此类推，只能进行数字运算的运算数都将被转化为数字。（比较运算符也会优先转化为数字进行比较）

（6）递增（++）和递减（--）运算符

作用：变量值递增一或递减一。

语法1描述如下：

```
result = ++variable
result = --variable
result = variable++
result = variable—
```

语法2描述如下:

```
++variable
--variable
variable++
variable—
```

说明: 递增和递减运算符, 是修改存在变量中的值的快捷方式。包含其中一个这种运算符的表达式的值, 依赖于该运算符是在变量前面还是在变量后面。

递增运算符 (++), 只能运用于变量, 如果用在变量前则为前递增运算符, 如果用于变量后面则为后递增运算符。前递增运算符会用递增后的值进行计算, 而后递增运算符用递增前的值进行运算。

递减运算符 (--) 的用法与递增运算符的用法相同。

（7）乘法赋值运算符 (*=)

作用: 变量值乘以表达式值, 并将结果赋给该变量。

语法描述如下:

```
result *= expression
```

说明: 使用乘法赋值运算符和使用下面的语句是等效的, 实例代码如下:

```
result = result * expression
```

（8）乘法运算符 (*)

作用: 两个表达式的值相乘。

语法描述如下:

```
result = number1*number2
```

（9）除法赋值运算符 (/=)

作用: 变量值除以表达式值, 并将结果赋给该变量。

语法描述如下:

```
result /= expression
```

说明: 使用除法赋值运算符和使用下面的语句是等效的, 实例代码如下:

```
result = result / expression
```

（10）除法运算符（/）

作用：将两个表达式的值相除。

语法描述如下：

```
result = number1 / number2
```

（11）逗号运算符（,）

作用：顺序执行两个表达式。

语法描述如下：

```
expression1,expression2
```

说明：逗号运算符使它两边的表达式以从左向右的顺序被执行，并获得右边表达式的值，运算符最普通的用途是在for循环的递增表达式中使用，实例代码如下：

```
for (i = 0; i < 10; i++, j++)
{
    k = i + j;
}
```

每次通过循环的末端时，for语句只允许单个表达式被执行，运算符用来允许多个表达式被当作单个表达式，从而规避该限制。

（12）取余赋值运算符（%=）

作用：变量值除以表达式值，并将余数赋给变量。

语法描述如下：

```
result %= expression
```

说明：使用取余赋值运算符与使用下面的语句是等效的，实例代码如下：

```
result = result % expression
```

（13）取余运算符（%）

作用：一个表达式的值除以另一个表达式的值，返回余数。

语法描述如下：

```
Result = number1 % number2
```

说明：取余（或余数）运算符用number1除以number2（把浮点数四舍五入为整数），然后只返回余数作为result。例如在下面的表达式中，A（即result）等于5。

```
A = 19 % 6.7
```

（14）比较运算符

作用：返回表示比较结果的Boolean值。

语法描述如下：

```
expression1 comparisonoperator expression2
```

说明：比较字符串时，JScript使用字符串表达式的Unicode字符值。

（15）关系运算符（<、>、<=、>=）

比较运算符如大于、小于等只能对数字或字符串进行比较，不是数字或字符串类型的，将被转化为数字或字符串类型。如果同时存在字符串和数字，则字符串优先转化为数字，如不能转化为数字则转化为NaN，此时表达式最后结果为false。如果对象可以转化为数字或字符串，则它会被优先转化为数字。如果运算数都不能被转化为数字或字符串，则结果为false。如果运算数中有一个为NaN，或被转化为NaN，则表达式的结果总是为false。当比较两个字符串时，是将逐个字符进行比较的，按照的是字符在Unicode编码集中的数字，因此字母的大小写也会对比较结果产生影响。

（16）相等运算符（==）

作用：如果两表达式的类型不同，那么将它们转换为字符串、数字或Boolean量再进行比较。

说明：相同的字符串、数值上相等的数字、相同的对象、相同的Boolean值或者（当类型不同时）能被强制转化为上述情况之一，均被认为是相等的。其他比较均被认为是不相等的。

关于（==），要想使等式成立，需满足以下条件。

等式两边类型不同，但经过自动转化类型后的值相同，转化时如果有一边为数字，则另一边的非数字类型会优先转化为数字类型；布尔值始终是转化为数字进行比较的，不管等式两边中有没有数字类型，true转化为1，false转化为0。对象也会被转化。

（17）恒等运算符（===）

作用：除了不进行类型转换，并且类型必须相同以外，这些运算符与相等运算符的作用是一样的。

语法描述如下：

```
$a===516;
```

说明：关于（===），要想使等式成立，需满足以下条件。

等式两边值相同，类型也相同。

如果等式两边是引用类型的变量，如数组、对象、函数，则要保证两边引用的是同一个对象，否则，即使是两个单独的完全相同的对象也不会完全相等。

等式两边的值都是null或undefined，但如果是NaN就不会相等。

（18）条件（三目）运算符（?:)

作用：根据条件执行两个语句中的其中一个。

语法描述如下：

```
test ?语句1 :语句2
```

说明：当test是true或false时执行的语句，可以是复合语句。

（19）delete 运算符

作用：从对象中删除一个属性，或从数组中删除一个元素。

语法描述如下:

```
delete expression
```

说明:expression参数是一个有效的JScript表达式,通常是一个属性名或数组元素。

如果expression的结果是一个对象,且在expression中指定的属性存在,而该对象又不允许它被删除,则返回false。在所有其他情况下,返回true。

delete是一个一元运算符,用来删除运算数指定的对象属性、数组元素或变量,如果删除成功返回true,删除失败则返回false。并不是所有的属性和变量都可以删除,比如用var声明的变量就不能删除,内部的核心属性和客户端的属性也不能删除。需要注意的是,用delete删除一个不存在的属性时(或者说它的运算数不是属性、数组元素或变量时),将返回true。

delete影响的只是属性或变量名,并不会删除属性或变量引用的对象(如果该属性或变量是一个引用类型时)。

(20)in运算符

作用:测试对象中是否存在该属性。

语法描述如下:

```
prop in objectName
```

说明:in操作检查对象中是否有名为property的属性。也可以检查对象的原型,以便知道该属性是否为原型链的一部分。

in运算符要求其左边的运算数是一个字符串或者可以被转化为字符串,右边的运算数是一个对象或数组,如果左边的值是右边对象的一个属性名,则返回true。

(21)new运算符

作用:创建一个新对象。

语法描述如下:

```
new constructor[(arguments)]
```

说明:new运算符执行以下的任务:

● 一个没有成员的对象。

● 对象调用构造函数,传递一个指针给新创建的对象作为this指针。

● 构造函数根据传递给它的参数初始化该对象。

(22)typeof运算符

作用:返回一个用来表示表达式的数据类型的字符串。

语法描述如下:

```
typeof[()expression[]] ;
```

说明:expression参数是需要查找类型信息的任意表达式。

typeof运算符把类型信息当作字符串返回,typeof返回值有6种可能,即number、string、boolean、object、function和undefined。

typeof语法中的圆括号是可选项。

typeof也是一个运算符，用于返回运算数的类型，typeof也可以用括号把运算数括起来。typeof对对象和数组返回的都是object，因此它只在用来区分对象和原始数据类型时才有用。

（23）instanceof运算符

作用：返回一个Boolean值，指出对象是否是特定类的一个实例。

语法描述如下：

```
result = object instanceof class
```

说明：如果object是class的一个实例，则instanceof运算符返回true。如果object不是指定类的一个实例，或者object是null，则返回false。

intanceof运算符要求其左边的运算数是一个对象，右边的运算数是对象类的名字，如果运算符左边的对象是右边类的一个实例，则返回true。在JavaScript中，对象类是由构造函数定义的，所以右边的运算数应该是一个构造函数的名字。注意，JavaScript中所有对象都是Object类的实例。

（24）void运算符

作用：避免表达式返回值。

语法描述如下：

```
void expression
```

说明：expression参数是任意有效的JavaScript表达式。

2. 表达式

表达式是关键字、运算符、变量以及文字的组合，用来生成字符串、数字或对象。一个表达式可以完成计算、处理字符、调用函数或者验证数据等操作。

表达式的值是表达式运算的结果，常量表达式的值就是常量本身，变量表达式的值则是变量引用的值。在实际编程中，可以使用运算数和运算符建立复杂的表达式，运算数是一个表达式内的变量和常量，运算符是表达式中用来处理运算数的各种符号。

如果表达式中存在多个运算符，那么它们总是按照一定的顺序被执行，表达式中运算符的执行顺序被称为运算符的优先级。

使用运算符()可以改变默认的运算顺序，因为括号内运算符的优先级高于其他运算符的优先级。赋值操作的优先级非常低，几乎总是最后才被执行。

12.3 JavaScript事件分析

> JavaScript与HTML之间的交互是通过事件来实现的。事件，就是文档或浏览器窗口中发生的一些特定的交互瞬间。可以用侦听器来预订事件，以便事件发生的时候执行相应的代码。

12.3.1 事件类型

与浏览器进行交互的时候浏览器就会触发各种事件。比如当打开某一个网页时，浏览器加载完成了这个网页，就会触发一个load事件。而当点击页面中的某一个"地方"时，浏览器就会在那个"地方"触发一个click事件。

1. UI事件

UI事件中的UI（User Interface）即用户界面，当用户与页面上的元素交互时会触发UI事件。

UI事件中主要包括load、unload、abort、error、select、resize和scroll事件。

（1）load事件

此事件为当页面完全加载完之后（包括所有的图像、JS文件、CSS文件等外部资源），就会触发load事件。

这个事件是JavaScript中最常用的事件，比如经常会使用window.onload=function(){};这种形式，即当页面完全加载完之后执行其中的函数。

另外，这个事件还可以用在其他元素上，比如图像元素，实例代码如下：

```
<img src="smile.png" onload="alert('loaded')">
```

即当图片完全加载出来之后会有弹窗，当然该事件也可以使用JS来实现，实例代码如下：

```
var img=document.getElementById("img");
EventUtil.addHandler(img,"load",function(){
event=EventUtil.getEvent(event);
alert(EventUtil.getTarget(event).src);
});
```

（2）unload事件

显然，这个事件是与load事件相对的，它在文档被完全卸载后触发。用户从一个页面切换到另一个页面就会触发unload事件。利用这个事件最多的情况是清楚引用，避免内存泄漏。

这个事件有两种方式来指定，一种是JavaScript方式，使用EventUtil.addHandler()，而另一种是在body元素中添加一个特性。

值得注意的是，一定要小心编写unload事件中的代码，因为它是在页面卸载后才触发，所以在页面加载后存在的那些对象，在unload事件触发之后就不一定存在了，实例代码如下：

```
<body unload="alert('changed')">
```

（3）resize事件

将调整浏览器的窗口到一个新的宽度或高度时，就会触发resize事件。这个事件在Window（窗口）上面触发，同样可以通过JavaScript或者body元素中的onresize特性来指定处理程序，实例代码如下：

```
<body onresize="alert('changed')">
```

当浏览器的大小发生改变时就会弹出窗口。

（4）scroll事件

这个事件会在文档被滚动期间重复被触发，所以应当尽量保持事件处理程序的代码简单。

2. 焦点事件

焦点事件会在页面元素获得或失去焦点时触发，主要包含以下几种事件：

- blur：在元素失去焦点时触发。这个事件不支持冒泡，所有浏览器都支持。
- focus：在元素获得焦点时触发。这个事件不支持冒泡，所有浏览器都支持。
- focusin：在元素获得焦点时触发。这个事件支持冒泡，某些浏览器不支持。
- focusout：在元素失去焦点时触发。这个事件支持冒泡，某些浏览器不支持。

【TIPS】

即使blur和focus不冒泡，也可以在捕获阶段侦听到它们。

3. 鼠标与滚轮事件

鼠标事件是Web开发中最常用的一类事件，因为鼠标是最主要的定位设备，它主要包含以下几种事件：

- click：用户单击鼠标左键或按下回车键触发。
- dbclick：用户双击鼠标左键触发。
- mousedown：在用户按下了任意鼠标键时触发。
- mouseenter：在鼠标光标从元素外部首次移动到元素范围内时触发，此事件不支持冒泡。
- mouseleave：元素上方的光标移动到元素范围之外时触发，此事件不支持冒泡。
- mousemove：光标在元素的内部不断移动时触发。
- mouseover：鼠标指针位于一个元素外部，然后用户将首次移动到另一个元素边界之内时触发。
- mouseout：用户将光标从一个元素上方移动到另一个元素时触发。
- mouseup：在用户释放鼠标键时触发。

4. 键盘和文本事件

键盘与文本事件主要包含下面几种事件：

- keydown：当用户按下键盘上的任意键时触发，按住不放时会重复触发。
- keypress：当用户按下键盘上的字符键时触发，按住不放时会重复触发。
- keyup：当用户释放键盘上的键时触发。
- textInput：这是唯一的文本事件，用意是将文本显示给用户之前更容易拦截文本。

这几个事件在用户通过文本框输入文本时才会触发。鼠标事件和键盘事件会在后面的章节里详细讲解。

12.3.2 事件句柄

很多动态性的程序都定义了事件句柄，当某个事件发生时，Web浏览器会自动调用相应的事件句柄。由于客户端JavaScript的事件是由HTML对象引发的，因此事件句柄被定义为这些对象的属性。例如，要定义在用户单击表单中的复选框时调用事件句柄，只需把处理代码作为复选框的HTML标记的属性，实例代码如下：

```
<input type="checkbox" name="options"
value="giftwrap" onclick="giftwrap=this.checked;">
```

在这段代码中，重点是属性onclick。onclick的属性值是一个字符串，其中包含一个或多个JavaScript语句。如果其中有多条语句，必须使用分号将每条语句隔开。当指定的事件发生时，字符串的JavaScript代码就会被执行。

虽然可以在事件句柄定义中加入任意多条JavaScript语句，然而，经常使用的是使用事件句柄属性来调用在<script>标记中所定义的函数。这样一来，大部分JavaScript代码都存放在脚本中，从而减少了JavaScripl和HTML的混合。

注意，HTML的事件句柄属性并不是定义JavaScript事件句柄的唯一方式，也可以在一个<script>标记中使用JavaScript代码来为HTML元素指定JavaScript事件句柄。一些JavaScript开发者争论不应该使用HTML的事件句柄属性，真正无干扰的JavaScript要求内容和行为的完全分离。根据这一JavaScript编程风格，所有的JavaScript代码都应该放到一个外部文件中，通过HTML<script>标记的src属性来引用该文件。不管在运行的时候需要哪种事件句柄，都可以定义这样的一个外部JavaScript代码。

下面介绍几个最常用的事件句柄属性。

- onclick：所有类似按钮的表单元素和标记<a>及<area>都支持该句柄属性。当用户点击元素时就会触发它。如果onclick处理程序返回false，则浏览器不执行任何与按钮和链接相关的默认动作，例如不会进行超链接或提交表单。
- onmousedown和onmouseup：这两个事件句柄和onclick非常相似，只不过分别在用户按下和释放鼠标按钮时触发，大多数文档元素都支持这两个事件句柄属性。
- onmouseover和onmouseout：这两个事件句柄分别在鼠标指针移到或移出文档元素时触发。
- onchange：<input>、<select>和<textarea>元素支持这个事件句柄。在用户改变了元素显示的值，或移出了元素的焦点时触发。
- onload：这个事件句柄出现在<body>标记上，当文档及其外部内容完全载入时触发。onload句柄常常用来触发操作文档内容的代码，因为它表示文档已经达到了一个稳定的状态并且修改它是安全的。

12.3.3 事件处理

产生事件后需要进行处理，JavaScript事件处理程序主要有以下三种方式。

1. HTML事件处理程序

即直接在HTML代码中添加事件处理程序，实例代码如下：

```
<input id="btn1" value="按钮" type="button" onclick="showmsg();">
<script>
    function showmsg(){
        alert("HTML添加事件处理");
    }
</script>
```

从上面的代码中可以看出，事件处理是直接嵌套在元素里的，这样就存在一个隐患，由于HTML

代码和JavaScript的耦合性太强，如果需要改变JavaScript中的showmsg，那么不仅需要在Java-Script中修改，还需要到HTML中修改，一两处的修改尚可完成，但是当代码达到万行级别时，修改起来就非常费时费力，因此这个方式并不推荐使用。

2. DOM0级事件处理程序

该程序是把一个函数赋值给一个事件处理程序属性。

⚠ 【例12.1】 为指定对象添加事件处理

实例代码如下：

```
<input id="btn2" value="按钮" type="button">
<script>
var btn2= document.getElementById("btn2");
    btn2.onclick=function(){
alert("DOM0级添加事件处理");}
btn.onclick=null;//如果想要删除btn2的点击事件，将其置为null即可
</script>
```

从上面的代码中可以看出，相对于HTML事件处理程序，DOM0级事件中HTML代码和JavaScript代码的耦合性已经大大降低。但是，还存在更简便的处理方式，下面就来说说第三种处理方法。

3. DOM2级事件处理程序

DOM2也是对特定的对象添加事件处理程序，但是主要涉及到两个方法，用于处理指定和删除事件处理程序的操作，即addEventListener()和removeEventListener()。

它们都接收三个参数，即要处理的事件名、作为事件处理程序的函数和一个布尔值（是否在捕获阶段处理事件）。

⚠ 【例12.2】 为input按钮添加事件处理程序

实例代码如下：

```
<meta http-equiv="Content-Type" content="textml;charset=UTF-8">
<input id="btn3" value="按钮" type="button">
<script>
var btn3=document.getElementById("btn3");
btn3.addEventListener("click",showmsg,false);//这里把最后一个值设为false，即不在
捕获阶段处理，一般来说冒泡处理在各浏览器中兼容性较好
function showmsg(){
alert("DOM2级添加事件处理程序");
}
btn3.removeEventListener("click",showmsg,false);//如果想要把这个事件删除，只需要传
入同样的参数即可
</script>
```

这里可以看到，在添加删除事件处理的时候，最后一种方法更直接，也最简便。但需要注意的是，在删除事件处理的时候，传入的参数一定要跟之前的参数一致，否则删除会失效。

12.4　表单事件

> JavaScript可以创建动态页面，事件是可以被JavaScript侦测到的行为，网页中的每个元素都可以产生某些可以触发JavaScript函数的事件。本节将对表单事件进行详细介绍。

12.4.1　提交事件

JavaScript最初的应用是为了分担服务器处理表单的责任，打破处处依赖服务器的局面。尽管目前的Web和JavaScript已经有了长足的发展，但Web表单的变化并不明显。由于Web表单没有为许多常见任务提供现成的解决手段，因此很多开发人员不仅会在验证表单时使用JavaScirpt，而且还增强了一些标准表单控件的默认行为。

在HTML中，表单由<form>元素表示，而在JavaScript中，表单对应的是HTMLFormElement类型。HTMLFormElement继承了HTMLElement，因而与其他HTML元素具有相同的默认属性。不过，HTMLFormElement也有其独有的属性和方法。

表12-2

属性名	作用
acceptCharset	服务器能够处理的字符集，等价于HTML中的accept-charset特性
action	接受请求的URL，等价于 HTML中的action特性
elements	表单中所有控件的集合（HTMLCollection）
enctype	请求的编码类型，等价于HTML中的 enctype特性
length	表单中控件的数量
method	要发送的HTTP请求类型，通常是get或post，等价于HTML中的method特性
name	表单的名称，等价于HTML中的name特性
reset()	将所有表单域重置为默认值
submit()	提交表单
target:	发送请求和接收响应的窗口名称，等价于HTML中的target特性

用户单击提交按钮或图像按钮时，就会提交表单。使用<input>或<button>都可以定义提交按钮，只要将其type特性的值设置为submit即可，而图像按钮则是通过将<input>的type特性值设置为image来定义的。因此，只要单击以下代码生成的按钮，就可以提交表单，实例代码如下：

```
<!-- 通用提交按钮 -->
<input type="submit" value="Submit Form">
<!-- 自定义提交按钮 -->
<button type="submit">Submit Form</button>
<!-- 图像按钮 -->
<input type="image" src="graphic.gif">
```

只要表单中存在上面列出的任何一种按钮，那么在相应表单控件拥有焦点的情况下，按下Enter键就可以提交该表单（textarea是一个例外，在文本区中按下Enter键会换行）。如果表单里没有提交按钮，按下Enter键不会提交表单。

以这种方式提交表单时，浏览器会在将请求发送给服务器之前触发submit事件。这样，就有机会验证表单数据，并据以决定是否允许表单提交。阻止这个事件的默认行为就可以取消表单提交。例如，下列代码会阻止表单提交，实例代码如下：

```
var form = document.getElementById("myForm");
EventUtil.addHandler(form, "submit", function(event){
//取得事件对象
event = EventUtil.getEvent(event);
//阻止默认事件
EventUtil.preventDefault(event); });
```

这里使用了前面的EventUtil对象，以便跨浏览器处理事件。调用preventDefault()方法阻止了表单提交。一般来说，在表单数据无效而不能发送给服务器时，可以使用这一技术。在JavaScript中，以编程方式调用submit()方法也可以提交表单。而且，这种方式无需表单包含提交按钮，任何时候都可以正常提交表单，实例代码如下：

```
var form = document.getElementById("myForm");
//提交表单
form.submit();
```

在以调用submit()方法的形式提交表单时，不会触发submit事件，因此要记得在调用此方法之前先验证表单数据。

提交表单时可能出现的问题就是重复提交表单。在第一次提交表单后，如果长时间没有反应，用户可能会变得不耐烦。这时候，用户也许会反复单击提交按钮，可能导致服务器处理重复的请求，或者会造成错误（如果用户的操作是下订单，那么可能会重复下单）。解决这一问题的办法是在第一次提交表单后就禁用提交按钮，或者利用onsubmit事件处理程序取消后续的表单提交操作。

12.4.2 重置表单

在用户单击重置按钮时，表单会被重置。使用type特性值为reset的<input>或<button>都可以创建重置按钮，实例代码如下：

```
<!-- 通用重置按钮 -->
<input type="reset" value="Reset Form">
```

```
<!-- 自定义重置按钮 -->
<button type="reset">Reset Form</button>
```

这两个按钮都可以用来重置表单。在重置表单时，所有表单字段都会恢复到页面刚加载完毕时的初始值。如果某个字段的初始值为空，就会恢复为空。而带有默认值的字段，也会恢复为默认值。用户单击重置按钮重置表单时，会触发reset事件。利用这个机会，可以在必要时取消重置操作。例如，下面展示了阻止重置表单的代码，实例代码如下：

```
var form = document.getElementById("myForm");
EventUtil.addHandler(form, "reset", function(event){
//取得事件对象
event = EventUtil.getEvent(event);
//阻止表单重置
EventUtil.preventDefault(event); });
```

与提交表单一样，也可以通过JavaScript来重置表单，实例代码如下：

```
var form = document.getElementById("myForm");
//重置表单
form.reset();
```

与调用 submit()方法不同，调用 reset()方法会像单击重置按钮一样触发reset事件。

在进行Web表单设计时要考虑到，重置表单通常意味着用户对已经填写的数据不满意，而重置表单经常会导致用户失去所有数据，如果意外地触发了表单重置事件，那么用户体验会很差。因此，事实上重置表单的需求是很少见的。更常见的做法是提供一个取消按钮，让用户能够回到前一个页面，而不是不分青红皂白地重置表单中的所有值。

12.5 鼠标事件

> 本节主要介绍JavaScript鼠标按键事件的用法，结合实例形式总结分析了JavaScript中鼠标事件的常用操作技巧。

12.5.1 鼠标单、双击事件

鼠标单击/双击事件只需要在div中添加onclick和ondbclick方法就可以实现。

⚠ 【例12.3】鼠标单击事件

在名称为d1的div下添加鼠标单击事件，单击后将给出相应的提示信息，实例代码如下：

```
<html>
    <body>
        <div id="d1" style="background:yellow;width:100px;height:100px"
onclick="test()">
        </div> //这个div会生成一个长宽各100px的黄色区域
    </body>
</html>
<script type="text/javascript">
function test(){
        alert("test");
}
</script>
```

⚠ 【例12.4】鼠标双击事件

鼠标双击事件就是把上述代码中的onclick换成ondblick，实例代码如下：

```
<html>
    <body>
        <div id="d1" style="background:yellow;width:100px;height:100px"
ondblclick="test()"> //这个div会生成一个长宽各100px的黄色区域
        </div>
    </body>
</html>
<script type="text/javascript">
function test(){
        alert("test");
}
</script>
```

双击黄色区域的时候会弹出内容为test的弹框，如图12-1所示。

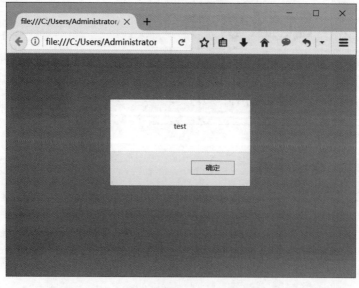

图12-1

12.5.2 鼠标移动事件

鼠标事件的移动及移出效果都可以使用JavaScript来自定义。

⚠ 【例12.5】 鼠标移动事件

在此使用onmousemove鼠标移动时触发的事件，及onmouseout当鼠标离开某对象范围时触发的事件。效果为当事件发生改变时背景颜色也随着改变，实例代码如下：

```
<style type="text/css">
.style0{
background-color:#ffff00;
}
.style1{
background-color:#00ffff;
}
</style>
</head>
<body>
<meta http-equiv="Content-Type" content="textml;charset=UTF-8">
<table width="576" height="79" border="1">
<tr>
<td id="td1" onmousemove="document.getElementById('td1').
className='style0';" onmouseout="document.getElementById('td1').
className='style1'"><div align="center" class="STYLE2">主页</div></td> //生成一个
蓝色背景色的div
<td><div align="center" class="STYLE2">男</div></td>
<td><div align="center" class="STYLE2">女</div></td>
</tr>
</table>
</body>
```

所得结果如图12-2所示。

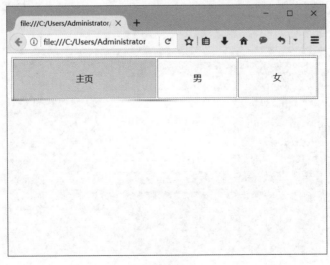

图12-2

12.6 键盘事件

用户按下一个键盘按键时会触发onkeydown事件。与onkeypress事件不同的是，onkeydown事件是响应任意键按下的处理（包括功能键），onkeypress事件则只响应字符键按下后的处理。

【例12.6】 键盘事件

利用onkeydown事件获取用户按键后所给出的特定信息，实例代码如下：

```
<html>
<meta charset="UTF-8">
    <body>
    <script type="text/javascript">
function noNumbers(e)
    {
        var keynum;
        var keychar;
        keynum = window.event ? e.keyCode : e.which;
        keychar = String.fromCharCode(keynum);
        alert(keynum+':'+keychar);
    }
</script>
    <input type="text" onkeydown="return noNumbers(event)" />
    </body>
    </html>
```

Internet Explorer/Chrome浏览器使用event.keyCode取回被按下的字符，而Netscape/Firefox/Opera等浏览器使用event.which取回被按下的字符，运行结果如图12-3所示。

图12-3

　　如上面实例所示，event.keyCode/event.which得到的是一个按键对应的数字值（Unicode编码），常用键值对应如表12-3所示。

表12-3

数字值	实际键值
48到57	0-9
65到90	a-z（A到Z）
112到135	F1到F24
8	BackSpace（退格）
9	Tab
13	Enter（回车）
20	Caps_Lock（大写锁定）
32	Space（空格键）
37	Left（左箭头）
38	Up（上箭头）
39	Right（右箭头）
40	Down（下箭头）

　　在Web应用中，常常可以看到利用onkeydown事件的event.keyCode/event.which来获取用户的一些键盘操作，从而运行某些运用的例子。如在用户登录时，如果按下了大写锁定键（20），则提示大写锁定。在有翻页的时候，如果用户按下左右箭头，则触发上下翻页等。

　　获得Unicode编码值之后，如果需要得到实际对应的按键值，可以通过Srting对象的fromChar-Code方法（String.fromCharCode()）获得。需要注意的是，对于字符获得的始终是大写字符，而对于其他一些功能按键，得到的字符可能不太易阅读。

12.7 窗口事件

　　当浏览器的窗口大小被改变时触发的事件为window.onresize，实例代码如下：

```
window.onresize = function(){

}
```

⚠ 【例12.7】窗口事件

　　用于显示浏览器可见区域信息的实例代码如下：

```
<meta http-equiv="Content-Type" content="textml;charset=UTF-8">
<span id="info_jb51_net">请改变浏览器窗口大小</span>
<script>
window.onresize = function(){
document.getElementById("info_jb51_net").innerHTML="宽度: "+document.
documentElement.clientWidth+", 高度: "+document.documentElement.clientHeight;
}</script>
```

执行上述代码后，将显示浏览器当前的分辨率，如图12-4所示。如果取消浏览器全屏显示效果，并改变浏览器窗口大小的时候，显示的数值也会随之改变。

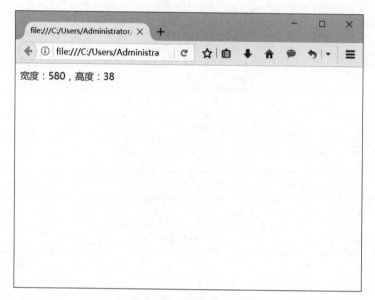

图12-4

 # 本章小结

通过本章的学习相信大家已经对JavaScript有了基本的了解，本章主要讲述了JavaScript的基础知识，包括JavaScript的事件分析、表单事件、键盘事件以及窗口事件的基本知识。如果想要深入了解JavaScript的知识，这些知识都是基础，所以必须牢牢掌握本章所讲解的知识，打好基础，在学习后面的内容时才不会感觉吃力。

典型应用——使用 JavaScript制作特效

本章概述

　　本章将介绍如何向HTML页面添加JavaScript，使得网站的动态性和交互性更强。在本章中将学习创建对事件的响应，验证表单以及如何根据不同的情况运行不同的脚本。

重点知识

- JavaScript事件分析
- 窗口特效
- 时间特效

13.1 JavaScript事件分析

> 在学习了JavaScript的语法和功能后，本节将向大家详细讲解一些常用的JavaScript功能。

13.1.1 轮播图效果

图片轮播经常在众多网站中出现，各种轮播特效在有限的空间中展示了几倍于空间大小的内容，并且有着良好的视觉效果。轮播图的写法有很多种，这里举一个比较简单的例子：

⚠ 【例13.1】轮播图效果HTML部分

在此介绍网页中关于轮播图的设计，其HTML部分如下所示。

```
<div id="wrapper"><!-- 最外层部分 -->
<div id="banner"><!-- 轮播部分 -->
<ul class="imgList"><!-- 图片部分 -->
<li><a href="#"><img src="./img/test1.jpg" width="400px" height="200px"
alt="puss in boots1"></a></li>
<li><a href="#"><img src="./img/test2.jpg" width="400px" height="200px"
alt="puss in boots2"></a></li>
<li><a href="#"><img src="./img/test3.jpg" width="400px" height="200px"
alt="puss in boots3"></a></li>
<li><a href="#"><img src="./img/test4.jpg" width="400px" height="200px"
alt="puss in boots4"></a></li>
<li><a href="#"><img src="./img/test5.jpg" width="400px" height="200px"
alt="puss in boots5"></a></li>
</ul>    <!--将轮播图的图片放在ui标签中排列-->
<img src="./img/prev.png" width="20px" height="40px" id="prev">
<img src="./img/next.png" width="20px" height="40px" id="next">
<div class="bg"></div> <!-- 图片底部背景层部分-->
<ul class="infoList"><!-- 图片左下角文字信息部分 -->
<li class="infoOn">puss in boots1</li>
<li>puss in boots2</li>
<li>puss in boots3</li>
<li>puss in boots4</li>
<li>puss in boots5</li>
</ul>
<ul class="indexList"><!-- 图片右下角序号部分 -->
<li class="indexOn">1</li>
<li>2</li>
<li>3</li>
<li>4</li>
<li>5</li>
</ul>
```

```
    </div>
    </div>
```

上述介绍了轮播图的HTML部分，接下来介绍CSS部分的实现。CSS样式部分（图片组的处理）跟淡入淡出式不一样。淡入淡出只需要显示或者隐藏对应序号的图片即可，直接通过display来设定。左右切换式则是采用图片li浮动，父层元素ul总宽为总图片宽，并设定为有限banner宽度下隐藏超出宽度的部分。若想切换到某序号的图片时，则采用其ul定位left样式设定相应属性值实现。

比如，显示第一张图片的初始定位left为0px，要想显示第二张图片则需要left:-400px处理。

⚠ 【例13.2】 轮播图效果CSS部分

关于轮播图设计过程中CSS部分的实现代码如下：

```css
<style type="text/css">
    body,div,ul,li,a,img{margin: 0;padding: 0;}
    ul,li{list-style: none;}
    a{text-decoration: none;}

    #wrapper{position: relative;margin: 30px auto;width: 400px;height: 200px;}
    #banner{position:relative;width: 400px;height: 200px;overflow: hidden;}
    .imgList{position:relative;width:2000px;height:200px;z-index: 10;overflow:
hidden;}
    .imgList li{float:left;display: inline;}
    #prev,
    #next{position: absolute;top:80px;z-index: 20;cursor: pointer;opacity:
0.2;filter:alpha(opacity=20);}
    #prev{left: 10px;}
    #next{right: 10px;}
    #prev:hover,
    #next:hover{opacity: 0.5;filter:alpha(opacity=50);}
    .bg{position: absolute;bottom: 0;width: 400px;height: 40px;z-index:20;opacity:
0.4;filter:alpha(opacity=40);background: black;}
    .infoList{position: absolute;left: 10px;bottom: 10px;z-index: 30;}
    .infoList li{display: none;}
    .infoList .infoOn{display: inline;color: white;}
    .indexList{position: absolute;right: 10px;bottom: 5px;z-index: 30;}
    .indexList li{float: left;margin-right: 5px;padding: 2px 4px;border: 2px
solid black;background: grey;cursor: pointer;}
    .indexList .indexOn{background: red;font-weight: bold;color: white;}
</style>
```

最后介绍轮播图设计过程中JavaScript部分的实现。整体思路是获取图片组，使用定时器设置切换时间，并设置切换的方向和切换的具体位置，设置单击后左右切换图片的按钮。

⚠ 【例13.3】 轮播图效果JavaScript部分

关于轮播图效果的JavaScript部分控制代码如下：

```
// ① 获取全局变量
```

```
var curIndex = 0,                      //当前index
imgArr = getElementsByClassName("imgList")[0].getElementsByTagName("li"), //
获取图片组
imgLen = imgArr.length,
infoArr = getElementsByClassName("infoList")[0].getElementsByTagName("li"),
//获取图片info组
indexArr = getElementsByClassName("indexList")[0].
getElementsByTagName("li");            //获取控制index组
// ② 自动切换定时器处理
        // 定时器自动变换2.5秒每次
    var autoChange = setInterval(function(){
        if(curIndex < imgLen -1){
            curIndex ++;
        }else{
            curIndex = 0;
        }
        //调用变换处理函数
        changeTo(curIndex);
    },2500);
// 同样，有一个重置定时器的函数
// 清除定时器时的重置定时器--封装
    function autoChangeAgain(){
        autoChange = setInterval(function(){
        if(curIndex < imgLen -1){
            curIndex ++;
        }else{
            curIndex = 0;
        }
        // 调用变换处理函数
        changeTo(curIndex);
    },2500);
    }
// ③ 通过class获取节点
    function getElementsByClassName(className){
        var classArr = [];
        var tags = document.getElementsByTagName('*');
        for(var item in tags){
            if(tags[item].nodeType == 1){
                if(tags[item].getAttribute('class') == className){
                    classArr.push(tags[item]);
                }
            }
        }
        return classArr;                //返回
    }
// 判断obj是否有此class
    function hasClass(obj,cls){          //class位于单词边界
        return obj.className.match(new RegExp('(\\s|^)' + cls + '(\\s|$)'));
    }
```

```
                //给 obj添加class
        function addClass(obj,cls){
            if(!this.hasClass(obj,cls)){
                obj.className += cls;
            }
        }
        //移除obj对应的class
        function removeClass(obj,cls){
            if(hasClass(obj,cls)){
                var reg = new RegExp('(\\s|^)' + cls + '(\\s|$)');
                    obj.className = obj.className.replace(reg,'');
            }
        }
```

// ④ 动态地设置element.style.left 进行定位
//定位的时候left的设置是有点复杂的，要考虑方向等。
//图片组相对原始左移dist px距离

```
        function goLeft(elem,dist){
            if(dist == 400){ //第一次时设置left为0px，或者直接使用内嵌法 style="left:0;"
                elem.style.left = "0px";
            }
            var toLeft; //判断图片移动方向是否为左
            dist = dist + parseInt(elem.style.left); //图片组相对当前移动距离
            if(dist<0){
                toLeft = false;
                dist = Math.abs(dist);
            }else{
                toLeft = true;
            }
            for(var i=0;i<= dist/20;i++){ //这里设定缓慢移动，10阶每阶40px
                (function(_i){
                    var pos = parseInt(elem.style.left); //获取当前left
                    setTimeout(function(){
                        pos += (toLeft)? -(_i * 20) : (_i * 20); //根据toLeft值指
定图片组位置改变
                        //console.log(pos);
                        elem.style.left = pos + "px";
                    },_i * 25); //每阶间隔50毫秒
                })(i);
            }
        }
```

// ⑤ 图片左右切换的处理
接下来就是切换的函数实现，如果要切换到序号为num的图片，代码如下：

```
        function changeTo(num){
            //设置image
            var imgList = getElementsByClassName("imgList")[0];
            goLeft(imgList,num*400); //左移一定距离
            //设置image 的 info
            var curInfo = getElementsByClassName("infoOn")[0];
            removeClass(curInfo,"infoOn");
```

```
                addClass(infoArr[num],"infoOn");
                //设置image的控制下标 index
                var _curIndex = getElementsByClassName("indexOn")[0];
                removeClass(_curIndex,"indexOn");
                addClass(indexArr[num],"indexOn");
        }
//  ⑥ 左右箭头和右下角index绑定事件的处理
    function addEvent(){
    for(var i=0;i<imgLen;i++){
            //闭包防止作用域内活动对象item的影响
            (function(_i){
            //鼠标滑过则清除定时器,并进行变换处理
            indexArr[_i].onmouseover = function(){
                clearTimeout(autoChange);
                changeTo(_i);
                curIndex = _i;
            };
            //鼠标滑出则重置定时器处理
            indexArr[_i].onmouseout = function(){
                autoChangeAgain();
            };
            })(i);
    }
    //给左箭头prev添加上一个事件
    var prev = document.getElementById("prev");
    prev.onmouseover = function(){
    //滑入清除定时器
    clearInterval(autoChange);
};
prev.onclick = function(){
        //根据curIndex进行上一个图片处理
        curIndex = (curIndex > 0) ? (--curIndex) : (imgLen - 1);
        changeTo(curIndex);
    };
    prev.onmouseout = function(){
        //滑出则重置定时器
        autoChangeAgain();
};

    //给右箭头next添加下一个事件
    var next = document.getElementById("next");
    next.onmouseover = function(){
      clearInterval(autoChange);
      };
      next.onclick = function(){
          curIndex = (curIndex < imgLen - 1) ? (++curIndex) : 0;
          changeTo(curIndex);
      };
    next.onmouseout = function(){
```

```
        autoChangeAgain();
    };
}
```

至此，轮播图的制作就完成了，运行效果如图13-1所示。

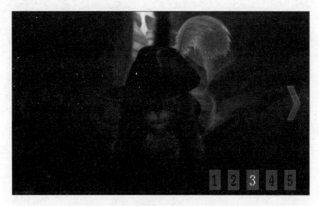

图13-1

【 TIPS 】

> 在"动态地设置element.style.left进行定位"代码段中，初始了left的值为0px，如果不初始或者将初始的left值写在行内CSS样式表中，就会报错取不到，所以直接在JavaScript中初始化或者在HTML中内嵌初始化即可。

13.1.2 图片闪烁效果

制作图片的闪烁效果主要是利用style.visibility属性来表示元素的可见性。

⚠️ 【例13.4】图片闪烁效果

使用style对象来设置CSS属性，结合定时器实现文字闪烁特效，实例代码如下：

```
<html1>
    <head>
    <meta charset="utf-8" />
    <title>JavaScript实现文字闪烁特效</title>
    </head>
<script>
    var flag = 0;
    function start(){
    var text = document.getElementById("myDiv");//获取span
    if (!flag)
    {
    text.style.color = "red";
    text.style.background = "#0000ff";
    flag = 1;
    }else{
```

```
    text.style.color = "";
    text.style.background = "";
    flag = 0;
    }
    setTimeout("start()",500);//设置闪烁的切换时间
    }
</script>
    <body onload="start()">
    <span id="myDiv">css的世界是如此的精彩！</span>
    </body>
</html>
```

运行效果如图13-2所示。

图13-2

13.1.3 当鼠标滑过时图片震动效果

使用onMouseOver事件及图片操作的技巧，可以实现JavaScript鼠标光标滑过图片时的震动特效。

⚠ 【例13.5】鼠标滑过图片震动效果

实例代码如下：

```
<html>
<head>
<meta http-equiv="Content-Type" content="text/html; charset=gb2312">
<title>鼠标滑过 图片震动效果</title>
<STYLE>.shakeimage {
 POSITION: relative
}
</STYLE>
</head>
<body>
<SCRIPT language=JavaScript>
<!--
var rector=3
var stopit=0
var a=1
function init(which){
stopit=0
shake=which
shake.style.left=0
shake.style.top=0
```

```
}
function rattleimage(){ //设置图片晃动方向
if ((!document.all&&!document.getElementById)||stopit==1)
return
if (a==1){
shake.style.top=parseInt(shake.style.top)+rector
}
else if (a==2){
shake.style.left=parseInt(shake.style.left)+rector
}
else if (a==3){
shake.style.top=parseInt(shake.style.top)-rector
}
else{
shake.style.left=parseInt(shake.style.left)-rector
}
if (a<4)
a++
else
a=1
setTimeout("rattleimage()",50)//图片晃动频率设置
}
function stoprattle(which){
stopit=1
which.style.left=0
which.style.top=0
}
//-->
</SCRIPT>
<img
class="shakeimage" onMouseOver="init(this);rattleimage()" onMouseOut="stoprattle
(this)" src="/images/csrcode.ico" border="0" style="cursor:pointer;"/> //设置鼠
标离开后的触发事件
<img
class="shakeimage" onmouseover="init(this);rattleimage()" onmouseout="stoprattle
(this)" src="/images/changshi.ico"  border="0" style="cursor:pointer;"/>
<img
class="shakeimage" onmouseover="init(this);rattleimage()" onmouseout="stoprattle
(this)" src="/images/links.ico" border="0" style="cursor:pointer;"/> </body>
</html>
```

运行效果如图13-3所示。

图13-3

13.2 窗口特效

> 在JavaScript中还提供了窗口对象的方法和属性，通过这些方法和属性可以制作出各种各样的窗口特效。下面将详细讲解窗口特效的具体应用方法。

13.2.1 定时关闭窗口

定义一个setTimeout()函数，设置变量为10秒，10秒之后页面将自动关闭。

⚠️【例13.6】定时关闭窗口

使用setTimeout()函数制作定时关闭窗口，计时完毕后关闭浏览器窗口，实例代码如下：

```
<script type="text/javascript">
function webpageClose(){
window.close();
}
setTimeout( webpageClose,10000)//10s钟后关闭
</script>
```

上面实例所用函数为setTimeout(fun_name,otime);
fun_name为所运行的函数的名称，otime为多长时间后执行，以ms为单位。
代码运行的效果如图13-4所示。

窗口没关闭之前的效果

窗口关闭之后的效果

图13-4

13.2.2 全屏显示窗口

利用fullscreen=yes可以制作全屏显示窗口，首先定义一个按钮，标签中添加onClick="window.open(document.location, 'big', 'fullscreen=yes')"，当单击此按钮的时候将全屏显示窗口。

⚠️【例13.7】全屏显示窗口

在input按钮中使用window.open函数，单击input按钮后会使浏览器窗口全屏显示，实例代码如下：

```
<form>
<input type="BUTTON" name="FullScreen" value="全屏显示" onClick="window.open
(document.location, 'big', 'fullscreen=yes')">
</form>
如果需要全屏显示的不是本页，只需要将document.location换为对应的网址即可，即如下代码：
<form>
<input type=BUTTON name=FullScreen value=全屏显示 onClick="window.open('URL地
址','big','fullscreen=yes')">
</form>
```

在已经打开的一个普通网页中单击"全屏显示"按钮，然后进入该网页对应的全屏模式。

运行效果如图13-5所示。

代码的显示效果

单击"全屏显示"按钮后的效果图

图13-5

13.3 时间特效

> 时间特效在网站制作中的应用也非常广泛，只要与日期有关的部分都能看到它的身影，下面就来详细讲解时间特效。

13.3.1 显示网页停留时间

显示网页停留时间相当于设计了一个计时器，用于显示浏览者在该页面停留了多长时间。

设计思路是设置三个变量，即second、minute、hour，使second不停+1，并且利用setTimeout实现页面每隔一秒刷新一次，当second大于等于60时，minute开始+1，并且让second重新置零。同理当minute大于等于60时，hour开始+1，这样即可实现计时功能。

⚠ 【例13.8】显示网页停留时间

用计时器计算时间，再使用浏览器显示出来，实例代码如下：

```html
<html>
<head>
<meta http-equiv="Content-Type" content="text/html; charset=utf-8">
<title>显示停留时间</title>
</head>
<body>
<form name="form1" method="post" action="">
<center>
<p><font size="5" color="#0000ff" face="华文细黑">您在本站已停留: </font></p>
<p>
<input name="textarea" type="text" value="">
</p>
</center>
<script language="javascript">
var second=0;
var minute=0;
var hour=0;
window.setTimeout("interval();",1000);//设置时间一秒刷新一次
function interval()//设置计时器
{
second++;
if(second==60)
{
second=0;minute+=1;
}
if(minute==60)
{
minute=0;hour+=1;
}
document.form1.textarea.value = hour+"时"+minute+"分"+second+"秒";//将计时器的
数值显示在form表单中
window.setTimeout("interval();",1000);  //设置时间一秒刷新一次
}
</script>
</form>
</body>
</html>
```

运行结果如图13-6所示。

图13-6

13.3.2 显示当前日期

首先列出获取时间的函数，获取时间的函数代码如下：

```
var myDate = new Date();
myDate.getYear();                               //获取当前年份(2位)
myDate.getFullYear();                           //获取完整的年份(4位,1970-????)
myDate.getMonth();                              //获取当前月份(0-11,0代表1月)
myDate.getDate();                               //获取当前日(1-31)
myDate.getDay();                                //获取当前星期X(0-6,0代表星期天)
myDate.getTime();                               //获取当前时间(从1970.1.1开始的毫秒数)
myDate.getHours();                              //获取当前小时数(0-23)
myDate.getMinutes();                            //获取当前分钟数(0-59)
myDate.getSeconds();                            //获取当前秒数(0-59)
myDate.getMilliseconds();                       //获取当前毫秒数(0-999)
myDate.toLocaleDateString();                    //获取当前日期
var mytime=myDate.toLocaleTimeString();         //获取当前时间
myDate.toLocaleString( );                       //获取日期与时间
```

⚠ 【例13.9】 显示当前日期

先用获取时间函数获取年月日的时间，用setTimeout函数一秒刷新一次时间即可实现时间动态刷新，实例代码如下：

```
<html >
<head>
<meta http-equiv="Content-Type" content="text/html; charset=utf-8" />
<title>系统时间</title>
<script language="javascript" type="text/javascript">
var initializationTime=(new Date()).getTime();//获得当前时间
function showLeftTime()
{
var now=new Date();
var year=now.getYear();
var month=now.getMonth();
var day=now.getDate();
var hours=now.getHours();
var minutes=now.getMinutes();
var seconds=now.getSeconds();
document.all.show.innerHTML=""+year+"年"+month+"月"+day+"日 "+hours+":"+minut
es+":"+seconds+"";//将获得的日期显示出来
  var timeID=setTimeout(showLeftTime,1000); //一秒刷新一次显示时间
  }
</script>
</head>
<body onload="showLeftTime()">
<label id="show">显示时间的位置</label>
</body>
</html>
```

运行效果如图13-7所示。

图13-7

 # 本章小结

　　在学习了JavaScript的基础知识之后，本章对JavaScript的实际应用进行了详细的讲解。本章主要讲解了JavaScript在网页中的实际应用，比如轮播图的效果、闪烁的效果、鼠标滑过的效果、窗口特效和时间特效。通过本章的学习，相信大家能够掌握这些常用特效的知识。

Chapter

14

综合实例——
商业类网页的制作

本章概述

　　随着近年来电子商务的飞速发展，商家线上销售额占销售总额的比例逐渐增大，作为直接呈现在消费者面前的商业网页，自然成为了商家在市场竞争中关注的重点。如何将网页设计的吸引眼球又能最大限度的体现产品特性，让消费者拥有最好的浏览体验，成为网页设计者在设计网页时需要考虑的重要元素。本章将通过案例的形式介绍制作商业类网页的相关知识。

重点知识

- 商业网站功能分析
- 页面尾部的制作
- 头部和banner的制作
- 网站首页代码实例
- 页面主体的制作
- 二级页面的制作

14.1 商业网站功能分析

> 商业网站作为电子商务的一种形式，是一种让人们在浏览的同时能够了解商品信息，并进行实物购买的网站。

与现实中的商店一样，商业网站主要由与商品有关的网页组成，大致分为主页、分类页和商品展示页这三种类型。商业类网站主要有方便快捷、交易迅速、形式多样等特点。下面一起来制作一个商业的网站，效果如图14-1所示。

图14-1

本例的网站是以销售运动服装为主，一般而言，运动服的特点是舒适，时尚，透气，所以在页面设计时需要充分体现这些特点，使得网站充满运动的气息。综合以上分析，以浅灰为网页的背景色，以灰黑色区分出页面中的各个模块。本例一共分为6部分，分别是头部、banner部分、运动装备介绍部分、添加账户部分、用途部分和底部部分。

　　通过对以上界面的分析，可以看出本例的网页并不复杂，因此采用最基本的网页结构，根据网页的块级元素可将网页分为三块，即头部、主体和尾部。

14.2　头部和banner的制作

> 本例的头部稍显复杂，包括了导航栏和banner，而在banner部分则用到了JavaScript，在制作的过程中应注意美观。

14.2.1　头部内容的结构分析

　　通过对页面效果图的分析，首先将头部分为三块内容，分别为网站Logo、网站导航栏和用户搜索栏，页面的效果如图14-2所示。

| | 首页　男子　女子　定制 | 搜索 |

图14-2

下面就来设置页面的样式代码。

⚠ 【例14.1】 导航栏的样式及代码

实例的CSS样式如下：

```
.logo{float: left;margin-left: 45px;}
.head0{float: left;margin-left: 260px;width: 300px;}
.head1 li{float: left;position: relative;margin-left: 10px;}
.head1 li p{position: absolute;top: 70px;left:0;width: 56px;height:145px;
background-color: #2d2d2d;display: none;z-index: 10;}
.head1 a{font: 18px/2 微软雅黑;}
.head1 li:hover{background-color: #2d2d2d;}
.head1 li p a,.head2 a{display: block;font: 12px/2 宋体;padding: 0 6px;color:
#ababab;width: auto;}
.head1 li:hover p{display: block;}
.head1 li p a:hover{color: #ffba00;}
.head1 a{color: #000;width: 56px;display: block;text-align: center;line-height:
70px;}
.head1 a:hover{background-color: #2d2d2d;color: #fff;}
.head2{float: left;margin-left:165px;margin-top: 16px;}
```

```
.head2 a{display: block;float: left;padding-top: 7px;}
.input_1{height: 30px;border-radius:5px;float: left;}
```

实例的HTML代码如下：

```
<div>
<div class="head safety">
<div class="logo" ><img src="img/logo_1.png"/></div>
<div class="head0">
<ul class="head1">
<li><a href="">首页</a></li>
<li><a href="#">男子</a>
<p>
<a href="#">男鞋</a>
<a href="#">羽绒</a>
<a href="#">运动鞋</a>
<a href="#">运动服</a>
<a href="#">健身</a>
<a href="#">跑步</a>
</p>
</li>
<li><a href="女子.html">女子</a>
<p>
<a href="#">女鞋</a>
<a href="#">羽绒</a>
<a href="#">运动鞋</a>
<a href="#">运动服</a>
<a href="#">健身</a>
<a href="#">跑步</a>
</p>
</li>
<li><a href="">定制</a></li>
</ul>
</div>
<div class="head2">
<form ><a href="#">搜索</a>
<input class="input_1" type="text" name="myname">
</form>
</div>
```

至此，网站的导航栏部分就完成了。

14.2.2 banner的制作

Banner是一个网站的门面，网站主要要表现的内容都在banner中表现出来，所有banner的制作很重要，这里的banner将用到JavaScript，会使网站看起来更加丰富多彩。

通过对页面的分析，将下面的4幅图进行循环播放。

图14-3

图14-4

图14-5

图14-6

下面利用JavaScript将4幅图放在一起。

⚠️ 【例14.2】轮播图JavaScript样式

实例代码如下:

```
<meta http-equiv="Content-Type" content="text/html; charset=gb2312" />
<title>11</title>
<script src="js/jquery.1.7.2.min.js"></script>
<script src="js/jquery.img_silder.js"></script>
<script>
$(function(){
$('#silder').imgSilder({
s_width:'100%', //
s_height:650, //
is_showTit:true, //
s_times:3000, //
css_link:'css/style.css'
});
});
</script>
```

至此,banner的制作就完成了。

14.3 页面主体的制作

下面讲解页面主体的制作过程。

14.3.1 主体内容结构分析

完成了头部和banner的内容制作后,下面对页面的主体内容进行制作。先对主体内容进行分析,根据页面的效果图可以看出主体内容主要是在页面的中间表现，使用了很多留白的方式，这样的设计使页面更加简洁方便，而且大方。效果如图14-7所示。

图14-7

⚠ 【例14.3】 主体内容结构

实例代码如下所示:

```
<div class="content">
<p><img src="img/nake_1.png"/></p>
<div><img style="width: 1100px;margin: 0 auto;" src="img/nake_3.png"></div>
<ul class="content1">
<li class="content11">运动装备</li>
<li class="content12">作为会员，享受免费配送服务和30天退换货政策</li>
<li class="content12" style="margin-left: 130px;">理想装备近在咫尺。</li>
</ul>
<ul class="content1">
<li class="content11">专业指导</li>
<li class="content12">认识 Nike+ 的专家们，在 Nike+ 应用内外找到最</li>
<li class="content12" style="margin-left: 130px;">适合你们的服务哦。</li>
</ul>
<ul class="content1" style="width: 350px;">
```

```
<li class="content11">丰富活动</li>
<li class="content12">通过 APP 预定线下课程，参加我们的特别活动和每</li>
<li class="content12" style="margin-left: 130px;">周不容错过的训练。</li>
</ul>
</div>
<div class="content2">
<p  style="margin-left: 295px;"><img src="img/nake_2.png"/></p>
</div>
<div class="content3" style="height: 90px;">
<p><a href="#">加入NIKE+</a></p>
</div>
<div class="content4">
<p class="content41"><img src="img/nake_4.png"/></p>
<p class="content42"><img src="img/Hub_P5.jpg"/><a href="#">预订活动</a></p>
<p class="content42"><img src="img/Hub_P6.jpg"/><a href="#">应用程序+</a></p>
<p class="content42"><img src="img/Hub_P7.jpg"/><a href="#">查找商店</a></p>
<p class="content42"><img src="img/Hub_P9.jpg"/></p>
<p class="content43"><img src="img/Hub_P10.jpg"/></p>
</div>
```

通过以上步骤完成了对主体代码的书写。

14.3.2 主体内容样式定义

对主体内容的样式定义，如图14-8所示可以看到，将鼠标光标放置在图上出现了阴影和动态的效果。

图14-8

⚠ 【例14.4】 主体内容样式

实例代码如下所示：

```
.content,.content2,.content3,.footer1{width: 1100px;margin: 0 auto;}
.content p,.content2 p{margin-left:265px;}
.content1{float: left;width: 370px;}
.content11{font: 20px/1.5 微软雅黑;margin-top: 45px;margin-left: 140px;}
.content12{font: 12px/2 宋体;color: #ababab;margin-left: 50px}
.content3 p{width: 100px;height: 40px;border: solid 0.3px #ABABAB;margin: 0
auto;}
```

```
   .content3 p a{font: 15px/1.5 微软雅黑;padding-left: 8px;padding-top: 9px;}
   .content4{width: 100%;background-color: #f1f1f1;height: 1373px;position:
relative;}
   .content41{margin: 0 auto;width: 1100px;}
   .content41 img{margin-left:410px;}.content42 img{width: 1100px;height: 250px;
margin-left: 125px;margin-top: 10px;}
   .content42 a{display: block;padding-left: 637px;position: absolute;padding-
top: 120px;color: #f1f1f1;font-size: 18px;}
   .content43 img{width: 1100px;height: 150px;margin-left: 125px;margin-top:
10px;}
   .content42 img:hover{box-shadow: 0 4px 6px #2d2d2d;}
```

通过以上代码就完成了主体内容样式。

14.4 页面尾部的制作

页面的尾部制作最简单，因为网页尾部的信息基本都是链接到其他页面的链接，如图14-9所示。

图14-9

⚠ 【例14.5】页面尾部的代码及样式

HTML代码如下：

```
<div class="footer">
<div class="footer1" style="height: 220px;">
<ul>
<li><a href="#">电子礼品卡</a></li>
<li><a href="#">附近商店</a></li>
<li><a href="#">订阅电子邮件</a></li>
<li><a href="#">注册NIKE会员</a></li>
</ul>
<ul style="margin-left: 80px;">
<li><a href="#">获取帮助</a></li>
<li><a href="#">订单状态</a></li>
<li><a href="#">配送方式</a></li>
<li><a href="#">退换货</a></li>
```

```
<li><a href="#">付款选项</a></li>
<li><a href="#">联系我们</a></li>
</ul>
<ul style="margin-left: 80px;">
<li><a href="#">新闻</a></li>
<li><a href="#">关于NIKE</a></li>
<li><a href="#">投资者</a></li>
<li><a href="#">招贤纳士</a></li>
<li><a href="#">新品预览</a></li>
</ul>
<p style="float: right;"><a href="#"><img src="img/foote_1.png"/></a></p>
</div>
<div class="footer_down">
<a href="#">隐私权保护政策</a><span>|</span><a href="#">使用条款</a><span>|</span>
<a href="#">沪ICP备11025349号-3</a><span>|</span><span>©ASUSTeK Computer Inc. All
rights reserved.</span>
</div>
</div>
</div>
```

CSS样式代码如下：

```
.footer{width: 100%;height: 280px;background-color: #191919;}
.footer1 li a{font: 12px/2 宋体 ;color: #ababab;}
.footer1 li a:hover{color: aliceblue;}
.footer1 ul{padding-top: 45px;float: left;}
.footer_down{margin-left: 400px;margin-top: 20px;}
.footer_down a{font: 12px/2 宋体;color: #ffffff;}
.footer_down span{font: 12px/2 宋体;color: #ffffff;}
.footer_down a:hover{color: #ababab;}
```

至此，整个网站的一级页面就完成了。

14.5 网站首页代码实例

以上几节讲解了各部分零散的代码，下面是这个页面的完整代码。

⚠ 【例14.6】首页代码

实例代码如下：

```
<!DOCTYPE html>
<html>
```

```
<head>
<meta charset="UTF-8">
<title></title>
<style type="text/css">
*{list-style: none;text-decoration: none;margin:0;padding:0;}
.safety{width: 1100px;height:70px;margin: 0 auto;box-shadow: inset 0 -0.3px
0px #2d2d2d;}
.logo{float: left;margin-left: 45px;}
.head0{float: left;margin-left: 260px;width: 300px;}
.head1 li{float: left;position: relative;margin-left: 10px;}
.head1 li p{position: absolute;top: 70px;left:0;width: 56px;height:145px;
background-color: #2d2d2d;display: none;z-index: 10;}
.head1 a{font: 18px/2 微软雅黑;}
.head1 li:hover{background-color: #2d2d2d;}
.head1 li p a,.head2 a{display: block;font: 12px/2 宋体;padding: 0 6px;color:
#ababab;width: auto;}
.head1 li:hover p{display: block;}
.head1 li p a:hover{color: #ffba00;}
.head1 a{color: #000;width: 56px;display: block;text-align: center;line-
height: 70px;}
.head1 a:hover{background-color: #2d2d2d;color: #fff;}
.head2{float: left;margin-left:165px;margin-top: 16px;}
.head2 a{display: block;float: left;padding-top: 7px;}
.input_1{height: 30px;border-radius:5px;float: left;}
.content,.content2,.content3,.footer1{width: 1100px;margin: 0 auto;}
.content p,.content2 p{margin-left:265px;}
.content1{float: left;width: 370px;}
.content11{font: 20px/1.5 微软雅黑;margin-top: 45px;margin-left: 140px;}
.content12{font: 12px/2 宋体;color: #ababab;margin-left: 50px}
.content3 p{width: 100px;height: 40px;border: solid 0.3px #ababab;margin: 0
auto;}
.content3 p a{font: 15px/1.5 微软雅黑;padding-left: 8px;padding-top: 9px;}
.content4{width: 100%;background-color: #f1f1f1;height: 1373px;position:
relative;}
.content41{margin: 0 auto;width: 1100px;}
.content41 img{margin-left:410px;}.content42 img{width: 1100px;height: 250px;
margin-left: 125px;margin-top: 10px;}
.content42 a{display: block;padding-left: 637px;position: absolute;padding-
top: 120px;color: #f1f1f1;font-size: 18px;}
.content43 img{width: 1100px;height: 150px;margin-left: 125px;margin-top: 10px;}
.content42 img:hover{box-shadow: 0 4px 6px #2d2d2d;}
.footer{width: 100%;height: 280px;background-color: #191919;}
.footer1 li a{font: 12px/2 宋体 ;color: #ababab;}
.footer1 li a:hover{color: aliceblue;}
.footer1 ul{padding-top: 45px;float: left;}
.footer_down{margin-left: 400px;margin-top: 20px;}
.footer_down a{font: 12px/2 宋体;color: #ffffff;}
.footer_down span{font: 12px/2 宋体;color: #ffffff;}
.footer_down a:hover{color: #ababab;}
```

```
</style>
<meta http-equiv="Content-Type" content="text/html; charset=gb2312" />
<title>11</title>
<script src="js/jquery.1.7.2.min.js"></script>
<script src="js/jquery.img_silder.js"></script>
<script>
$(function(){
$('#silder').imgSilder({
s_width:'100%', //
s_height:650, //
is_showTit:true, //
s_times:3000, //
css_link:'css/style.css'
});
});
</script>
</head>
<body>
<div>
<div class="head safety">
<div class="logo" ><img src="img/logo_1.png"/></div>
<div class="head0">
<ul class="head1">
<li><a href="">首页</a></li>
<li><a href="#">男子</a>
<p>
<a href="#">男鞋</a>
<a href="#">羽绒</a>
<a href="#">运动鞋</a>
<a href="#">运动服</a>
<a href="#">健身</a>
<a href="#">跑步</a>
</p>
</li>
<li><a href="女子.html">女子</a>
<p>
<a href="#">女鞋</a>
<a href="#">羽绒</a>
<a href="#">运动鞋</a>
<a href="#">运动服</a>
<a href="#">健身</a>
<a href="#">跑步</a>
</p>
</li>
<li><a href="">定制</a></li>
</ul>
</div>
<div class="head2">
<form ><a href="#">搜索</a>
```

```
<input class="input_1" type="text" name="myname">
</form>
</div>
</div>
<div class="silder" id="silder">
<ul class="silder_list" id="silder_list">
<li> <img src="img/Hub_P1.jpg" border="0" alt="尽你所能，练就做好的自己"> </li>
<li> <img src="img/HO16_RN_M_Shieldpack.jpg" border="0" alt="风雨无阻，每一步">
</li>
<li> <img src="img/12.15 HO16_MLP_P1_XCAT_Gifting_Footwear.jpg" border="0"
alt="新款上市"> </li>
<li> <img src="img/12.1_MLP_P1_12_Soles.jpg" border="0" alt="12年，专业脚底设
计"> </li>
</ul>
</div>
<div class="content">
<p><img src="img/nake_1.png"/></p>
<div><img style="width: 1100px;margin: 0 auto;" src="img/nake_3.png"></div>
<ul class="content1">
<li class="content11">运动装备</li>
<li class="content12">作为会员，享受免费配送服务和 30 天退换货政策</li>
<li class="content12" style="margin-left: 130px;">理想装备近在咫尺。</li>
</ul>
<ul class="content1">
<li class="content11">专业指导</li>
<li class="content12">认识 Nike+ 的专家们，在 Nike+ 应用内外找到最</li>
<li class="content12" style="margin-left: 130px;">适合你们的服务哦。</li>
</ul>
<ul class="content1" style="width: 350px;">
<li class="content11">丰富活动</li>
<li class="content12">通过 APP 预定线下课程，参加我们的特别活动和每</li>
<li class="content12" style="margin-left: 130px;">周不容错过的训练。</li>
</ul>
</div>
<div class="content2">
<p style="margin-left: 295px;"><img src="img/nake_2.png"/></p>
</div>
<div class="content3" style="height: 90px;">
<p><a href="#">加入 NAKE+</a></p>
</div>
<div class="content4">
<p class="content41"><img src="img/nake_4.png"/></p>
<p class="content42"><img src="img/Hub_P5.jpg"/><a href="#">预订活动</a></p>
<p class="content42"><img src="img/Hub_P6.jpg"/><a href="#">应用程序+</a></p>
<p class="content42"><img src="img/Hub_P7.jpg"/><a href="#">查找商店</a></p>
<p class="content42"><img src="img/Hub_P9.jpg"/></p>
<p class="content43"><img src="img/Hub_P10.jpg"/></p>
</div>
<div class="footer">
```

```
<div class="footer1" style="height: 220px;">
<ul>
<li><a href="#">电子礼品卡</a></li>
<li><a href="#">附近商店</a></li>
<li><a href="#">订阅电子邮件</a></li>
<li><a href="#">注册NIKE会员</a></li>
</ul>
<ul style="margin-left: 80px;">
<li><a href="#">获取帮助</a></li>
<li><a href="#">订单状态</a></li>
<li><a href="#">配送方式</a></li>
<li><a href="#">退换货</a></li>
<li><a href="#">付款选项</a></li>
<li><a href="#">联系我们</a></li>
</ul>
<ul style="margin-left: 80px;">
<li><a href="#">新闻</a></li>
<li><a href="#">关于NIKE</a></li>
<li><a href="#">投资者</a></li>
<li><a href="#">招贤纳士</a></li>
<li><a href="#">新品预览</a></li>
</ul>
<p style="float: right;"><a href="#"><img src="img/foote_1.png"/></a></p>
</div>
<div class="footer_down">
<a href="#">隐私权保护政策</a><span>|</span><a href="#">使用条款</a><span>|</span>
<a href="#">沪ICP备11025349号-3</a><span>|</span><span>©ASUSTeK Computer Inc.
All   rights reserved.</span>
</div>
</div>
</div>
</body>
</html>
```

上述代码就是效果图的整个样式代码，这里用到了JavaScript和鼠标滑动的状态，且这两个知识点以后也会经常用到。所以要勤加练习，接下来继续制作网站的二级页面。

14.6 二级页面的制作

二级页面的制作简单了很多，因为为了页面的统一和协调性，许多效果都与首页一致，已经不必重复编写，这里只有banner的样式不一样，另一个重点是页面中商品的排列形式，如图14-10所示。

图14-10

⚠ 【例14.7】二级页面CSS样式

实例代码如下:

```
<!DOCTYPE html>
<html>
<head>
<meta charset="UTF-8">
<title></title>
```

```
<style type="text/css">
*{list-style: none;text-decoration: none;margin:0;padding:0;}
.safety{width: 1100px;height:70px;margin: 0 auto;box-shadow: inset 0 -0.3px
0px #2d2d2d;}
.logo{float: left;margin-left: 45px;}
.head0{float: left;margin-left: 260px;width: 300px;}
.head1 li{float: left;position: relative;margin-left: 10px;}.head1 li p{position:
absolute;top: 70px;left:0;width: 56px;height:145px;background-color:
#2d2d2d;display: none;z-index: 10;}
.head1 a{font: 18px/2 微软雅黑;}
.head1 li:hover{background-color: #2d2d2d;}
.head1 li p a,.head2 a{display: block;font: 12px/2 宋体;padding: 0 6px;color:
#ababab;width: auto;}
.head1 li:hover p{display: block;}
.head1 li p a:hover{color: #ffba00;}
.head1 a{color: #000;width: 56px;display: block;text-align: center;line-height:
70px;}
.head1 a:hover{background-color: #2d2d2d;color: #fff;}
.head2{float: left;margin-left:165px;margin-top: 16px;}
.head2 a{display: block;float: left;padding-top: 7px;}
.input_1{height: 30px;border-radius:5px;float: left;}
.content p img{width: 1100px;}
.footer{width: 100%;height: 280px;background-color: #191919;}
.footer1 li a{font: 12px/2 宋体 ;color: #ababab;}
.footer1 li a:hover{color: aliceblue;}
.footer1 ul{padding-top: 45px;float: left;}
.footer_down{margin-left: 400px;margin-top: 20px;}
.footer_down a{font: 12px/2 宋体;color: #ffffff;}
.footer_down span{font: 12px/2 宋体;color: #ffffff;}
.footer_down a:hover{color: #ababab;}
</style>
<meta http-equiv="Content-Type" content="text/html; charset=utf-8" />
<title>jQuery</title>
<!-- 页面css样式 -->
<link rel="stylesheet" href="css/tuniu.css" />
<!-- js文件 -->
<script src="js/jquery-2.1.4.min.js"></script>
<script src="js/index.js"></script>
</head>
<body>
<div class="head safety">
<div class="logo" ><img src="img/logo_1.png"/></div>
<div class="head0">
<ul class="head1">
<li><a href="首页.html">首页</a></li>
<li><a href="#">男子</a>
<p>
<a href="#">男鞋</a>
<a href="#">羽绒</a>
```

```
<a href="#">运动鞋</a>
<a href="#">运动服</a>
<a href="#">健身</a>
<a href="#">跑步</a>
</p>
</li>
<li><a href="#">女子</a>
<p>
<a href="#">女鞋</a>
<a href="#">羽绒</a>
<a href="#">运动鞋</a>
<a href="#">运动服</a>
<a href="#">健身</a>
<a href="#">跑步</a>
</p>
</li>
<li><a href="">定制</a></li>
</ul>
</div>
<div class="head2">
<form ><a href="#">搜索</a>
<input class="input_1" type="text" name="myname">
</form>
</div>
</div>
<style>
body, html, div, blockquote, img, label, p, h1, h2, h3, h4, h5, h6, pre, ul, ol,
li, dl, dt, dd, form, a, fieldset, input, th, td
{margin: 0; padding: 0; border: 0; outline: none;list-style-type:
none;overflow-x:none   }
body{line-height: 1;font-size: 88% ;font-family: "微软雅黑"}
h1, h2, h3, h4, h5, h6{font-size: 100%; margin: 0 ;font-weight:
400;padding:0;}
ul, ol{list-style: none;}
a{color:#404040;text-decoration: none;}
</style>
<div class="center">
<div class="center_top">
<!-- <==============================================================> -->
<!-- 轮播图开始区域 -->
<!-- <div id="bannar"> -->
<div class="content_middle">
<div class="common_da">
<a class="common btnLeft"href="javascript:;"></a>
<a class="common btnRight"href="javascript:;"></a>
</div>
<ul>
<li style="background:url(img/banner_11.png) no-repeat center center;opacity:
100;filter: alpha(opacity=1);"></li>
```

```
<li style="background:url(img/banner_12.png) no-repeat center center;"></li>
<li style="background:url(img/banner_13.png) no-repeat center center;"></li>
<li style="background:url(img/banner_14.png) no-repeat center center;"></li>
<li style="background:url(img/banner_15.png) no-repeat center center;"></li>
<li style="background:url(img/banner_16.png) no-repeat center center;"></li>
</ul>
<div class="table">
<a class="small_active"href="javascript:;">鞋子面料</a>
<a href="javascript:;">查看详情</a>
<a href="javascript:;">点击购买</a>
<a href="javascript:;">鞋子底料</a>
<a href="javascript:;">制作工艺</a>
<a href="javascript:;">新款报到</a>
</div>
</div>
</div>
</div>
<div class="content safety" style="box-shadow:none;height: 1400px;">
<a href="#"><img src="img/foot_15.png"/></a>
<p><a href="#"><img src="img/foot_17.png"/></a></p>
<div><a href="#"><img src="img/conter_13.png"/></a></div>
<div style="float: left;"><img style="width: 500px;height: 300px;" src="img/
foot_13.png"/></div>
<div style="float: right;"><img style="width: 500px;height: 300px;" src="img/
foot_14.png"/></div>
<div style="float: left;"><a href="#"><img src="img/foot_22.png"/></a></div>
<div style="float: right"><a href="#"><img src="img/foot_21.png"/></a></div>
<p><a href="#"><img src="img/foot_23.png"/></a></p>
<div style="float: left;margin-left: 100px;"><a href="#"><img src="img/conter_1
.png"/></a></div>
<div style="float: left;margin-left: 80px;"><a href="#"><img src="img/conter_12
.png"/></a></div>
</div>
<div class="footer">
<div class="footer1" style="height: 220px;width: 1100px;margin: 0 auto;">
<ul>
<li><a href="#">电子礼品卡</a></li>
<li><a href="#">附近商店</a></li>
<li><a href="#">订阅电子邮件</a></li>
<li><a href="#">注册NIKE会员</a></li>
</ul>
<ul style="margin-left: 80px;">
<li><a href="#">获取帮助</a></li>
<li><a href="#">订单状态</a></li>
<li><a href="#">配送方式</a></li>
<li><a href="#">退换货</a></li>
<li><a href="#">付款选项</a></li>
<li><a href="#">联系我们</a></li>
</ul>
```

```
<ul style="margin-left: 80px;">
<li><a href="#">新闻</a></li>
<li><a href="#">关于NIKE</a></li>
<li><a href="#">投资者</a></li>
<li><a href="#">招贤纳士</a></li>
<li><a href="#">新品预览</a></li>
</ul>
<p style="float: right;"><a href="#"><img src="img/foote_1.png"/></a></p>
</div>
<div class="footer_down">
<a href="#">隐私权保护政策</a><span>|</span><a href="#">使用条款</a><span>|</span>
<a href="#">沪ICP备11025349号-3</a><span>|</span><span>©ASUSTeK Computer Inc.
All rights reserved.</span>
</div>
</div>
</body>
</htm1>
```

上述代码就是二级页面的全部代码，运行的效果就是上图的样式。

本章小结

本章通过一个服装的公司网站介绍了商业网站的主要内容以及制作方法。通过对本章的学习，可以了解使用HTML中的图片插入方法和图片显示的方式等。使用这些方法，可以使页面更加美观，同时注意留白的使用方法。希望通过本章的学习能对用户制作商业网站时有所启发。

综合实例——
网店类网页的制作

本章概述

随着网络营销逐渐成为一种主流的营销模式，网上商店类网站也越来越多地出现在人们的视野中。通常而言，网店网站有着信息快捷、信息量大而且不受营业时间限制等优点。本章将通过一个网上书店为例，介绍如何构建一个网上商店网页。

重点知识

- 网店类网页介绍
- 对底部内容进行样式定义
- 界面设计分析
- 二级页面的制作
- 页面主体的制作

15.1　网店类网页介绍

> 　　网店顾名思义就是网上开的店铺，作为电子商务的一种形式，是一种能够让人们在浏览的同时能够进行实际购买，并且通过支付手段进行支付完成交易过程的网站。随着互联网的发展，以及现代物流产业的发展，网店已经全面进入了广大网民的生活中，并且越来越成为购买商品的主流方式之一。

15.1.1　网店类网页的作用

　　网店类网页主要由与商品有关的网页组成，大致分为主页、商店分类页和商品展示三种类型。除了固定推荐的商品外，这些商品主要有两种排序方式，一种是通过商品的上架时间排序，一种是通过销售的热门程度排序。

15.1.2　网店类网页的构成及特点

　　网店类网页主要是为了展示销售商品，所有页面设计也是围绕着这个主题展开的。一般而言，网店的首页包括头部内容、主导航栏、导航侧栏、最新报告、商品展示列表、底部信息等。虽然不同类型网店在设计及安排中各有差异，但是这几部分一般是网店主页的必要部分。

　　一般网店会使用横向分栏将内容分为4部分，从上到下依次分为头部内容、分类导航栏、商品展示列表和底部信息。分类导航栏和商品展示列表的位置一般会比较自由地放置。根据习惯，一般将分类导航栏放置在左边，而主体的商品展示列表放在右边，然后再根据页面宽度和高度定义商品列表所展示商品的数目。在这几个部分中，头部内容、主导航栏和底部信息内容一般比较固定，而且在网站的所有网页中都会出现，因此在设计时需要将这一点考虑进去，以方便今后对网站的维护。

15.2　界面设计分析

> 　　本例的网店是以销售书籍为主，因为种类繁多，且更换速度很快，所以在设计页面时需要充分考虑这些特点，使得网店既琳琅满目又充满时代气息感。综合以上分析，以黑蓝色为网页背景色，以白色为主体颜色，然后用浅灰色区分页面中的各个模块，配以颜色鲜明的两幅banner，增加网页的动感。

　　本例共分为7部分，分别是头部内容、商品搜索、侧导航栏、商品列表、支付方式、网站新闻和底部内容，页面效果如图15-1所示。

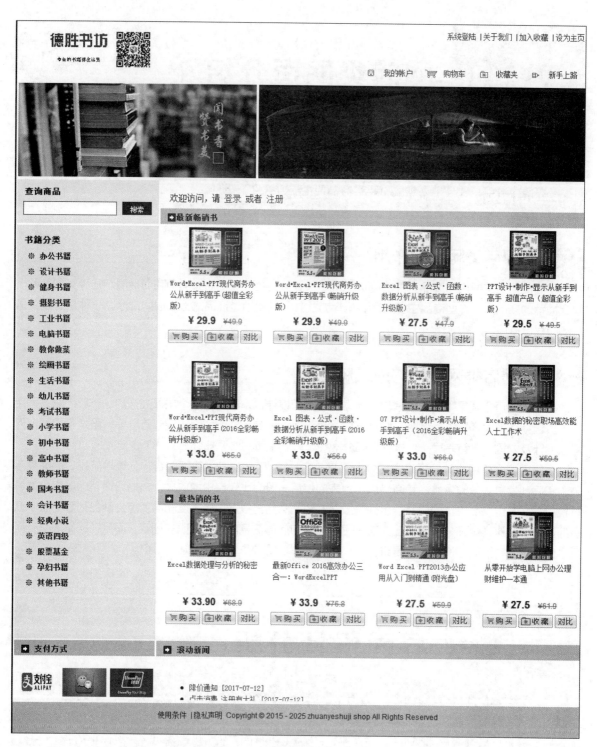

图15-1

15.2.1 头部内容结构分析

通过对页面效果图的分析，将头部分为4部分内容，分别是网站Logo、网站工具栏、用户工具栏和广告栏，头部内容的划分如图15-2所示。

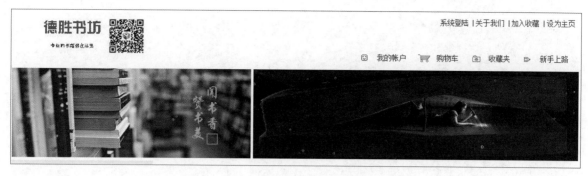

图15-2

根据结构图，写出以下代码：

```
<div id="header">
<div id="header_logo"><div>
<div id="header_link"><div>
<div id="header_nav"><div>
<div id="header_ad"><div>
<div>
```

通过上面的代码，将头部内容划分出4个<div>。之后，分别对头部文件整体以及这4个<div>的样式进行定义。

15.2.2 对整体样式进行定义

在定义头部样式之前，先对网站整体样式进行定义，由于网站所有页面都会用到头部文件，所以将整体样式定义在头部文件所属的样式表中。具体做法是在style目录下新建一个名为header.css的文件，然后在其中加入以下三个部分的样式。

（1）对body整体和消除链接图片默认边框进行如下定义，CSS代码如下：

```
body{
font-family:Arial, Helvetica, sans-serif;
font-size:12px;
margin:0px;
padding:0px;
text-align:center;
background-color:#495472;
line-height: 18px;
}
img{border:0px}
```

（2）对网站内默认链接进行如下定义，CSS代码如下：

```
a:link{
color:#5d5d5d;
text-decoration:none;
```

```
font-family: 宋体,serif;
}
a:visited{
color:#4f181d;
text-decoration: none;
font-family: 宋体,serif;
}
a:hover{
color:#aa0000;
text-decoration:underline;
font-family: 宋体,serif;
}
```

（3）对滚动条颜色进行如下定义，CSS代码如下：

```
html{
scrollbar-3dlight-color: #b0c4de;
scrollbar-arrow-color: #ffffff;
scrollbar-base-color: #495472;          //基调颜色
scrollbar-darkshadow-color: #1d4272;
scrollbar-face-color: #495472;
scrollbar-highlight-color: #ffffff;
scrollbar-shadow-color: #5380ba;
}
```

15.2.3 对头部内容进行样式定义

先对头部内容进行样式制作，将其样式名命名为#header。在style目录中的header.css的文件里写入#header。在这里将页面整体宽度设置为950像素，通过对设计图的测量，将头部文件的高度设置为255像素，将背景色设置为白色，即#ffffff。再对头部内容中的默认对齐方式进行设置，这里设置为居左对齐，CSS代码如下：

```
#header{
background-color: #ffffff;
height: 255px;
width: 950px;
text-align: left;
vertical-align: top;
margin-left: auto;
margin-right: auto;
}
```

通过以上步骤完成了对头部内容的整体样式设置，下面将对头部内容进行结构和样式的制作。

15.2.4 对网站Logo进行样式定义

根据代码从上到下的结构特点，先对Logo的样式进行定义。根据制作流程，先对网站Logo部分的结构进行制作。在页面代码的网站Logo部分添加网站Logo的内容，实例代码如下：

```
<div class="header_logo"><img src="images/shop_logo.jpg" /></div>
```

然后对对应的样式header_logo进行设置，在这里，需要根据logo部分的高和宽对这部分的块进行定义。由于这部分是平行显示的，所以还需要把漂浮属性设置为向左。
CSS样式代码如下：

```
.header_logo{
height: 100px;
width: 400px;
float: left;
}
```

此时的效果如图15-3所示。

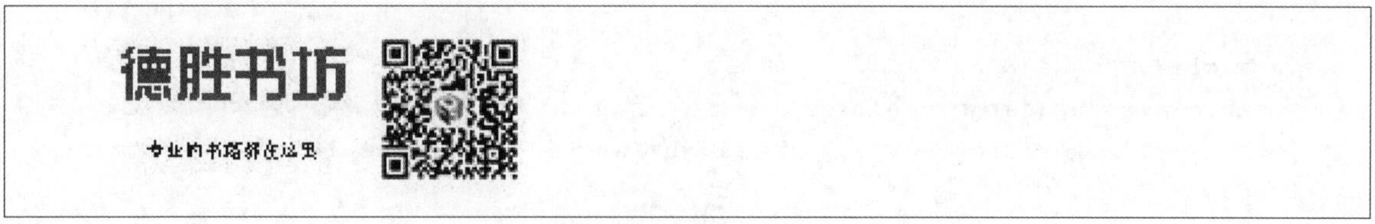

图15-3

15.2.5 对网站工具栏进行样式定义

下面对网站工具栏进行制作。一般而言，购物网站的工具栏由"系统登录""关于我们""加入收藏""设为主页"组成。这种类似于导航栏的列表标签一般使用<li>标签来制作。但有时候对于这种比较单一的链接方式，也可以将其仅以链接的形式制作。此处的链接比较简单，所以没必要使用<li>标签，直接使用链接即可，HTML代码如下：

```
<div class="header_link">
<a href="#">系统登陆</a>
|
<a href="#">关丁我们</a>
|
<a href="#">加入收藏</a>
|
<a href="#">设为主页</a>
</div>
```

根据上图可以看出，由于网站工具栏设置为居右对齐，所以可以对header_link设置向右浮动，CSS代码如下：

```
.header_link{
height: 20px;
width: 540px;
float: right;
text-align: right;
vertical-align: bottom;
padding-top: 10px;
padding-right: 10px;
}
```

至此，对网站的工具栏进行样式定义就完成了。

下面对用户的工具栏进行样式定义，用户工具栏是购物网站显示用户状态的部分。在本例中，该部分分为"我的账户""购物车""收藏栏"和"新手上路"4类。这一部分内容也类似于导航栏的样式，可以使用列表标签来制作，但是本例中采用<span>标签来将每一个链接分开显示。

在制作用户工具栏的各个链接之前，要选用一张作为装饰和内容提示的图片，如果这种图片用同一张的话，可以在该块的背景图片中进行定义。如果图片不同形式又比较固定的话，可以采用传统方式将其直接插入在链接的前面，这样做可以减少样式名的使用，以免在块内定义过多样式，根据以上分析，写出具体HTML结构和内容代码如下，HTML代码如下：

```
<div class="header_nav">
<span class="header_nav_block">
<img src="images/shop_nav_1.gif" align="absmiddle"/> <a href="#">我的帐户</a>
</span>
<span class="header_nav_block">
<img src="images/shop_nav_2.gif" align="absmiddle"/> <a href="#">购物车</a>
</span>
<span class="header_nav_block">
<img src="images/shop_nav_3.gif" align="absmiddle"/> <a href="#">收藏夹</a>
</span>
<span class="header_nav_block">
<img src="images/shop_nav_4.gif" align="absmiddle"/> <a href="#">新手上路</a>
</span>
</div>
```

下面对header_nav样式进行定义，由于这部分是居中对齐，所以这里依然使用右浮动，CSS代码如下：

```
.header_nav{
height: 30px;
width: 540px;
float: right;
text-align: right;
vertical-align: bottom;
padding-top:40px;
padding-right: 10px;
}
.header_nav span{
```

```
padding-right: 5px;
padding-left: 5px;
}
```

从上面的代码可以看出，header_logo的高度是100像素，为了使右边与左边高度一致，所以header_link和header_nav的高度相加值也应该是100像素。对于header_link而言，它的height是20像素，padding-top为10像素，所以它的总高度为30像素。对于header_nav而言，它的height是30像素，padding-top是40像素，所以它的总高度是70像素。由于header_link与header-nav都没有margin属性，所以header-nav的总高度之和为30像素加70像素等于100像素，和header_logo的高度相等。通过以上分析，可以得知，在用DIV+CSS构造页面结构时，需要对每一块进行精准计算，控制其高度和宽度值，才能使之在页面中正确显示。

根据以上步骤，此时的效果如图15-4所示。

图15-4

15.2.6 对网站广告进行样式定义

用户工具栏制作完成后，下面对网站banner广告进行定义。网站的banner广告由两张图片构成，所以将两张图片放置在两个\<span\>标签中，然后再对两个\<span\>标签分别进行样式控制。由于广告图片会常常进行更换，一般而言，是在高度固定的情况下使用宽度不等的图片，所以将图片的\<span\>标签分别定义样式，便于以后的维护。在这里，将banner广告的样式名命名为header_ad，将左边\<span\>的样式名命名为header_ad_left，将右边\<sapn\>的样式名命名为header_ad_right，具体的HTML代码如下：

```
<div class="header_ad">
<span class="header_ad_left">
<a href="#">
<img src="images/shop_ad_1.jpg" alt="广告" />
</a>
</span>
<span class="header_ad_right">
<a hrcf="#">
<img src="images/shop_ad_2.jpg" alt="广告" />
</a>
</span>
</div>
```

根据对样式进行定义，这部分内容比较简单，只需要对宽和高以及外边距进行定义即可，具体CSS代码如下：

```
.header_ad{
```

```
height: 160px;
width: 950px;
}
.header_ad_1left{
height: 150px;
width: 397px;
float:left;
margin-1left:3px;
margin-right:3px;
}
.header_ad_right{
height: 150px;
width: 545px;
margin-right:2px;
}
```

通过以上步骤，头部内容文件制作完成，此时在浏览器中显示的效果如图15-5所示。

图15-5

15.3 页面主体的制作

> 下面讲解页面主体内容的制作。首先对页面主体内容进行制作，对主体内容进行分析，将其分为7个部分，即商品搜索、登录提示、商品列表、最新商品、最热门商品、支付方式以及网站新闻。细分后，再将其进行归类，计划出主体内容最大的块部分。

15.3.1 主体内容结构分析

根据页面的结构特点以及为了日后维护，可以将内容划分为左部、右部和底部一共三个\<div\>，分别将居左、居右以及底部的内容放在左右的\<div\>中，并将样式保存在名为main.css的样式表中。根据分析，要对主体内容最外层的块进行样式定义，即对结构所示#main、#left、#right、#base进行样式设置，主体样式代码如下：

```
#main{
width:950px;
height:855px;
background-color:#ffffff;
text-align: left;
vertical-align: top;
margin-left: auto;
margin-right: auto;
}
#left{
width:230px;
height:740px;
margin-left:2px;
margin-right:3px;
float:left;
}
#right{
width: 710px;
height:740px;
float:right;
margin-right:4px;
overflow-x: hidden;
overflow-y: auto;
}
#base{
height: 100px;
width: 950px;
vertical-align: top;
clear:left;
}
```

通过这一步对代码的设置，整体的页面框架已经呈现出来，之后，就是对具体的每一步分进行定义。

15.3.2 对搜索栏进行样式定义

根据顺序，首先对左边部分的搜索栏进行样式定义。搜索栏部分一般来说比较简单，其中主要包括搜索栏的标题栏、输入框以及搜索按钮。根据以上分析，将搜索栏部分分为上下两部分，上半部分是搜索栏的标题，下半部分是搜索栏的主体内容。根据分析，具体的HTML代码如下：

```
<div id="search">
<h1>查询商品</h1>
<div class="search_blank">
<form id="form1" name="form1" method="post" action="">
<label>
<input type="text" name="textfield" id="textfield" />   <button
class="search_button">搜索</button>
</label>
</form>
```

```
</div>
</div>
```

此时还需要对search整体、标题栏、搜索部分以及搜索按钮的样式进行定义，CSS样式代码如下：

```
#search{
background-color: #f5f5f3;
height: 70px;
width: 236px;
margin-bottom:3px;
}
h1{
height: 20px;
width: 236px;
font-family: "黑体";
font-size: 14px;
color: #333333;
font-weight: bold;
text-align: left;
text-indent: 12px;
vertical-align: middle;
padding-top:10px;
}
.search_blank{
height: 20px;
width: 236px;
padding-left: 10px;
margin-top:-5px;
*margin-top:-15px;
vertical-align: bottom;
}
.search_button{
font-family: "宋体";
font-size: 12px;
color: #ffffff;
background-color: #9c1416;
border: 2px solid #841615;
height: 21px;
width: 50px;
}
```

通过以上步骤，完成了对搜索栏的制作，效果如图15-6所示。

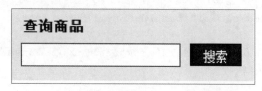

图15-6

356

15.3.3 对商品列表进行样式定义

在对列表的制作不再进行过多介绍，直接列出代码。与搜索栏类似，将商品列表部分分为标题和列表部分，其中，使用<h2>标签来定义列表的标题，使用list_show来制作列表部分。列表部分的具体结构CSS代码如下：

```html
<div id="list">
<h2>书籍分类</h2>
<div id="list_show">
<ul>
<li><a href="#" target="_blank">办公书籍</a></li>
<li><a href="#" target="_blank">设计书籍</a></li>
<li><a href="#" target="_blank">健身书籍</a></li>
<li><a href="#" target="_blank">摄影书籍</a></li>
<li><a href="#" target="_blank">工业书籍</a></li>
<li><a href="#" target="_blank">电脑书籍</a></li>
<li><a href="#" target="_blank">教你做菜</a></li>
<li><a href="#" target="_blank">绘画书籍</a></li>
<li><a href="#" target="_blank">生活书籍</a></li>
<li><a href="#" target="_blank">幼儿书籍</a></li>
<li><a href="#" target="_blank">考试书籍</a></li>
<li><a href="#" target="_blank">小学书籍</a></li>
<li><a href="#" target="_blank">初中书籍</a></li>
<li><a href="#" target="_blank">高中书籍</a></li>
<li><a href="#" target="_blank">教师书籍</a></li>
<li><a href="#" target="_blank">国考书籍</a></li>
<li><a href="#" target="_blank">会计书籍</a></li>
<li><a href="#" target="_blank">经典小说</a></li>
<li><a href="#" target="_blank">英语四级</a></li>
<li><a href="#" target="_blank">股票基金</a></li>
<li><a href="#" target="_blank">孕妇书籍</a></li>
<li><a href="#" target="_blank">其他书籍</a></li>
</ul>
</div>
</div>
</div>
```

下面对商品列表部分进行样式定义。

首先对商品标题<h2>进行设定，为了统一网站风格，依旧使用黑体字，这部分的具体代码如下：

```css
h2{
width: 236px;
height: 20px;
font-family: "黑体";
font-size: 14px;
font-weight: bold;
color: #333333;
text-align: left;
```

```
    text-indent: 12px;
    vertical-align: middle;
    padding-top: 15px;
    }
```

再对列表进行样式定义，为了以后维护方便；将列表放置在一个<div>中。此时，只需定义该<div>
样式可以直接使用该ID号进行定义，样式的代码如下：

```
#list_show{
    text-align: left;
    margin-left:-15px;
    *margin-left:15px;
    margin-top:-10px;
    *margin-top:-20px;
    }
#1list_show ul{
    font-size:13px;
    color:#505990;
    list-style-type:none;
    padding-top: 3px;
    padding-right: 5px;
    padding-bottom: 4px;
    line-height: 25px;
    margin: 0px;
    vertical-align: top;
    font-weight: bold;
    }
#list_show li{
    font-size:13px;
    color:#505990;
    padding-left:23px;  /* 设置图标与文字的间隔 */
    background-image: url(../images/list_show.gif);
    background-position: 4px;
    background-repeat: no-repeat;
    }
#list_show a:link, #list_show a:visited{
    font-size:12px;
    color:#505990;
    text-decoration:none;
    }
#list_show a:hover{
    font-size:12px;
    color:#aa0000;
    text-decoration:underline;
    }
```

通过以上步骤，完成了对搜索栏的设置，列表部分的效果如图15-7所示。

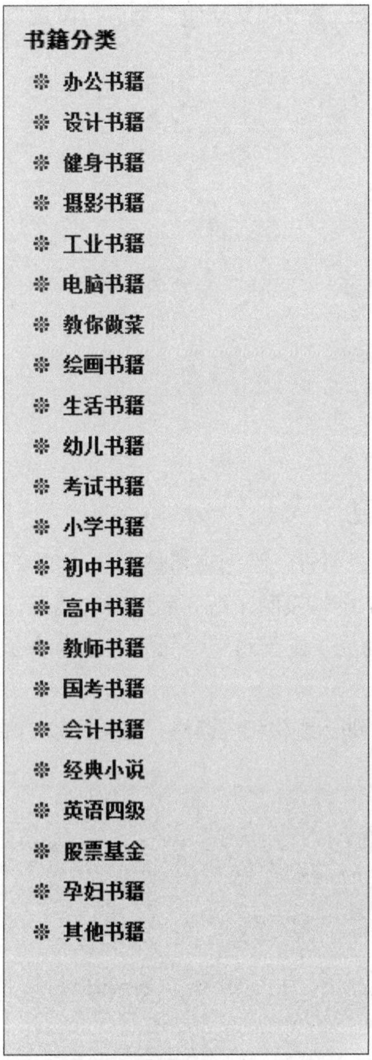

图15-7

15.3.4 对用户登录、商品部分进行样式定义

通过以上步骤，完成了对左边内容的设置，通过结构图可以看出，右边内容分为三块，分别是用户登录部分、最新商品部分和最热门商品部分。在制作时，依然遵循从上到下、从左到右的顺序，对这部分进行结构和样式的制作，下面将根据各块分别进行介绍。

1. 对用户登录部分进行设置

用户登录部分的结构非常简单，由于它只有一行，所以只用一段代码。在这里使用\<div\>标签来制作。为了渐变，可以直接使用\<p\>标签制作，具体HTML代码如下：

```
<div id="login">欢迎访问，请
<a href="#">登录</a>
或者
<a href="#">注册</a>
</div>
```

这段代码很简单，只需要对宽度、高度和文字属性等进行设置，对其样式定义CSS代码如下：

```
#login{
height: 25px;
width: 710px;
font-size: 14px;
text-align: left;
text-indent: 20px;
vertical-align: middle;
padding-top: 20px;
}
```

下面对最新商品部分进行设置。

2. 对最新商品部分进行设置

最新商品部分是网页组成的重要部分，因为它将最新上架的商品依次排列在顾客眼前，让顾客能清晰了解网站的最新商品，以便客户能够及时了解商品最新的信息。对于最新商品部分，其实是在一个<div>中分别列出了若干个不同的商品。由于对单个商品的结构放在后面讲解，所有在这一节，只对最新商品部分的框架进行定义。

最新商品部分一共分为两部分，即标题栏和内容栏，结构比较简单，具体HTML代码如下：

```
<div id="new_goods">
<div class="new_goods_title"><img src="images/shop_dot.jpg"
align="absmiddle"/>最新畅销书</div>
<div class="new_goods_main">
```

然后对new_goods、new_goods_title和new_goods_main分别定义样式，其样式代码如下：

```
#new_goods{
width: 710px;
height:452px;
margin-left:5px;
}
.new_goods_title{
background-color: #d9d9d9;
height: 20px;
width: 707px;
font-family: "宋体";
font-size: 13px;
font-weight: bold;
color: #333333;
text-align: left;
text-indent: 12px;
vertical-align: middle;
padding-top: 5px;
}
.new_goods_main{
```

```
width: 707px;
height:432px;
padding-left:7px;
text-align: center;
vertical-align: top;
}
```

3. 对热门商品部分样式进行设置

这部分的结构和制作方法与最新商品部分类似，下面直接列出具体代码，其HTML代码如下：

```html
<div id="hot_goods">
<div class="hot_goods_title"><img src="images/shop_dot.jpg"
align="absmiddle"/> 最热销的书</div>
<div class="hot_goods_main">
```

直接写出热门商品部分的样式，CSS样式代码如下：

```css
#hot_goods{
width: 710px;
height:227px;
margin-left:5px;
}
.hot_goods_title{
background-color: #d9d9d9;
height: 20px;
width: 707px;
font-family: "宋体";
font-size: 13px;
font-weight: bold;
color: #333333;
text-align: left;
text-indent: 12px;
vertical-align: middle;
padding-top: 5px;
}
.hot_goods_main{
width: 707px;
height:207px;
padding-left:7px;
text-align: center;
vertical-align: top;
}
```

至此，热门商品部分已经完成，效果如图15-8所示。

经过以上步骤，除底部外，页面的大致框架已经建立起来了。

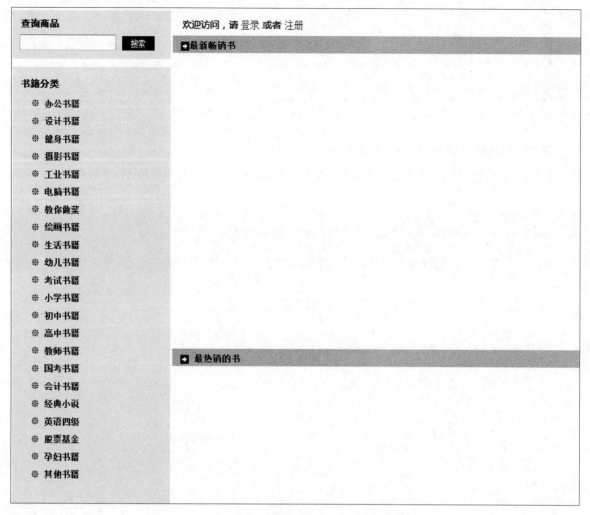

图15-8

15.3.5 对商品展示进行样式定义

通过前几节的学习，网店类网站的整体框架已经基本完成。下面将对商品的展示模块制作进行讲解。以现在广泛应用的网站为例，商品展示模块一般分为4块内容，即商品图片、商品名称、商品价格以及购买按钮。具体HTML代码如下：

```
<div id="goods">
<div class="goods_pic">
<a href="#">
<img src="images/goods_1.jpg" alt="Word·Excel·PPT现代商务办公从新手到高手" />
</a>
</div>
<div class="goods_intro"><a href="#" class="goods_intro"> Word·Excel·PPT现代
商务办公从新手到高手(超值全彩版)</a>
</div>
<div class="goods_price">
<span class="goods_price_we">¥ 29.9</span>
```

```
<span class="goods_price_other">￥49.9</span>
</div>
<div class="goods_buy">
<a href="#"><img src="images/buttons_buy.jpg" alt="购买" /></a>
<a href="#"><img src="images/buttons_coll.jpg" alt="收藏" /></a>
<a href="#"><img src="images/buttons_comp.jpg" alt="对比" /></a>
</div>
</div>
```

下面对商品展示各部分进行样式定义，选取其中一段样式进行设置，CSS样式代码如下：

```
#goods{
width:230px;
height:260px;
float:left;
margin-right:5px;
margin-bottom:5px;
background-color:#ffffff;
}
.goods_pic{
width:230px;
margin-top:5px;
vertical-align: top;
}
.goods_intro{
width:150px;
height:50px;
font-size: 12px;
line-height: 18px;
color: #365d86;
text-align: left;
}
a.goods_intro:link {
font-size: 12px;
text-decoration: none;
color: #326084;
}
a.goods_intro:visited {
font-size: 12px;
color: #0099ff;
text-decoration: none;
}
a.goods_intro:hover {
font-size: 12px;
color: #a17b17;
text-decoration: underline;
}
```

这部分定义了商品的图片及字体样式以及其连接样式。为了吸引访问者，在链接样式上加入了简单的鼠标事件效果，使用hover属性，即当鼠标滑过链接时产生颜色变化，运行效果如图15-9所示。

图15-9

15.4 对底部内容进行样式定义

上一节完成了对网站最主要模块的制作。下面对底部内部的模块进行制作。底部内容主要分为支付方式和新闻两部分，两部分的结构完全一样，都是标题栏加主体结构，不同的是新闻部分使用了<marquee>标签，产生向上滚动效果。

15.4.1 对支付方式进行制作

首先对支付方式部分的内容进行制作，支付方式部分的内容比较简单，由标题栏和三张并排的图片组成，HTML代码如下：

```
<div id="pay">
<div class="pay_title"><img src="images/shop_dot.jpg" align="absmiddle"/> 支付方式</div>
<div class="pay_main">
<a href="#"><img src="images/credit_card_1.jpg" alt="支付宝支付" width="73" height="46" /></a>
<a href="#"><img src="images/credit_card_2.jpg" alt="微信支付" width="73" height="46" /></a>
<a href="#"><img src="images/credit_card_3.jpg" alt="银联卡支付" width="73" height="46" /></a>
</div>
</div>
```

根据支付方式内容的样式进行定义，CSS样式代码如下：

```
#pay{
height: 80px;
width:235px;
float:left;
margin-left:2px;
margin-right:3px;
}
.pay_title{
background-color: #d9d9d9;
height: 20px;
width: 235px;
font-family: "宋体";
font-size: 13px;
font-weight: bold;
color: #333333;
text-align: left;
text-indent: 12px;
vertical-align: middle;
padding-top: 5px;}
.pay_main{
height: 70px;
width:235px;
text-align: center;
vertical-align: top;
padding-top: 20px;
}
```

至此，完成了对支付方式内容的制作，效果如图15-10所示。

图15-10

15.4.2 制作新闻部分内容

新闻部分和支付部分的结构相似，主要的不同在于新闻部分使用了<maiquee>标签来实现滚动效果。这里直接在结构代码中对其定义即可，HTML代码如下：

```
<div id="news">
<div class="news_title"><img src="images/shop_dot.jpg" align="absmiddle"/>
滚动新闻</div>
<div class="news_main">
<marquee onmouseover=this.stop() onmouseout=this.start() scrollamount=1
scrolldelay=7 direction=up width=707 height=70>
```

```
<div id="index_highway_news_list">
<ul>
<li><a href="#" target="_blank">降价通知 [2017-07-12]</a></li>
<li><a href="#" target="_blank">点击消费,注册有大礼 [2017-07-12]</a></li>
<li><a href="#" target="_blank">华中华东配送延迟通知 [2017-07-12]</a></li>
</ul>
</div>
</marquee>
</div>
</div>
```

对新闻部分的样式进行定义，在这里对<li>标签采用背景来制作列表项的图片，CSS样式代码如下：

```
#news{
height: 100px;
width: 707px;
margin-left:120px;
*margin-left:0px;
}
.news_title{
background-color: #D9D9D9;
height: 20px;
width: 707px;
font-family: "宋体";
font-size: 13px;
font-weight: bold;
color: #333333;
text-align: left;
text-indent: 12px;
vertical-align: middle;
padding-top: 5px;
margin-left:120px;
*margin-left:0px;
}
.news_main{
width: 707px;
height:80px;
text-align: left;
text-indent: 15px;
margin-left:120px;
*margin-left:0px;
}
.news_main ul{
margin:0;
list-style-type:none;
.news_main li{
with:70px;
height:20px;
```

```
background:url(..images/news_dot.gif)no-repeat 7px 7px;
text-indent:20px;
}
```

至此，新闻部分的制作就完成了，效果如图15-11所示。

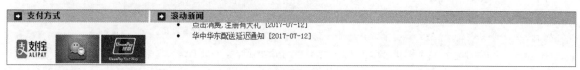

图15-11

15.4.3 页尾的内容制作

主体及底部的内容制作完成后，下面开始页尾内容的制作，页尾内容非常简单，HTML代码如下：

```
<div id="footer">
<p>
<a href="#">使用条件</a>
<a href="#">隐私声明</a>
Copyright © 2015 - 2025 zhuanyeshuji shop All Rights Reserved
</p>
</div>
```

尾页内容的CSS样式代码如下：

```
#footer{
font-size: 12px;
color: #333333;
background-color: #d9d9d9;
text-align: center;
vertical-align: middle;
height: 30px;
width: 950px;
padding-top: 10px;
padding-bottom:10px;
}
```

至此，完成了页尾的制作，效果如图15-12所示。

使用条件 | 隐私声明 Copyright © 2015 - 2025 zhuanyeshuji shop All Rights Reserved

图15-12

至此，整个页面的主页就完成了，由于在之前的HTML代码中有许多是简写，下面展示整个页面主页的HTML代码，因为CSS代码在之前都一一讲解了，这里就不再赘述。

实例代码如下：

```html
<!DOCTYPE html PUBLIC "-//W3C//DTD XHTML 1.0 Transitional//EN" "http://www.
w3.org/TR/xhtml1/DTD/xhtml1-transitional.dtd">
<html xmlns="http://www.w3c./1999/xhtml">
<head>
<meta http-equiv="Content-Type" content="text/html; charset=utf-8"    />
<meta http-equiv="x-ua-compatible" content="ie=7"                     />
<title>网店网站示例</title>
<link href="style/header.css" rel="stylesheet" type="text/css"        />
<link href="style/main.css" rel="stylesheet" type="text/css"          />
<link href="style/footer.css" rel="stylesheet" type="text/css"        />
</head>
<body>
<!--顶部文件开始-->
<div id="header">
<div class="header_logo"><img src="images/shop_logo.jpg" /></div>
<div class="header_link">
<a href="#">系统登陆</a>
|
<a href="#">关于我们</a>
|
<a href="#">加入收藏</a>
|
<a href="#">设为主页</a>
</div>
<div class="header_nav">
<span class="header_nav_block">
<img src="images/shop_nav_1.gif" align="absmiddle"/> <a href="#">我的帐户</a>
</span>
<span class="header_nav_block">
<img src="images/shop_nav_2.gif" align="absmiddle"/> <a href="#">购物车</a>
</span>
<span class="header_nav_block">
<img src="images/shop_nav_3.gif" align="absmiddle"/> <a href="#">收藏夹</a>
</span>
<span class="header_nav_block">
<img src="images/shop_nav_4.gif" align="absmiddle"/> <a href="#">新手上路</a>
</span>
</div>
<div class="header_ad">
<span class="header_ad_left">
<a href="#">
<img src="images/shop_ad_1.jpg" alt="广告" />
</a>
</span>
<span class="header_ad_right">
<a href="#">
<img src="images/shop_ad_2.jpg" alt="广告" />
</a>
</span>
```

```
</div>
</div>
<!--顶部文件结束-->
<!--主体文件开始-->
<div id="main">
<div id="left">
<div id="search">
<h1>查询商品</h1>
<div class="search_blank">
<form id="form1" name="form1" method="post" action="">
<label>
<input type="text" name="textfield" id="textfield" />   <button
class="search_button">搜索</button>
</label>
</form>
</div>
</div>
<div id="list">
<h2>书籍分类</h2>
<div id="list_show">
<ul>
<li><a href="#" target="_blank">办公书籍</a></li>
<li><a href="#" target="_blank">设计书籍</a></li>
<li><a href="#" target="_blank">健身书籍</a></li>
<li><a href="#" target="_blank">摄影书籍</a></li>
<li><a href="#" target="_blank">工业书籍</a></li>
<li><a href="#" target="_blank">电脑书籍</a></li>
<li><a href="#" target="_blank">教你做菜</a></li>
<li><a href="#" target="_blank">绘画书籍</a></li>
<li><a href="#" target="_blank">生活书籍</a></li>
<li><a href="#" target="_blank">幼儿书籍</a></li>
<li><a href="#" target="_blank">考试书籍</a></li>
<li><a href="#" target="_blank">小学书籍</a></li>
<li><a href="#" target="_blank">初中书籍</a></li>
<li><a href="#" target="_blank">高中书籍</a></li>
<li><a href="#" target="_blank">教师书籍</a></li>
<li><a href="#" target="_blank">国考书籍</a></li>
<li><a href="#" target="_blank">会计书籍</a></li>
<li><a href="#" target="_blank">经典小说</a></li>
<li><a href="#" target="_blank">英语四级</a></li>
<li><a href="#" target="_blank">股票基金</a></li>
<li><a href="#" target="_blank">孕妇书籍</a></li>
<li><a href="#" target="_blank">其他书籍</a></li>
</ul>
</div>
</div>
</div>
<div id="right">
<div id="login">欢迎访问，请 <a href="#">登录</a> 或者 <a href="#">注册</a> </div>
```

```
<div id="new_goods">
<div class="new_goods_title"><img src="images/shop_dot.jpg"
align="absmiddle"/>最新畅销书</div>
<div class="new_goods_main">
<!--商品列表开始-->
<div id="goods">
<div class="goods_pic">
<a href="#">
<img src="images/goods_1.jpg" alt="Word·Excel·PPT现代商务办公从新手到高手" />
</a>
</div>
<div class="goods_intro"><a href="#" class="goods_intro"> Word·Excel·PPT现代
商务办公从新手到高手(超值全彩版)</a>
</div>
<div class="goods_price">
<span class="goods_price_we">￥ 29.9</span>
<span class="goods_price_other">￥49.9</span>
</div>
<div class="goods_buy">
<a href="#"><img src="images/buttons_buy.jpg" alt="购买" /></a>
<a href="#"><img src="images/buttons_coll.jpg" alt="收藏" /></a>
<a href="#"><img src="images/buttons_comp.jpg" alt="对比" /></a>
</div>
</div>
<!--商品列表结束-->
<!--商品列表开始-->
<div id="goods">
<div class="goods_pic">
<a href="#">
<img src="images/goods_11.jpg" alt=" Word·Excel·PPT现代商务办公从新手到高手" />
</a>
</div>
<div class="goods_intro"><a href="#" class="goods_intro"> Word·Excel·PPT现代
商务办公从新手到高手(畅销升级版)</a>
</div>
<div class="goods_price">
<span class="goods_price_we">￥ 29.9</span>
<span class="goods_price_other">￥49.9</span>
</div>
<div class="goods_buy">
<a href="#"><img src="images/buttons_buy.jpg" alt="购买" /></a>
<a href="#"><img src="images/buttons_coll.jpg" alt="收藏" /></a>
<a href="#"><img src="images/buttons_comp.jpg" alt="对比" /></a>
</div>
</div>
<!--商品列表结束-->
<!--商品列表开始-->
<div id="goods">
<div class="goods_pic">
```

```html
<a href="#">
<img src="images/goods_3.jpg" alt="Excel 图表·公式·函数·数据分析从新手到高手" />
</a>
</div>
<div class="goods_intro"><a href="#" class="goods_intro"> Excel 图表·公式·函数·数据分析从新手到高手(畅销升级版)</a>
</div>
<div class="goods_price">
<span class="goods_price_we">¥ 27.5</span>
<span class="goods_price_other">¥47.9</span>
</div>
<div class="goods_buy">
<a href="#"><img src="images/buttons_buy.jpg" alt="购买"        /></a>
<a href="#"><img src="images/buttons_coll.jpg" alt="收藏"       /></a>
<a href="#"><img src="images/buttons_comp.jpg" alt="对比"       /></a>
</div>
</div>
<!--商品列表结束-->
<!--商品列表开始-->
<div id="goods">
<div class="goods_pic">
<a href="#">
<img src="images/goods_4.jpg" alt="PPT设计·制作·显示从新手到高手"     />
</a>
</div>
<div class="goods_intro"><a href="#" class="goods_intro">PPT设计·制作·显示从新手到高手超值产品（超值全彩版）</a>
</div>
<div class="goods_price">
<span class="goods_price_we">¥ 29.5</span>
<span class="goods_price_other">¥ 49.5</span>
</div>
<div class="goods_buy">
<a href="#"><img src="images/buttons_buy.jpg" alt="购买"        /></a>
<a href="#"><img src="images/buttons_coll.jpg" alt="收藏"       /></a>
<a href="#"><img src="images/buttons_comp.jpg" alt="对比"       /></a>
</div>
</div>
<!--商品列表结束-->
<!--商品列表开始-->
<div id="goods">
<div class="goods_pic">
<a href="#">
<img src="images/goods_5.jpg" alt="Word·Excel·PPT现代商务办公从新手到高手 "/>
</a>
</div>
<div class="goods_intro"><a href="#" class="goods_intro"> Word·Excel·PPT现代商务办公从新手到高手(2016全彩畅销升级版)</a>
</div>
```

```html
<div class="goods_price">
<span class="goods_price_we">￥ 33.0</span>
<span class="goods_price_other">￥65.0</span>
</div>
<div class="goods_buy">
<a href="goods.html"><img src="images/buttons_buy.jpg" alt="购买" /></a>
<a href="#"><img src="images/buttons_coll.jpg" alt="收藏"         /></a>
<a href="#"><img src="images/buttons_comp.jpg" alt="对比"         /></a>
</div>
</div>
<!--商品列表结束-->
<!--商品列表开始-->
<div id="goods">
<div class="goods_pic">
<a href="#">
<img src="images/goods_6.jpg" alt="Excel 图表·公式·函数"          />
</a>
</div>
<div class="goods_intro"><a href="#" class="goods_intro"> Excel 图表·公式·函
数·数据分析从新手到高手(2016全彩畅销升级版)</a>
</div>
<div class="goods_price">
<span class="goods_price_we">￥ 33.0</span>
<span class="goods_price_other">￥56.0</span>
</div>
<div class="goods_buy">
<a href="#"><img src="images/buttons_buy.jpg" alt="购买"          /></a>
<a href="#"><img src="images/buttons_coll.jpg" alt="收藏"         /></a>
<a href="#"><img src="images/buttons_comp.jpg" alt="对比"         /></a>
</div>
</div>
<!--商品列表结束-->
<!--商品列表开始-->
<div id="goods">
<div class="goods_pic">
<a href="#">
<img src="images/goods_7.jpg" alt="PPT设计·制作·演示从新手到高手（2016全彩畅销升级版）" />
</a>
</div>
<div class="goods_intro"><a href="#" class="goods_intro">07 PPT设计·制作·演示
从新手到高手（2016全彩畅销升级版）</a>
</div>
<div class="goods_price">
<span class="goods_price_we">￥ 33.0</span>
<span class="goods_price_other">￥66.0</span>
</div>
<div class="goods_buy">
<a href="#"><img src="images/buttons_buy.jpg" alt="购买"  /></a>
<a href="#"><img src="images/buttons_coll.jpg" alt="收藏" /></a>
```

```
<a href="#"><img src="images/buttons_comp.jpg" alt="对比" /></a>
</div>
</div>
<!--商品列表结束-->
<!--商品列表开始-->
<div id="goods">
<div class="goods_pic">
<a href="#">
<img src="images/goods_8.jpg" alt=" Excel数据的秘密职场高效能人士工作术" />
</a>
</div>
<div class="goods_intro"><a href="#" class="goods_intro"> Excel数据的秘密职场高
效能人士工作术</a>
</div>
<div class="goods_price">
<span class="goods_price_we">¥ 27.5</span>
<span class="goods_price_other">¥59.5</span>
</div>
<div class="goods_buy">
<a href="#"><img src="images/buttons_buy.jpg" alt="购买" /></a>
<a href="#"><img src="images/buttons_coll.jpg" alt="收藏" /></a>
<a href="#"><img src="images/buttons_comp.jpg" alt="对比" /></a>
</div>
</div>
<!--商品列表结束-->
</div>
</div>
<div id="hot_goods">
<div class="hot_goods_title"><img src="images/shop_dot.jpg" align="absmiddle"/>
最热销的书</div>
<div class="hot_goods_main">
<!--商品列表开始-->
<div id="goods">
<div class="goods_pic">
<a href="#">
<img src="images/goods_9.jpg" alt="Excel数据处理与分析"     />
</a>
</div>
<div class="goods_intro"><a href="#" class="goods_intro">Excel数据处理与分析的秘密</a>
</div>
<div class="goods_price">
<span class="goods_price_we">¥ 33.90</span>
<span class="goods_price_other">¥68.9</span>
</div>
<div class="goods_buy">
<a href="#"><img src="images/buttons_buy.jpg" alt="购买" /></a>
<a href="#"><img src="images/buttons_coll.jpg" alt="收藏" /></a>
<a href="#"><img src="images/buttons_comp.jpg" alt="对比" /></a>
</div>
```

```
</div>
<!--商品列表结束-->
<!--商品列表开始-->
<div id="goods">
<div class="goods_pic">
<a href="#">
<img src="images/goods_10.jpg" alt="三合一: WordExcelPPT" />
</a>
</div>
<div class="goods_intro"><a href="#" class="goods_intro">最新Office 2016高效办
公三合一: WordExcelPPT</a>
</div>
<div class="goods_price">
<span class="goods_price_we">￥ 33.9</span>
<span class="goods_price_other">￥76.8</span>
</div>
<div class="goods_buy">
<a href="#"><img src="images/buttons_buy.jpg" alt="购买" /></a>
<a href="#"><img src="images/buttons_coll.jpg" alt="收藏" /></a>
<a href="#"><img src="images/buttons_comp.jpg" alt="对比" /></a>
</div>
</div>
<!--商品列表结束-->
<!--商品列表开始-->
<div id="goods">
<div class="goods_pic">
<a href="#">
<img src="images/goods_2.jpg" alt=" Word Excel PPT2013 " />
</a>
</div>
<div class="goods_intro"><a href="#" class="goods_intro"> Word Excel PPT2013
办公应用从入门到精通(附光盘)</a>
</div>
<div class="goods_price">
<span class="goods_price_we">￥ 27.5</span>
<span class="goods_price_other">￥59.9</span>
</div>
<div class="goods_buy">
<a href="#"><img src="images/buttons_buy.jpg" alt="购买" /></a>
<a href="#"><img src="images/buttons coll.jpg" alt="收藏" /></a>
<a href="#"><img src="images/buttons_comp.jpg" alt="对比" /></a>
</div>
</div>
<!--商品列表结束-->
<!--商品列表开始-->
<div id="goods">
<div class="goods_pic">
<a href="#">
<img src="images/goods_12.jpg" alt="从零开始学电脑上网办公理财维护一本通" />
```

```
    </a>
    </div>
    <div class="goods_intro"><a href="#" class="goods_intro"> 从零开始学电脑上网办公
理财维护一本通</a>
    </div>
    <div class="goods_price">
    <span class="goods_price_we">¥ 27.5</span>
    <span class="goods_price_other">¥61.9</span>
    </div>
    <div class="goods_buy">
    <a href="#"><img src="images/buttons_buy.jpg" alt="购买"  /></a>
    <a href="#"><img src="images/buttons_coll.jpg" alt="收藏" /></a>
    <a href="#"><img src="images/buttons_comp.jpg" alt="对比" /></a>
    </div>
    </div>
    <!--商品列表结束-->
    </div>
    </div>
    </div>
    <div id="base">
    <div id="pay">
    <div class="pay_title"><img src="images/shop_dot.jpg" align="absmiddle"/> 支
付方式</div>
    <div class="pay_main">
    <a href="#"><img src="images/credit_card_1.jpg" alt="支付宝支付" width="73"
height="46" /></a>
    <a href="#"><img src="images/credit_card_2.jpg" alt="微信支付" width="73"
height="46" /></a>
    <a href="#"><img src="images/credit_card_3.jpg" alt="银联卡支付" width="73"
height="46" /></a>
    </div>
    </div>
    <div id="news">
    <div class="news_title"><img src="images/shop_dot.jpg" align="absmiddle"/>
滚动新闻</div>
    <div class="news_main">
    <marquee onmouseover=this.stop() onmouseout=this.start() scrollamount=1
scrolldelay=7 direction=up width=707 height=70>
    <div id="index highway news_list">
    <ul>
    <li><a href="#" target="_blank">降价通知 [2017-07-12]</a></li>
    <li><a href="#" target="_blank">点击消费,注册有大礼 [2017-07-12]</a></li>
    <li><a href="#" target="_blank">华中华东配送延迟通知 [2017-07-12]</a></li>
    </ul>
    </div>
    </marquee>
    </div>
    </div>
    </div>
```

```
<div id="footer">
<p>使用条件    |    隐私声明  Copyright © 2015 - 2025 zhuanyeshuji shop All Rights
Reserved</p>
</div>
</div>
</body>
</html>
```

至此，页面主页的HTML代码就完成了。

15.5 二级页面的制作

> 在网店类网站中，最重要的二级页面无疑是商品内容的二级页面。所以设计商品内容页面时，应从多方面考虑用户所想了解的内容，因此在制作时需要从用户的需求着手。

根据分析可知，用户一般最想看到的是商品价格、商品图片、商品的具体参数以及店内的质量承诺，所有这些都需要表现出来，因为二级页面的大部分内容大多都和主页面相似，所以这里就不一一展开讲解，二级页面的效果图如图15-13所示。

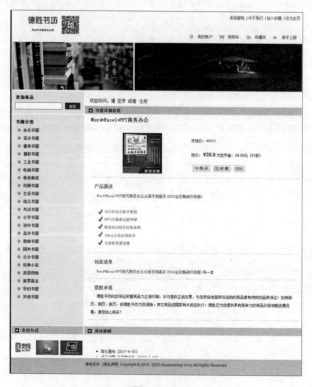

图15-13

HTML代码如下:

```
<!DOCTYPE html PUBLIC "-//W3C//DTD XHTML 1.0 Transitional//EN""http://www.
w3.org/TR/xhtml1/DTD/xhtml1-transitional.dtd">
<html xmlns="http://www.w3.org/1999/xhtml">
<head>
<meta http-equiv="Content-Type" content="text/html; charset=utf-8"      />
<meta http-equiv="x-ua-compatible" content="ie=7" />
<title>网店网站示例</title>
<link href="style/header.css" rel="stylesheet" type="text/css"          />
<link href="style/goods.css" rel="stylesheet" type="text/css"           />
<link href="style/footer.css" rel="stylesheet" type="text/css"          />
</head>
<body>
<!--顶部文件开始-->
<div id="header">
<div class="header_logo"><img src="images/shop_logo.jpg" /></div>
<div class="header_link">
<a href="#">系统登陆</a>
|
<a href="#">关于我们</a>
|
<a href="#">加入收藏</a>
|
<a href="#">设为主页</a>
</div>
<div class="header_nav">
<span class="header_nav_block">
<img src="images/shop_nav_1.gif" align="absmiddle"/> <a href="#">我的帐户</a>
</span>
<span class="header_nav_block">
<img src="images/shop_nav_2.gif" align="absmiddle"/> <a href="#">购物车</a>
</span>
<span class="header_nav_block">
<img src="images/shop_nav_3.gif" align="absmiddle"/> <a href="#">收藏夹</a>
</span>
<span class="header_nav_block">
<img src="images/shop_nav_4.gif" align="absmiddle"/> <a href="#">新手上路</a>
</span>
</div>
<div class="header_ad">
<span class="header_ad_left">
<a href="#">
<img src="images/shop_ad_1.jpg" alt="广告" />
</a>
</span>
<span class="header_ad_right">
<a href="#">
<img src="images/shop_ad_2.jpg" alt="广告" />
```

```
    </a>
    </span>
    </div>
    </div>
<!--顶部文件结束-->
<!--主体文件开始-->
<div id="main">
<div id="left">
<div id="search">
<h1>查询商品</h1>
<div class="search_blank">
<form id="form1" name="form1" method="post" action="">
<label>
<input type="text" name="textfield" id="textfield" />   <button
class="search_button">搜索</button>
    </label>
    </form>
    </div>
    </div>
<div id="list">
<h2>书籍分类</h2>
<div id="list_show">
<ul>
<li><a href="#" target="_blank">办公书籍</a></li>
<li><a href="#" target="_blank">设计书籍</a></li>
<li><a href="#" target="_blank">健身书籍</a></li>
<li><a href="#" target="_blank">摄影书籍</a></li>
<li><a href="#" target="_blank">工业书籍</a></li>
<li><a href="#" target="_blank">电脑书籍</a></li>
<li><a href="#" target="_blank">教你做菜</a></li>
<li><a href="#" target="_blank">绘画书籍</a></li>
<li><a href="#" target="_blank">生活书籍</a></li>
<li><a href="#" target="_blank">幼儿书籍</a></li>
<li><a href="#" target="_blank">考试书籍</a></li>
<li><a href="#" target="_blank">小学书籍</a></li>
<li><a href="#" target="_blank">初中书籍</a></li>
<li><a href="#" target="_blank">高中书籍</a></li>
<li><a href="#" target="_blank">教师书籍</a></li>
<li><a href="#" target="_blank">国考书籍</a></li>
<li><a href="#" target="_blank">会计书籍</a></li>
<li><a href="#" target="_blank">经典小说</a></li>
<li><a href="#" target="_blank">英语四级</a></li>
<li><a href="#" target="_blank">股票基金</a></li>
<li><a href="#" target="_blank">孕妇书籍</a></li>
<li><a href="#" target="_blank">其他书籍</a></li>
</ul>
    </div>
    </div>
    </div>
```

```
<div id="right">
<div id="login">欢迎访问，请 <a href="#">登录</a> 或者 <a href="#">注册</a> </div>
<div id="new_goods">
<div class="new_goods_title"><img src="images/shop_dot.jpg" align="absmiddle"/>
书籍详细信息</div>
<div class="the_goods">
<h1>Word·Excel·PPT商务办公</h1>
<span>
<i><img src="images/apple.jpg" /></i>
<em>
<p>市场价：<small>¥69.9</small></p>
<p>现价：<big>¥35.9</big>为您节省：34.00元（51折）</p>
<p><u><a href="#"><img src="images/buttons_buy.jpg" alt="购买"/></a></u><u> <a
href="#"><img src="images/buttons_coll.jpg" alt="收藏" /></a></u><u><a href="#">
<img src="images/buttons_comp.jpg" alt="对比" /></a></u></p>
</em>
</span>
<span>
<h2>产品描述</h2>
<p><a href="#">Word·Excel·PPT现代商务办公从新手到高手(2016全彩畅销升级版)</a></p>
<p><img src="images/info.jpg" /></p>
</span>
<span>
<h2>包装清单</h2>
<p><a href="#">Word·Excel·PPT现代商务办公从新手到高手(2016全彩畅销升级版)</a>书一本
</p>
</span>
<span>
<h2>德胜承诺</h2>
德胜书坊向您保证所售商品为正版印刷，并可提供正规发票，与您亲临地面商场选购的商品享有同样的品
质保证；如有缺页、倒页、脱页，由德胜书坊为您调换。其它商品按国家有关规定执行。德胜 还为您提供具
有竞争力的商品价格和配送费优惠，请您放心购买！
</span>
</div>
</div>
</div>
<div id="base">
<div id="pay">
<div class="pay_title"><img src="images/shop_dot.jpg" align="absmiddle"/> 支
付方式</div>
<div class="pay_main">
<a href="#"><img src="images/credit_card_1.jpg" alt="支付宝支付" width="73"
height="46" /></a>
<a href="#"><img src="images/credit_card_2.jpg" alt="微信支付" width="73"
height="46" /></a>
<a href="#"><img src="images/credit_card_3.jpg" alt="银联卡支付" width="73"
height="46" /></a >
</div>
</div>
```

```
<div id="news">
<div class="news_title"><img src="images/shop_dot.jpg" align="absmiddle"/>
滚动新闻</div>
<div class="news_main">
<marquee onmouseover=this.stop() onmouseout=this.start() scrollamount=1
scrolldelay=7 direction=up width=707 height=70>
<div id="index_highway_news_list">
<ul>
<li><a href="#" target="_blank">降价通知 [2017-6-20]</a></li>
<li><a href="#" target="_blank">点击消费,注册有大礼 [2017-6-20]</a></li>
<li><a href="#" target="_blank">华中华东配送延迟通知 [2017-6-20]</a></li>
</ul>
</div>
</marquee>
</div>
</div>
</div>
<div id="footer">
<p>使用条件    |    隐私声明  Copyright © 2015- 2025 zhuanyeshuji shop All Rights
Reserved</p>
</div>
</div>
</body>
</html>
```

至此,二级页面的制作就完成了。

本章小结

本章主要讲解了如何制作网店类网站,并且在主页和二级页面中分别分块定义样式,以及用CSS的display属性转换html默认标签,以此来实现样式的定义。具体言之,以分块用类型定义样式的页面,维护时要查找该处的样式比较容易,但这样增加了结构代码量。而如果应用默认标签来实现样式,减少了代码量,但后期维护时必须清楚记得每块定义的标签名称,才能准确地修改样式。这两种方法各有优势,大家可以在实践中自行选择使用。